NUCLEAR ENERGY AND INFORMATION
ÉNERGIE NUCLÉAIRE ET INFORMATION

INFORMATION TO
THE MEDICAL PROFESSION
ON IONISING RADIATION

◆

INFORMATION DU CORPS MÉDICAL
ET RAYONNEMENTS IONISANTS

Proceedings of an international seminar
Compte rendu d'un séminaire international

GRENOBLE, FRANCE, septembre 1992

Organised by / Organisé par :
OECD Nuclear Energy Agency
L'Agence de l'OCDE pour l'énergie nucléaire

In co-operation with / En coopération avec :
le Commissariat à l'énergie atomique, Centre d'études nucléaires de Grenoble
et Électricité de France

ORGANISATION FOR ECONOMIC CO-OPERATION AND DEVELOPMENT

Pursuant to Article 1 of the Convention signed in Paris on 14th December 1960, and which came into force on 30th September 1961, the Organisation for Economic Co-operation and Development (OECD) shall promote policies designed:

— to achieve the highest sustainable economic growth and employment and a rising standard of living in Member countries, while maintaining financial stability, and thus to contribute to the development of the world economy;
— to contribute to sound economic expansion in Member as well as non-member countries in the process of economic development; and
— to contribute to the expansion of world trade on a multilateral, non-discriminatory basis in accordance with international obligations.

The original Member countries of the OECD are Austria, Belgium,Canada, Denmark, France, Germany, Greece, Iceland, Ireland, Italy, Luxembourg, the Netherlands, Norway, Portugal, Spain, Sweden, Switzerland, Turkey, the United Kingdom and the United States. The following countries became Members subsequently through accession at the dates indicated hereafter: Japan (28th April 1964), Finland (28th January 1969), Australia (7th June 1971) and New Zealand (29th May 1973). The Commission of the European Communities takes part in the work of the OECD (Article 13 of the OECD Convention).

NUCLEAR ENERGY AGENCY

The OECD Nuclear Energy Agency (NEA) was established on 1st February 1958 under the name of the OEEC European Nuclear Energy Agency. It received its present designation on 20th April 1972, when Japan became its first non-European full Member. NEA membership today consists of all European Member countries of OECD as well as Australia, Canada, Japan and the United States. The Commission of the European Communities takes part in the work of the Agency.

The primary objective of NEA is to mote co-operation among the governments of its participating countries in furthering the development of nuclear power as a safe, environmentally acceptable and economic energy source.

This is achieved by:

— *encouraging harmonization of national regulatory policies and practices, with particular reference to the safety of nuclear installations, protection of man against ionising radiation and preservation of the environment, radioactive waste management, and nuclear third party liability and insurance;*
— *assessing the contribution of nuclear power to the overall energy supply by keeping under review the technical and economic aspects of nuclear power growth and forecasting demand and supply for the different phases of the nuclear fuel cycle;*
— *developing exchanges of scientific and technical information particularly through participation in common services;*
— *setting up international research and development programmes and joint undertakings.*

In these and related tasks, NEA works in close collaboration with the International Atomic Energy Agency in Vienna, with which it has concluded a Co-operation Agreement, as well as with other international organisations in the nuclear field.

612·01444'86
INF

ORGANISATION DE COOPÉRATION ET DE DÉVELOPPEMENT ÉCONOMIQUES

En vertu de l'article 1er de la Convention signée le 14 décembre 1960, à Paris, et entrée en vigueur le 30 septembre 1961, l'Organisation de Coopération et de Développement Economiques (OCDE) a pour objectif de promouvoir des politiques visant :

— à réaliser la plus forte expansion de l'économie et de l'emploi et une progression du niveau de vie dans les pays Membres, tout en maintenant la stabilité financière, et à contribuer ainsi au développement de l'économie mondiale ;
— à contribuer à une saine expansion économique dans les pays Membres, ainsi que les pays non membres, en voie de développement économique ;
— à contribuer à l'expansion du commerce mondial sur une base multilatérale et non discriminatoire conformément aux obligations internationales.

Les pays Membres originaires de l'OCDE sont : l'Allemagne, l'Autriche, la Belgique, le Canada, le Danemark, l'Espagne, les Etats-Unis, la France, la Grèce, l'Irlande, l'Islande, l'Italie, le Luxembourg, la Norvège, les Pays-Bas, le Portugal, le Royaume-Uni, la Suède, la Suisse et la Turquie. Les pays suivants sont ultérieurement devenus Membres par adhésion aux dates indiquées ci-après : le Japon (28 avril 1964), la Finlande (28 janvier 1969), l'Australie (7 juin 1971) et la Nouvelle-Zélande (29 mai 1973). La Commission des Communautés européennes participe aux travaux de l'OCDE (article 13 de la Convention de l'OCDE).

L'AGENCE DE L'OCDE POUR L'ÉNERGIE NUCLÉAIRE

L'Agence de l'OCDE pour l'Energie Nucléaire (AEN) a été créée le 1er février 1958 sous le nom d'Agence Européenne pour l'Energie Nucléaire de l'OECE. Elle a pris sa dénomination actuelle le 20 avril 1972, lorsque le Japon est devenu son premier pays Membre de plein exercice non européen. L'Agence groupe aujourd'hui tous les pays Membres européens de l'OCDE, ainsi que l'Australie, le Canada, les Etats-Unis et le Japon. La Commission des Communautés européennes participe à ses travaux.

L'AEN a pour principal objectif de promouvoir la coopération entre les gouvernements de ses pays participants pour le développement de l'énergie nucléaire en tant que source d'énergie sûre, acceptable du point de vue de l'environnement, et économique.

Pour atteindre cet objectif, l'AEN :

— *encourage l'harmonisation des politiques et pratiques réglementaires notamment en ce qui concerne la sûreté des installations nucléaires, la protection de l'homme contre les rayonnements ionisants et la préservation de l'environnement, la gestion des déchets radioactifs, ainsi que la responsabilité civile et l'assurance en matière nucléaire ;*
— *évalue la contribution de l'électronucléaire aux approvisionnements en énergie, en examinant régulièrement les aspects économiques et techniques de la croissance de l'énergie nucléaire et en établissant des prévisions concernant l'offre et la demande de services pour les différentes phases du cycle du combustible nucléaire ;*
— *développe les échanges d'information scientifiques et techniques notamment par l'intermédiaire de services communs ;*
— *met sur pied des programmes internationaux de recherche et développement, et des entreprises communes.*

Pour ces activités, ainsi que pour d'autres travaux connexes, l'AEN collabore étroitement avec l'Agence Internationale de l'Energie Atomique de Vienne, avec laquelle elle a conclu un Accord de coopération, ainsi qu'avec d'autres organisations internationales opérant dans le domaine nucléaire.

FOREWORD

In most OECD countries, the various uses of ionising radiation have increased considerably in day-to-day life. Their applications have become particularly widespread in the medical field, to the point where they are today responsible for more than 90 per cent of the radiation dose to the public from artificial sources.

Earlier meetings organised by the OECD Nuclear Energy Agency (NEA) on communication and information to the public have noted that, following the Chernobyl accident, public confidence had shifted away from official information sources towards those sources that are non-governmental. In this connection, it is also being recognised that, in the event of an emergency having to do with ionising radiation, information to the general public could be effectively disseminated via socio-professional groups such as the medical community, which could usefully supplement public communication efforts by local authorities and the media.

Keeping in mind that the medical profession has traditionally enjoyed a high degree of moral authority in its relations with the public, that the nature of contact between the public and medical professionals tends to be on a direct, one-to-one basis, and that diagnostic and treatment programmes employing ionising radiation are currently being used on a widespread basis within the medical profession, it would thus seem appropriate that medical professionals be as well equipped as possible to address the tasks of advising and informing an inquiring public on the nature and effects of ionising radiation.

In this context, the NEA organised, in co-operation with the French Commissariat à l'Energie Atomique/Centre d'Etudes Nucléaires de Grenoble (CEA/CENG), Electricité de France (EDF) and the EDF de Grenoble (CEA/CENG), Electricité de France (EDF) and the EDF Nuclear Production Centres of Creys-Malville and Bugey, an international seminar on information to the medical profession in the field of ionising radiation. This seminar, organised in Grenoble (France) from 2nd to 4th September 1992, was attended by representatives of the medical profession, specialists in radiation protection, and information specialists in the field of nuclear energy.

The main objectives of this seminar were:

-   to assess the role that the various constituents of the medical profession (specialists and generalists, medical physicists, pharmacists, veterinarians, nurses... whether from the private or public sector) may play in transmitting to the public clear and objective information on ionising radiation, as well as on protective measures in routine or accidental situations;

-   to review and compare current methods used in OECD countries for training and informing the medical profession in this field, and to assess the effectiveness and limitations of these methods in meeting public information requirements;

-   to identify means of improving current communication methods with the medical profession and, if necessary, to outline new, improved training and information techniques concerning protection against ionising radiation;

-   to come to a consensus view regarding the characteristics and sources of information required by the medical profession during normal operations and during emergencies.

These proceedings contain the main papers presented at the seminar and a summary of the conclusions reached at the meeting. The opinions presented are those of the authors only, and do not necessarily reflect the views of any OECD country or of the NEA Secretariat. The proceedings are published on the responsibility of the Secretary-General.

AVANT PROPOS

Dans la plupart des pays de l'OCDE, les applications des rayonnements ionisants se sont multipliées dans la vie courante. Leur utilisation est particulièrement étendue dans le domaine médical, où elle représente aujourd'hui plus de 90 pour cent de la dose au public provenant des rayonnements artificiels.

Les précédentes réunions de travail dans le domaine de l'information et de la communication organisées par l'Agence de l'OCDE pour l'énergie nucléaire (AEN) ont mis en évidence que l'accident de Tchernobyl avait conduit à un transfert de la confiance du public dans les experts vers des sources non gouvernementales ; par ailleurs il est apparu que, en situation d'urgence impliquant des rayonnements ionisants, les possibilités de contact avec la population offertes par certains groupes socio-professionnels, tels que les professions médicales, peuvent pallier la saturation du réseau classique d'information vers le public (autorités locales, médias).

Compte tenu du fait que les professions médicales bénéficient traditionnellement d'une haute autorité morale dans leurs relations avec le public ; que la nature des contacts entre le public et le corps médical se fonde sur une relation directe ; et que les professions médicales utilisent de plus en plus fréquemment les rayonnements ionisants à des fins de diagnostic et de traitement, il y a donc lieu de s'assurer qu'elles sont le mieux préparées possible à jouer un rôle de conseil et d'information à l'égard d'un public soucieux d'être renseigné sur la nature et les effets de ces rayonnements.

Dans ce contexte, l'AEN a organisé, en coopération avec le Commissariat français à l'Energie Atomique/Centre d'Etudes Nucléaires de Grenoble (CEA/CENG), Electricité de France (EDF), et les centres nucléaires de production EDF de Creys-Malville et du Bugey, un séminaire international sur l'information du corps médical dans le domaine des rayonnements ionisants. Ce séminaire, qui a eu lieu du 2 au 4 septembre 1992 à Grenoble (France), a réuni des représentants du corps médical, des spécialistes de la radioprotection et des professionnels de la communication dans le domaine de l'énergie nucléaire.

Les objectifs principaux de ce séminaire étaient :

- de faire le point sur le rôle que peuvent jouer les différentes composantes du corps médical (médecins généralistes ou spécialistes, radiophysiciens, pharmaciens, vétérinaires, infirmiers... appartenant au secteur privé ou public), comme relais vers le public d'une information claire et objective sur les rayonnements ionisants tant en situation normale, qu'en cas d'urgence radiologique ;

- de passer en revue les techniques actuelles de formation et d'information du corps médical dans ce domaine, afin d'évaluer leur efficacité et leurs limites pour répondre aux besoins d'information du public, en confrontant les expériences des différents pays de l'OCDE ;

- de rechercher les moyens d'améliorer la communication avec le corps médical en matière de protection contre les rayonnements ionisants et, le cas échéant, de définir de nouvelles techniques plus efficaces de formation et d'information ;

- de dégager un consensus international sur les caractéristiques et les sources de l'information nécessaire au corps médical en situation normale comme en situation d'urgence.

Le présent compte rendu comprend les principales communications présentées et une synthèse des résultats de la réunion. Les opinions présentées dans le compte rendu n'engagent que leurs auteurs et ne reflètent pas nécessairement les points de vue des pays Membres de l'OCDE ou du Secrétariat de l'AEN. Ce compte-rendu est publié sous la responsabilité du Secrétaire Général.

Table of Contents
Table des matières

Session I - Séance I

INFORMING THE PUBLIC ABOUT IONISING RADIATION:
THE ROLE OF THE MEDICAL PROFESSION

INFORMATION DU PUBLIC ET RAYONNEMENTS IONISANTS :
LE ROLE DU CORPS MEDICAL

Chairman - Président : Professeur M. Tubiana (France)

---

*Les titres en caractères gras indiquent la langue originale du texte.
The titles in bold typeface indicate the original language of the text.

Prof. C. Vrousos, Mme H. Kolodie, Dr. H. Pons, Dr. C. Gallin-Martel (France)

Synthesis of session I : Ethical aspects of medical information
Synthèse de la séance I : Aspects éthiques de l'information médicale

Session II - Séance II

EXPERIENCE REGARDING TRAINING IN AND THE PROVISION OF
INFORMATION TO THE MEDICAL PROFESSION:
PRESENTATION AND ASSESSMENT

———

PRESENTATION ET EVALUATION DE L'EXPERIENCE EN MATIERE DE
FORMATION ET D'INFORMATION DU CORPS MEDICAL
DANS LE DOMAINE DES RAYONNEMENTS IONISANTS

Chairman - Président : Pr. J. Locher (Suisse)

Introduction to session II
Introduction à la séance II

NATIONAL EXPERIENCE
L'EXPÉRIENCE NATIONALE

Synthesis of session II
Synthèse de la séance II

Session III - Séance III

PROVIDING BETTER TRAINING
AND IMPROVING THE CONTENT
AS WELL AS DISSEMINATION OF INFORMATION

―――――

AMELIORER LA FORMATION, L'INFORMATION
ET LES MOYENS DE DIFFUSION

Chairman - Président : Pr. S. Kochman (France)

Information requirements by the medical profession
on ionising radiation, as seen by:

Les besoins du corps médical en matiere d'information
sur les rayonnements ionisants:

PANEL : MAIN LESSONS TO BE LEARNED FROM EXPERIENCE
AND IMPROVEMENTS NEEDED
REGARDING TRAINING IN AND THE DISSEMINATION OF INFORMATION

TABLE RONDE : PRINCIPAUX APPORTS DE L'EXPÉRIENCE PRÉSENTÉE
ET PROGRÈS À ENTREPRENDRE
EN MATIÈRE DE FORMATION ET D'INFORMATION

Moderator-Modérateur : Dr. G. Heinemann (Germany)

Session IV - Séance IV

SOURCES OF INFORMATION
TO THE MEDICAL PROFESSION

LES SOURCES DE l'INFORMATION DU CORPS MEDICAL

Chairman - Président : Dr. G.R. Gebus (United States)

SOURCES OF INFORMATION

LES SOURCES DE L'INFORMATION

Session V - Séance V

THE ROLE OF INTERNATIONAL CO-OPERATION

———

LE ROLE DE LA COOPERATION INTERNATIONALE

Session VI - Séance VI

CLOSING SESSION

SEANCE DE CLOTURE

ALLOCUTION DE BIENVENUE

Jacques de la Ferté,
Chef des relations extérieures
et des relations publiques

Agence de l'OCDE pour l'Energie Nucléaire

Permettez-moi tout d'abord, au nom de l'Agence de l'OCDE pour l'Energie Nucléaire, de vous souhaiter la bienvenue à ce séminaire international consacré à l'information du corps médical dans le domaine des rayonnements ionisants.

Il entre dans la vocation de l'Agence, dont l'objectif général est de favoriser la coopération entre ses pays Membres dans le domaine des applications pacifiques de l'énergie nucléaire, de se pencher sur les questions d'information et de compréhension par le public. Nous savons tous à quel point celles-ci sont déterminantes non seulement pour l'avenir des programmes électro-nucléaires mais aussi pour l'utilisation des rayonnements dans un grand nombre d'autres domaines. Encourager l'échange des expériences nationales, rapprocher les politiques de ses membres, rechercher des consensus sur des objectifs importants, constitue donc le rôle essentiel de l'AEN.

L'organisation de cette réunion n'aurait pas été possible sans la généreuse hospitalité et l'indispensable concours des autorités françaises. Je voudrais citer notamment :

- le *Commissariat à l'Energie Atomique* et, en particulier, le *Centre d'Etudes Nucléaires de Grenoble,* dans les locaux duquel nous nous réunissons cette semaine ;

- *Electricité de France* qui, je le rappelle pour nos participants étrangers, gère un parc de centrales nucléaires qui contribue à hauteur de

75 % à la production d'électricité du pays. Et je tiens à citer notamment ce matin les *Centres de production EDF de Creys-Malville et du Bugey* qui, du fait de leur implantation dans cette région et de leurs contacts avec le corps médical local, ont pris un intérêt tout particulier à cette réunion ;

- le Centre Hospitalier Universitaire de Grenoble qui, sous la direction du Professeur Vrousos, a réalisé pour cette réunion une importante enquête dans les pays de l'OCDE pour obtenir des données précises sur le niveau de formation des étudiants en médecine dans le domaine des rayonnements ionisants ;

- et, bien entendu, le *Département de l'Isère et la ville de Grenoble* dont les initiatives en matière de protection de l'environnement et de prévention des risques majeurs, prises sous l'impulsion d'Alain Carignon et Haroun Tazief, leur ont valu de jouer un rôle pilote en France dans ce domaine.

Le nombre et la qualité des spécialistes des quelque douze pays Membres de l'OCDE et des cinq organismes internationaux que nous accueillons aujourd'hui témoignent bien, me semble-t-il, de l'importance, à l'échelle internationale, que revêt l'information des professions de santé dans un domaine aussi sensible que celui de l'utilisation des rayonnements ionisants.

En effet, dans presque tous les pays représentés ici, le nucléaire est largement utilisé pour couvrir les besoins en électricité, et les applications des rayonnements ionisants se sont multipliées dans l'industrie. Et n'oublions pas bien entendu l'utilisation très répandue des rayonnements à des fins médicales, qui représente d'ailleurs aujourd'hui près de 90 % de la dose au public provenant des rayonnements artificiels.

L'emploi des rayonnements ionisants ne va pas sans un devoir de prévention, de protection et d'information à l'égard du public. Des sondages récents dont nous entendrons parler ici montrent que celui-ci est de plus en plus soucieux de comprendre la nature des risques auxquels il pourrait être exposé. Dans une proportion majoritaire, il considère que le corps médical est, à cet égard, une source de référence privilégiée. Le corps médical, quant à lui, s'estime globalement sous-informé sur les effets des rayonnements ionisants et souhaite disposer d'éléments de réponse sur les effets sanitaires des rayonnements et sur la conduite à tenir face à des cas d'irradiation ou de contamination.

Ce besoin d'information de la part du public et de restauration de "pôles de savoir" à sa disposition est à la source des initiatives engagées dans les dernières années pour renforcer la formation et les connaissances du corps médical sur les rayonnements ionisants et dans le domaine de la radio-protection, s'agissant non seulement des spécialistes en radiologie et physiciens médicaux, mais aussi des médecins du travail, des infirmiers, vétérinaires et pharmaciens, et des médecins généralistes ou "médecins de famille" qui constituent un réseau très dense au contact de la population.

Formation et information reposent bien entendu sur l'enseignement hospitalo-universitaire, sur le suivi post-universitaire, et sur l'action des organismes professionnels de la santé. Mais elles reposent aussi sur une bonne synergie entre le corps médical dans son ensemble et l'industrie productrice et utilisatrice de rayonnements ionisants, ainsi que sur la nécessaire impulsion des Autorités publiques tant à l'échelle nationale que régionale et locale, comme le montre l'exemple prometteur entrepris par le Département de l'Isère.

L'objet de cette réunion est de faire le point des efforts entrepris dans ce domaine dans les pays représentés ici, d'en apprécier la portée et les insuffisances éventuelles, et de rechercher les moyens et méthodes permettant au corps médical de remplir avec succès sa mission de conseil et d'information auprès de la population sur les risques d'exposition aux rayonnements ionisants, et, si besoin est, de participer en cas d'accident aux mesures générales de prévention et de protection. Au-delà des inévitables différences qui existent d'un pays à l'autre, j'espère que la discussion de ces questions dans le cadre de ce colloque international facilitera la formation d'un consensus sur les orientations à prendre et, en tout état de cause, permettra un fructueux échange entre les acteurs concernés de nos pays Membres.

Pour y parvenir, nous avons souhaité donner à un maximum de participants l'occasion de s'exprimer au sein de plusieurs tables rondes et de discussions générales. Le revers de la médaille est, hélas, que le temps de parole de chacun sera limité.

En terminant, je tiens à saluer le Professeur Maurice TUBIANA qui a bien voulu accepter la présidence de notre colloque. Sa longue expérience à la tête de l'Institut Gustave Roussy, cumulée à ses responsabilités actuelles de Président du Conseil Supérieur sur la sûreté et l'information nucléaires auprès du Ministère de l'Industrie et de Président de la Société de Radiologie internationale, le qualifient tout particulièrement pour guider nos débats.

Je le remercie en votre nom à tous et je vous souhaite une fructueuse réunion.

ALLOCUTION D'OUVERTURE

Maurice Tubiana
Président du séminaire

A mon tour, au nom de tous les participants, je voudrais remercier les organismes qui ont pris l'initiative cette réunion. Celle-ci vient en effet à son heure, à un moment où les angoisses suscitées par Tchernobyl commencent à s'apaiser, où un changement des normes de radioprotection jette le trouble dans les esprits et où l'effet de serre ramène l'attention vers le nucléaire.

Je pense que tous les participants seront d'accord sur la nécessité d'une meilleure information sur les effets des rayonnements ionisants mais aussi sur la nécessité d'éviter certains pièges dont on va sans doute longuement discuter au cours des heures à venir.

1/- Quand on parle des risques, on provoque inévitablement l'inquiétude si l'on considère ce risque isolé de son contexte, celui-ci, alors, apparaît inacceptable. Il faut donc constamment mettre le risque en perspective, c'est-à-dire le situer à la fois par rapport à des avantages éventuels et par rapport aux risques provoqués par d'autres agents.

2/- Il faut éviter à la fois de rassurer indûment car la crainte est mère de la prudence, et d'inquiéter inutilement. L'équilibre entre ces deux exigences opposées est souvent difficile à trouver.

3/- Il faut être compris, donc utiliser un langage adapté au niveau des connaissances de l'interlocuteur et qui cependant, ne déforme pas les faits.

4/- Il faut inspirer confiance à la fois sur le plan de la compétence et sur celui de la fiabilité, de l'indépendance vis à vis des intérêts publics ou particuliers.

Grace à la confiance qu'il inspire au public, le médecin est certainement l'informateur idéal, encore faut-il le rendre capable d'effectuer cette information c'est-à-dire lui donner les connaissances nécessaires dans un domaine qui reste très mouvant. Des remises à jour fréquentes sont donc nécessaires. De plus il faut aussi l'aider à expliquer simplement des données relativement complexes au public. Il est d'autant plus légitime de demander au médecin de faire l'effort de s'informer et d'informer, qu'il est à l'origine de plus de 90% des irradiations d'origine humaine et qu'il n'a pas à en rougir puisque la radiodiagnostic et la radiothérapie sont deux des techniques qui ont le plus contribuées au progrès de la médecine.

En terminant, je voudrais souligner l'ampleur de la tache. Une enquête effectuée par la Communauté Européenne dans le cadre de l'action européenne sur le cancer, a demandé à des échantillons représentatifs des douze pays, quels étaient selon eux les principales causes du cancer. Dans les douze pays, le tabac est venu en tête, ce qui est exact et normal. Mais dans tous les pays, la deuxième cause la plus fréquemment citée, a été la radioactivité. Or, d'après les hypothèses les plus pessimistes, la proportion des cancers causés par les rayonnements naturels et artificiels ne devrait pas dépasser 1 %. Pour mémoire, rappelons par exemple, qu'en France l'alcool est considéré comme l'origine d'environ 10 % des cancers et le rayonnement solaire également d'environ 10 %. Ceci illustre la surestimation du risque des rayonnements ionisants. Cette anxiété latente est observée aussi bien chez les médecins que dans le public. C'est ce qui fait la difficulté de la tache.

Session I

INFORMING THE PUBLIC ABOUT IONISING RADIATION:
THE ROLE OF THE MEDICAL PROFESSION

Séance I

INFORMATION DU PUBLIC ET RAYONNEMENTS IONISANTS :
LE ROLE DU CORPS MEDICAL

Chairman - Président
Professeur M. Tubiana
(France)

RAYONNEMENTS IONISANTS
ET BESOIN D'INFORMATION DU PUBLIC

Maurice Tubiana *

Le contexte psycho-sociologique

Depuis les origines de la vie, il y a plus d'un milliard d'années, tous les organismes vivants ont vécu au milieu d'un bain de radiations ionisantes provenant du ciel (rayons cosmiques) et de la terre (radioéléments naturels).

L'homme n'en a pris conscience que depuis environ un siècle quand, en 1896, Henri Becquerel a découvert la radioactivité. D'emblée le phénomène est apparu inquiétant. Le caractère mystérieux de ces rayons invisibles, impalpables, capables de traverser des épaisseurs importantes de matière, de voir à l'intérieur du corps humain, de guérir le cancer et de le provoquer, sont apparus mystérieux et le nom de rayons X, immédiatement adopté par l'ensemble du public, souligne bien l'interrogation qu'ils soulèvent, avec des espoirs immenses et des craintes irrationnelles tout aussi excessives. Il suffit de rappeler les réactions qu'avait provoquées au XVIIIème siècle le magnétisme, la mode des baquets de Mesmer, la croyance en les vertus thérapeutiques du magnétisme puis au XIXème en celles de l'électricité, pour prendre conscience du caractère banal de ces sentiments devant des phénomènes aussi nouveaux.

Mais, alors que les effets biologiques des champs magnétiques ou électriques sont très faibles, à peine décelables, ceux des rayonnements ionisants sont évidents. Quelques années après leur découverte les rayons X, le radium, avaient pris en médecine une place importante qui est allée s'amplifiant. Cette association cancer-rayonnements ionisants avait d'ailleurs, même pour les médecins du début de ce siècle, un caractère quasi magique et il fallut plus d'un demi-siècle pour que l'on apprenne que la quasi totalité des agents physiques ou chimiques ayant un effet thérapeutique sur le cancer, sont également des cancérogènes et encore une vingtaine d'années pour que l'on comprenne pourquoi.

---

* Directeur honoraire de l'Institut Gustave Roussy - Membre de l'Académie des sciences et de l'Académie de médecine.

Sur le plan physique les connotations magiques n'étaient pas moins fortes. On raconte que Soddy et Rutherford, lorsqu'ils se sont aperçus que l'émission d'une particule alpha s'accompagnait de la transmutation du radioélément, furent eux-mêmes effrayés par le côté magique de ce phénomène *. Dès 1901 le physicien nucléaire est ainsi associé à l'image du nouveau Prométhée ou de l'apprenti sorcier.

Plus tard, l'énergie atomique, par le contraste entre l'énorme quantité d'énergie et la faible masse de matière accentua encore ce caractère magique. L'équivalence entre matière et énergie eut un aspect d'autant plus terrifiant pour le public que celui-ci l'apprit à l'occasion des bombes d'Hiroshima et Nagasaki. Cette fracassante entrée de l'énergie nucléaire dans le monde ajouta une nouvelle équation : "nucléaire = guerre + anéantissement", à côté de la précédente "radioactivité = magie + cancer". Il est d'ailleurs intéressant que l'analyse systématique de la presse française entre 1945 et 1960 montre que la bombe atomique et l'énergie nucléaire furent immédiatement après l'explosion associées à l'idée de paix (grâce à la victoire sur les japonais) et de reconstruction (grâce à une énergie inépuisable et hors marché) avant de prendre, après les explosions des bombes H américaines (Bikini 1957) puis russes, la connotation d'apocalypse finale, d'autant que divers groupes politiques utilisèrent à cette époque sciemment la peur du nucléaire pour ralentir les dépenses d'armement en Occident et obtenir l'arrêt des explosions atomiques expérimentales.

Ultérieurement, quand naquit aux Etats-Unis, dans le contexte de la guerre du Viet-Nam, une contestation généralisée de la civilisation industrielle et de ce qui fut appelée la "techno-science" liée aux militaires, le nucléaire devint une des cibles évidentes car il symbolisait ce contre quoi ce mouvement luttait : l'innovation technico-scientifique toujours génératrice d'angoisse, l'industrie lourde, la centralisation excessive et l'impuissance ressentie par l'opinion publique face à ceux qui savent et qui décident sans la consulter, l'armement et la boite de Pandore. Plus tard, quand la croisade écologique franchit l'Atlantique on retrouva, en Europe et en France, ce même contexte qu'illustre d'ailleurs deux phrases citées dans le journal "Le Monde" à l'occasion d'un récent historique du mouvement écologique en France : d'abord celle de Brice Lalonde "Il fallait un ennemi, on a hésité entre la bagnole et le nucléaire. On a finalement choisi le nucléaire puisque c'était la pieuvre EDF et l'armée" (Le Monde du 12 Juin 1992). La citation de Philippe Lebreton, biologiste qui inspira le mouvement écologique, rapportée dans le même article, est très voisine "Le

---

* On dit que Soddy se serait écrié, au comble de l'exaltation en prenant conscience du phénomène "Mais Rutherford c'est une transmutation" et que Rutherford aurait répondu "Taisez-vous, n'appelez pas ça une transmutation. Ils nous brûleraient comme des alchimistes".

nucléaire focalisait tout ce qu'on haïssait, c'était le béton, les technocrates, la patrie, l'indépendance nationale".

Le Nucléaire cristallisait ainsi les angoisses liées à l'avenir du monde, à la peur de la guerre et du progrès technologique. Il était normal que l'on ait tenté de rationaliser ces craintes en exagérant ses risques et notamment les effets des rayonnements sur l'organisme humain. On sait d'ailleurs que spontanément le public tend à sous-estimer les risques occasionnés par une activité plaisante (bain de soleil, vitesse sur route) et à surestimer ceux qui ont une connotation psychologique désagréable ou ambiguë (risques professionnels ou rayonnements). L'étude de la perception du risque, la discordance entre risque perçu et risque objectif sont d'ailleurs devenus des domaines classiques de recherche psycho-sociologique (1, 2, 3, 4, 5). Cependant, on ne mesure pas toujours les inconvénients que peuvent avoir ces distorsions. La masse financière qui peut être consacrée à la santé, et donc à la protection contre les agents nocifs, est limitée ; une dépense exagérée dans un domaine obère la possibilité d'une action plus efficace dans un autre domaine, c'est pourquoi on doit, à propos de toute action sanitaire, s'interroger sur le rapport coût-efficacité. C'est un problème que j'ai eu récemment l'occasion de discuter à propos du risque cancérogène des faibles doses d'agents cancérogènes chimiques ou physiques (The carcinogenic effect of exposure to low doses of carcinogens - Brit. J. Industrial Med. Sept 1992).

Dans un éditorial récent du journal "Science" consacré aux cancérogènes chimiques, P. Abelson (6) écrit : "des règlements trop sévères et des publications alarmistes ont provoqué l'anxiété du public et une chimiophobie... le coût consacré à lutter contre des dangers fantasmatiques pourrait atteindre des centaines de milliards de dollars avec un bénéfice minime pour la santé publique. Parallèlement des risques réels ne reçoivent pas l'attention qu'ils méritent".

Les inconvénients d'une exagération des risques ne se limitent d'ailleurs pas à des dépenses excessives, la limitation de l'usage des insecticides a provoqué une recrudescence du paludisme dans certaines régions du monde, les rumeurs sur les risques tératogènes ont provoqué, après l'accident de Seveso, une trentaine d'avortements thérapeutiques or, l'examen des foetus a montré qu'ils étaient tous normaux ; après Tchernobyl c'est par milliers que les femmes se sont fait avorter en Europe centrale, or, même au voisinage immédiat de l'accident aucune augmentation de la fréquence des malformations ou des effets génétiques n'a été constatée. De façon plus quotidienne la crainte des risques d'une irradiation conduit dans certaines régions une proportion importante de femmes à refuser une mammographie de dépistage du cancer du sein alors que les risques sont minimes par rapport au bénéfice éventuel.

Le rôle du médecin comme informateur

Nous n'insisterons pas sur ces aspects psychologiques et sociologiques qui ont été analysés dans de nombreux ouvrages (1, 2, 3, 4, 5). Ce rappel avait simplement pour but de montrer que l'on passe facilement de l'ignorance à la peur et de celle ci à des attitudes irrationnelles. Pour les éviter, il faut inlassablement rappeler les faits connus et les zones d'incertitude, puis situer ceux-ci dans le cadre plus général des problèmes sanitaires et des nuisances provoquées par la production d'énergie ou les soins aux malades. Nul n'est mieux placé que le médecin pour le faire et ceci pour de nombreuses raisons :

1) Le médecin, par sa formation, sait que toute décision est le fruit d'un jugement mettant en balance les avantages et les inconvénients des méthodes diagnostiques ou thérapeutiques envisagées. Aucun médicament, même un cachet d'aspirine, aucune technique diagnostique, fut-ce une simple prise de sang ou un examen radiologique, est dénué de risque. Toute la question est de proportionner ce risque avec le bénéfice escompté. Une artériographie, par exemple une coronarographie, entraîne un accident grave, voire mortel, dans environ un examen sur 2000, il est totalement injustifié de l'effectuer pour un bilan chez un sujet en bonne santé apparente, il est légitime de la faire chez un malade qui vient d'avoir un infarctus du myocarde puisque l'attitude thérapeutique ultérieure en dépend. Pour les traitements cela est plus évident encore. On hésite devant un risque de décès d'un cas sur 100 000 pour soigner une grippe, on accepte éventuellement un risque de 5, voire 10 pour cent de complication mortelle pour traiter certains cancers du poumon ou de l'oesophage.

2) Le médecin sait qu'il n'y a jamais de risque nul et que ce concept est non seulement dangereux mais fallacieux. Il sait que la civilisation moderne urbaine industrialisée, dont les inconvénients sanitaires sont si souvent soulignés, a provoqué le plus fabuleux allongement de la durée de vie humaine jamais observé ; de 33 ans en un siècle (durée de vie 44 ans en 1895, 77 ans en 1988), d'une dizaine d'années depuis 1950. Il sait aussi que non seulement la vie, mais aussi la jeunesse sont plus longues. Aujourd'hui une femme de 60 ans est jeune et sa vie sentimentale souvent riche ; en 1830, quand sa durée de vie moyenne était d'environ 40 ans, le destin normal d'une femme de 30 ans était de se retirer du

monde et prier Dieu (voir la femme de 30 ans de Balzac, les Caprices de Marianne de Musset) * .

3) De façon générale, le médecin est mieux placé que quiconque pour juger les risques putatifs et les avantages tangibles d'un acte médical ou d'un effet biologique. De plus, il sait que l'on doit substituer à une notion qualitative, telle ou telle substance est bénéfique ou toxique, cancérogène ou non, des données quantitatives : à partir de quelle dose telle substance est-elle utile ou nuisible ? Il a l'habitude des relations dose-effet. Claude Bernard, paraphrasant Paracelse, disait "Tout est poison, rien n'est poison, tout est question de dose". De nombreux médicaments sont des toxiques dangereux à dose élevée, efficaces à dose moyenne et dénués de tout effet à dose faible.

Le médecin sait aussi qu'il est difficile d'extrapoler du risque observé chez l'homme à dose élevée vers les dangers éventuels de doses faibles. Par exemple on mesure avec précision la probabilité de cancer hépatique causé par l'absorption quotidienne d'un demi-litre de vin, mais aucun médecin n'oserait calculer à partir de ce chiffre le risque d'accident hépatique causé par la consommation d'un baba au rhum tous les deux ans, ce qui correspond à une quantité annuelle d'alcool environ 1000 fois plus faible. Or, en radioprotection, il est courant d'extrapoler sur des facteurs dix mille (par exemple quand, à partir des doses les plus faibles pour lesquelles on observe un effet cancérogène chez l'homme, soit environ 500 mSv, on calcule le nombre de cancers que pourrait provoquer en Europe la catastrophe de Tchernobyl). Sa méfiance naturelle lui fait pressentir que rien ne peut remplacer des données directes, donc, comme il est maintenant possible grâce aux méthodes statistiques modernes (méta-analyses, etc..) d'estimer l'effet des faibles doses, il devient impératif de le faire. Avant de lutter contre les risques éventuels d'une teneur en radon trop élevée dans les habitations domestiques, lutte dont le coût serait extrêmement élevé (plus de 2 milliards de francs) pour un bénéfice hypothétique (7), il serait utile par des enquêtes approfondies de vérifier l'existence de ce risque.

4) En attendant que les effets des faibles doses de rayonnement soient mesurés, ou au moins que la limite supérieure du risque soit déterminée, le médecin sait que, malgré ses aléas, l'extrapolation demeure la seule méthode possible ; il est donc légitime d'effectuer celle-ci en choisissant pour les besoins de la radioprotection, des hypothèses délibérément pessimistes. Ainsi le facteur de réduction de dose à

---

* Dans le 1er acte des Caprices de Marianne, Octave qui vient d'apprendre que Marianne a dix-neuf ans lui dit : "Vous avez donc encore 5 à 6 ans pour être aimée, huit ou dix ans pour aimer vous-même et le reste pour prier Dieu".

faible dose, faible débit a été fixé à 2 par la commission internationale de protection contre les rayonnements (9) alors que le comité scientifique des nations unies UNSCEAR l'avait situé entre 2 et 10 (8) ; or, si l'on avait pris une valeur moyenne, 4 ou 5, il aurait été inutile de changer les normes de radioprotection.

Mais il serait dangereux de confondre cette estimation prudente, compréhensible pour déterminer les doses admissibles pour les travailleurs ou le public, avec une estimation réaliste des risques ; ceux-ci peuvent être notablement plus faibles, voire nuls, comme l'ont souligné le rapport de l'Académie des Sciences de Paris (10) et le rapport BEIR IV de l'Académie des sciences de Washington (11), pour une dose de l'ordre de grandeur des irradiations naturelles. S'il est légitime pour édicter des règlements, de faire comme si toute dose, si faible fut-elle, était dangereuse, il faut savoir que cette affirmation n'est fondée sur aucun argument scientifique valable (10, 12, 13). Laisser le public confondre estimation réglementaire et donnée scientifique serait donc illégitime et parfois dommageable.

5) Cependant le médecin sait que tant que l'inocuité des faibles doses n'a pas été démontrée il doit les considérer comme potentiellement nocives, donc les éviter sauf si le bénéfice attendu excède le risque. Les examens radiologiques, la radiothérapie représentent deux des acquis les plus considérables de la médecine moderne ; en limiter sévèrement l'usage ferait considérablement régresser l'efficacité des soins. Il faut donc naviguer en ces deux écueils comme on le fait pour toute décision médicale ou industrielle.

6) Le médecin est donc celui qui est le mieux placé sur le plan scientifique pour comprendre les subtilités et les contradictions apparentes d'une politique de radioprotection ; par exemple le durcissement progressif des normes bien que rien ne prouve que les risques soient plus élevés qu'on ne le croyait antérieurement, simplement parce qu'en 1992 on est plus exigeant sur le plan de la protection de la santé qu'on ne l'était il y a 40 ans. Ainsi aujourd'hui par exemple la vitesse sur route ou dans les agglomérations est beaucoup plus sévèrement réglementée qu'elle ne l'était en 1955.

Le médecin est aussi celui dont l'audience auprès de la population est la plus grande. De tous les scientifiques, physiciens, chimistes ou biologistes, le médecin est celui qui échappe le plus aux critiques portées contre le "complexe technico-scientifique". Ses liens avec l'armée sont très lâches. Il n'a aucune responsabilité directe dans l'édification de la civilisation industrielle et par vocation, il prend la défense des pollués contre les pollueurs, des travailleurs contre les employeurs. De plus et surtout chaque homme a été, ou sera, malade, chacun sait qu'alors seule la médecine sera capable de le guérir ou d'alléger ses souffrances et très rares sont ceux qui ne lui font pas confiance. Même si parfois on reproche à la médecine, par la diminution de la mortalité infantile et l'allongement de la durée de vie, d'avoir entraîné la surpopulation du globe, ces critiques sont vite tempérées par l'évidence des bénéfices que ces progrès ont eu pour chacun de nous.

Les sondages montrent que 90 % des Européens ont confiance dans leur médecin. Quelle que soit la campagne que l'on souhaite entreprendre : contre le tabac ou l'alcool, pour le dépistage du cancer du sein, etc... la première étape doit être l'information du corps médical, afin que celui-ci puisse valablement renseigner la population. D'ailleurs, l'expérience montre qu'en cas d'inquiétude ou d'incertitude c'est vers son médecin de famille que se tourne le public. Ceci ne signifie pas qu'il faille exclure l'ingénieur, le radiobiologiste, le spécialiste de la radioprotection de cette fonction d'information mais souligne qu'en cas de désaccord l'opinion du médecin prévaudra car c'est lui qui apparaît le plus indépendant et le plus fiable. Ceci ne signifie pas que l'ingénieur, par exemple, sera censé avoir un jugement faux ou biaisé, mais on le soupçonnera toujours d'avoir une tendresse particulière pour la technique qu'il met en oeuvre et dans laquelle il croît, donc d'être consciemment ou inconsciemment influencé par le souci d'en montrer l'intérêt.

Le contenu de l'enseignement

Si l'efficacité du médecin comme agent d'information ne fait guère de doute, est-il légitime de lui demander de l'exercer et celui-ci est-il désireux de le faire ? La plupart des médecins le pensent dès qu'ils comprennent que la médecine est à l'origine de l'immense majorité des rayonnements d'origine humaine reçus par la population (d'après les données du comité scientifique des Nations-Unies (8), l'irradiation médicale délivre en moyenne une dose annuelle de 0,5 mSv à chaque sujet et l'énergie nucléaire, y compris les retombées de Tchernobyl l'année de l'accident 0,006 mSv soit environ 100 fois moins). Il est normal que le médecin, qui chaque fois qu'il prescrit un examen radiologique induit une irradiation, soit informé des effets de celle-ci sur l'organisme humain et puisse éventuellement les expliquer à son malade. Il est remarquable de constater qu'ils le font très volontiers s'ils disposent des connaissances nécessaires et c'est là que commencent les difficultés car la radioprotection n'est pas d'un abord aisé.
C'est un problème auquel j'ai été depuis 1952, d'abord en tant que maître de conférence agrégé de physique médicale puis comme professeur de radiothérapie, constamment confronté et dont il ne faut pas sous-estimer la

difficulté. La radioprotection repose sur des bases physiques et biologiques complexes. La physique est une discipline qui rebute un peu l'étudiant en médecine et à fortiori le médecin praticien. Or, si l'on ne comprend pas les interactions entre le rayonnement et la matière ainsi que les unités, il est difficile d'analyser les phénomènes qui sont à l'origine des effets biologiques. La biologie, par exemple l'analyse des mécanismes de cancérogenèse, évolue rapidement et même le jeune médecin vit sur des notions partiellement périmées qui sont celles que l'on enseignait encore en 1980. Des concepts aussi fondamentaux que celui de la cancérogenèse par étapes et la nécessité de l'accumulation de 6 ou 8 défauts moléculaires distincts pour entraîner la transformation d'une cellule saine en une cellule cancéreuse capable de donner naissance à un épithélioma, sont mal connus par la plupart des médecins et, il faut bien le dire, par de nombreux spécialistes de la radioprotection qui continuent à raisonner comme à l'époque on l'on croyait qu'une seule lésion moléculaire pouvait suffire à provoquer cette transformation.

De plus, les non spécialistes ont parfois tendance à attribuer une importance excessive aux controverses entre spécialistes et risquent d'en conclure que les connaissances sont fragiles et limitées, ce qui n'est pas le cas. C'est pourquoi il est essentiel comme toujours en science et en médecine de commencer par l'exposé les faits.

Prenons l'exemple de la radiocancérogenèse. Je crois qu'il faut débuter l'examen de cette question par l'exposé des grandes enquêtes épidémiologiques dont la méthodologie est suffisamment bonne pour que les résultats puissent être retenus, telles celles portant sur les grandes séries de malades traités pour cancer du col utérin, spondylarthiste anlylosante, maladie de Hodgkin, etc..., les survivants d'Hiroshima et Nagasaki, les travailleurs exposés professionnellement, etc... Plusieurs faits en ressortent (14) dont on peut affirmer l'existence : 1) une augmentation de la fréquence des cancers faible mais très significative pour des doses supérieures à 1 Gray (ou 1 Sievert) délivré à débit aigüe, 2) une relation dose-effet, la fréquence s'accroissant quand la dose augmente et inversement diminuant pour des doses plus faibles sans que l'on puisse dire si l'absence d'effet statistiquement significatif pour des doses inférieures à 0,5 Gy est lié à l'existence d'un seuil ou à ce que l'excès de fréquence des cancers est trop petite pour être mise en évidence sur la population étudiée. 3) des longs délais peuvent s'écouler entre l'irradiation et l'augmentation de la fréquence des cancers, délais dont la durée varie selon le type de cancers (court pour les leucémies, long pour les épithéliomas) et qui sont pour certains cancers influencés par l'âge des sujets lors de l'irradiation. 4) Influence de l'âge des sujets lors de l'irradiation sur la fréquence et le type de cancers (par exemple les cancers du sein sont relativement fréquents chez les femmes irradiées entre 12 et

20 ans, relativement rares chez les femmes irradiées ultérieurement). 5) L'effet cancérogène des rayonnements ionisants est relativement petit par rapport à celui de nombreux agents physiques ou chimiques. Pour les doses les plus élevées le pourcentage de cancers ne dépasse pas quelques pourcents. Rappelons par exemple que sur les 280 000 survivants d'Hiroshima et Nagasaki le nombre de cancers en excès, imputable à l'irradiation est d'environ 800. L'effet génétique est si petit qu'on n'a jamais pu le mettre en évidence chez l'homme ni chez les descendants des survivants d'Hiroshima et Nagasaki, ni chez ceux des malades traités par radiothérapie.

Ces données constituent un ensemble remarquable dont on ne trouve l'équivalent pour aucun autre agent nocif à l'exception du tabac. De plus, ces données humaines sont complétées par des résultats expérimentaux que l'on peut extrapoler à l'homme avec une bonne fiabilité par exemple : les rayonnements à transfert linéique d'énergie élevée (neutrons) sont à dose égale plus cancérogènes que les rayonnements à faibles transfert linéique d'énergie (rayons X ou gamma), la fréquence des cancers est plus faible, à dose égale, quand le débit de dose diminue ou, quand l'irradiation est fractionnée, que les doses par séance sont plus faibles, ceci quel que soit le type de rayonnement. Malgré l'additivité des effets de doses délivrés à de longs intervalles, l'effet cancérogène global d'une irradiation délivrée avec un très faible débit est beaucoup moins grand que celui de la même dose délivrée à débit élevé.

L'ensemble de nos connaissances est donc impréssionnant (14) ; mais après avoir souligné leur ampleur il faut délimiter les zones d'incertitude. Nous ne disposons d'aucune donnée directe pour évaluer l'effet des doses faibles et à fortiori pour établir la forme de la relation dose-effet pour des doses inférieures à 1 Gray et l'effet des très faibles débits chez l'homme. C'est ce qui explique les controverses. Il y a deux façons de progresser : 1) Obtenir des données épidémiologiques directes. Comme nous l'avons vu, c'est maintenant possible. 2) Accroître nos connaissances théoriques sur les mécanismes de radiocancérogenèse à faible dose. Il est vraisemblable qu'il existe des différences notables selon le type de tissu sain, donc qu'il n'y a pas de relation dose-effet valable pour tous les tissus, quel que soit l'âge du sujet irradié.

En l'état actuel de nos connaissances il faut utiliser des relations dose-effet théoriques pour estimer l'effet des faibles doses tout en sachant que celles qui ont été proposées (linéaires, linéaire-quadratiques, quadratiques) reposent sur des hypothèses discutables dont il faut analyser l'intérêt et les limites. Ces rappels permettent de comprendre pourquoi, selon les choix de la fonction utilisée pour l'extrapolation vers les faibles doses et du modèle de projection, les estimations du risque cancérogène varient de 1 à 5. Or, ces choix sont en partie influencés par les facteurs sociologiques et psychologiques. Les experts en radioprotection ont, tout naturellement, tendance à rechercher les coefficients de protection les plus élevés, donc à choisir les hypothèses les plus conservatrices, allant ainsi au-devant des souhaits d'un public qui est sensibilisé aux risques des rayonnements. Les médecins, qui doivent constamment recourir aux rayonnements ionisants pour les soins aux malades, privilégient des hypothèses plus réalistes car ils savent que surestimer les risques aurait pour conséquence une réduction de l'usage des rayons X donc de la qualité des soins. Il est donc normal que leurs points de vue diffèrent. Parler sereinement de ces différences fait partie de l'enseignement qu'il faut donner en radioprotection, celles-ci étonneront d'autant moins l'étudiant en médecine que celui-ci en a l'habitude en d'autres domaines et sait que la fixation d'une norme comporte deux étapes, a) l'analyse des données, b) un jugement de valeur, par définition subjectif, qui tient compte de l'acceptabilité du risque et donc de sa perception. Les normes réglementaires les plus banales (telles la date jusqu'à laquelle on peut consommer un produit périssable ou la quantité maximale que l'on peut prescrire d'un médicament) incluent toujours des marges importantes mais variables de sécurité.

De plus, les différences sont souvent moins grandes qu'il ne paraît à première vue ; ainsi on a souligné les divergences entre le rapport de l'Académie des Sciences de Paris (10) sur l'effet biologique des rayonnements ionisants et le rapport de l'ICRP (9). Or, les deux concluent que la dose vie doit être limitée à 1 Gray. Les divergences se limitent à la façon dont il faut surveiller l'irradiation pour s'assurer que cette valeur globale n'est pas dépassée et aux méthodes d'estimation des risques dans le domaine des faibles doses.

Une dernière question mérite d'être envisagée : qui doit informer les médecins généralistes ? Le corps médical est très hiérarchisé et, dès les premiers jours de sa formation, l'étudiant en médecine apprend qu'une de ses fonctions est de demander l'avis d'un spécialiste dans les cas difficiles. Aucun médecin ne peut tout savoir ; s'entourer d'avis qualifiés, grâce à des consultations, est l'une des caractéristiques d'un bon médecin.

Dans le domaine des rayonnements ionisants tout médecin généraliste connaît des spécialistes en qui il a confiance, en particulier les enseignants de radiologie, de médecine nucléaire et de radiothérapie. En cas de doute c'est à eux qu'il demandera conseil, il est donc souhaitable de l'informer par leur intermédiaire, ou en tout cas de les associer à cette information.

L'objection classique selon laquelle on ne peut pas être juge et partie n'est pas acceptable dans ce cas. Le médecin sait que s'il doit être informé sur les risques de telle ou telle technique chirurgicale la meilleure façon d'y parvenir est de demander l'avis des chirurgiens, quitte si besoin à confronter l'avis de plusieurs d'entre eux. Le spécialiste médical des rayonnements ionisants est donc pour le médecin l'expert le plus fiable, étant entendu que celui-ci à son tour peut s'aider des avis d'autres spécialistes, non médecins. C'est cette conception qui a prévalu en France, à savoir informer le public via les médecins, informer les médecins par l'intermédiaire des spécialistes médicaux des rayonnements ionisants, ne jamais dissocier irradiation médicale et irradiations dues à d'autres origines (irradiation naturelle, énergie nucléaire, irradiation médicale) puisque l'organisme ne distingue pas entre ces différentes sources, recourir le plus souvent possible aux organismes médicaux (conseil de l'ordre, université, sociétés médicales telles la Société Française de Biophysique et de Médecine Nucléaire, la Société Française Radiologie, etc..) et aux canaux normaux par lesquels passe l'information médicale (journaux médicaux, organismes d'enseignement post-universitaire telle l'Unaformec, etc..)

Il est vraisemblable que le rôle prééminent donné au corps médical a permis de limiter les craintes irrationnelles qui ont été observées dans les pays où l'attention était uniquement focalisée sur l'atome industriel ou militaire alors que l'irradiation due à l'énergie atomique est cent fois plus faible que celle due aux utilisations médicales. Néanmoins, il ne faudrait pas en conclure qu'il suffit d'informer les médecins pour résoudre tous les problèmes. Ceux-ci, on va le voir au cours de ce colloque, sont infiniment complexes et vont des difficultés pédagogiques que pose cet enseignement jusqu'aux blocages psychologiques et aux préventions que suscitent les mots "atome" ou "nucléaire".

Bibliographie

1 - Colloque sur les implications psycho-sociologiques de développement dans l'industrie Nucléaire.
Paris 1977 - Edité par la Société Française de Radioprotection

2 - Vivre avec le nucléaire (L. Neel) - Chap VII - La perception des risques de l'énergie nucléaire p 301-341 - Pluriel, Hachette - Paris 1982.

3 - Pour une éthique de l'énergie nucléaire
Cahiers de l'Institut catholique de Lyon - n° 22
Université catholique de Lyon - 1990

4 - Royal Society - The perception of risk (chap V) in Royal Society group on risk assessment - Royal Society -London 1983.

5 - P. SLOVIC, B. FISCHOFF, S. LICHTENSTEIN - Perceived risk in "Societal risk assessment : How safe is safe enough" (R.C. Schwings et al. eds) - New-York - Plenum Press 1980.

6 - PA. ABELSON - Testing for carcinogens with rodents - Science 1990, 249, 358.

7 - C. BOWIE, SHV. BOWIE - Radon and health, Lancet 1991, 337, 409-413.

8 - UNSCEAR 1988 - Sources Effects and Risks of Ionizing Radiation. Report to the General Assembly, with Annexes, 1988, 647 United Nations, New-York.

9 - ICRP 1991 - Recommendations of the commission. Publication 60, Annals of the ICRP, 21, 1-3.

10 - Académie des Sciences = Risques des rayonnements ionisants et normes de radioprotection.
Rapport 23 - Paris 1989

11 - BEIR IV - Health risks of radon and other internally deposited alpha-emitters, 1988, 602 pages Committee on the biological effects of ionizing radiations, National research Council. National Academy of Sciences, Washington DC, USA.

12 - R. LATARJET, M. TUBIANA - The risks of induced carcinogenesis after irradiation at small doses. The uncertainties which remain after the 1988 UNSCEAR report. Int. J. Rad. Onc. 1989, 17, 237-240.

13 - M. TUBIANA, J. LAFUMA, R. MASSE, R. LATARJET - The assesment of the carcinogenic effect of low dose radiation. In Gerber GB et al. eds - The future of human radiation research. Brit. Inst. Rad report 1991, 22, 109-119.

14- -M. TUBIANA, J. DUTREIX, A. WAMBERSIE, D.R. BEWLEY - Introduction to Radiobiology - Taylor & Francis - London 1990

'THE DOCTOR IN THE HOT SEAT' - USING THE MEDIA TO EXPLAIN EFFECTS OF RADIATION

By
Dr R J Berry
Westlakes Research Institute, Moor Row, Cumbria, CA24 3JZ

HOW DOES THE PUBLIC PERCEIVE THE MEDICAL PROFESSION?

The range of public perceptions of the medical profession is as wide as is the variety of the world's societies. Indeed, it is ironic that in western societies the capacity of the medical profession to intervene to prolong human life is dramatically greater than even the most optimistic predictions of a few years ago, yet doctors are often held in low public esteem. With public expectation now being a perfect result or even a 'miracle' every time, no matter how difficult the problems, doctors are frequently regarded as suitable targets for malpractice litigation, even when conscientiously carrying out their role to the extent of their personal capability and at the limit of current technology. By contrast, in some developing countries, a 'medicine man' with relatively primitive technologies available to him and little real influence on the course of disease may enjoy very high esteem in the community. In developed countries, so-called 'alternative' medical systems with little scientific justification may be regarded by significant segments of the general public - and even by the influential - as fully equivalent to modern medical technology. They may even be held to be superior in public esteem when their methods are 'natural' rather than 'man-made'. Even within Europe, there is wide variation in the perception of the doctor, depending upon the organisation of medical care in individual countries. Years of underfunded systems of state medicine have led to a lowered status for doctors in some societies and a degree of public mistrust of the institutions themselves. Thus, the doctor is perceived in different cultures as anything from a totally reliable and trustworthy 'pillar of the community' to a lowly and ill-regarded civil (or un-civil) servant.

WHAT DOES THE PUBLIC EXPECT OF THE MEDICAL PROFESSION?

Expectations in western societies tend to be stratified on generation lines. In England, those over the age of 50 probably expect a doctor whom they consult to be neatly and soberly dressed, even if no longer in the traditional 'uniform' of black jacket, waistcoat and striped trousers familiar from a generation of British cinema films. The advent of medical scientists in hospital and the proliferation of the wearing of white coats in industry mean that this former 'badge' of the hospital doctor is no longer a reliable part of the public expectation. Indeed, it is arguable that for the younger members of the population, the traditional appearance of the doctor in a suit and tie is off-putting, and advice will only be accepted as valuable or relevant from an untidy looking individual dressed in blue jeans and a woollen pullover and with uncombed hair - '... one of us ...'. The very word 'suit' has come to be used as shorthand for a grey and faceless bureaucrat.

The over 50's expect a face to face discussion with their doctor, perhaps across a desk, possibly involving the physical contact of a hand placed on shoulder or some other mark of fellow-feeling and compassion. A generation reared on television, and on interaction with computers via keyboards often find this kind of close personal interaction threatening, and are more able to absorb even the most frightening information when it is conveyed via the impersonal, 'neutral' voice from the television screen. There is evidence that even in a hospital out-patient department, keyboard interaction with an appropriately structured history-taking computer program elicits more reliable personal information from the young than a face to face interview. It is therefore difficult to generalise on public expectations, being determined so crucially as they are by societal and generation considerations.

One general public perception is that 'the doctor knows everything about the body'. Every doctor is expected to be the universal expert upon all disease. The sad part is that many doctors still believe that this is what is expected of them and make no effort to differentiate between those areas which they truly are expert and those in which their knowledge is no greater than that of any other member of the general public. This becomes particularly poignant when related to effects of ionising radiation, for which the vast majority of doctors are grossly under informed and even many of those who should be knowledgeable, such as radiologists, are significantly ill informed. It is unreasonable to expect that detailed information on radiation effects, even if taught in the undergraduate curriculum (perhaps as part of the teaching of pathology) will be retained after years of disuse by the average medical practitioner. Well-documented, brief and readable accounts of radiation effects are generally available (1, 2) but there is little evidence that they are widely read by doctors. The only hope for improvement in doctors' knowledge is the inclusion of radiation effects in higher professional training and refresher courses - particularly for radiological professionals - but this has only recently begun to occur in many countries and then only under the stimulus of legislation making doctors liable to prosecution for excessive risks to patients caused by unreasonably large radiation exposures for particular diagnostic or therapeutic practices.

COMMUNICATING WITH THE PUBLIC -KEEP IT SIMPLE!

The public has the right to expect that a doctor will be articulate. In the ordinary course of medical practice, a doctor must be able to convey to a patient the potential significance of the symptoms which have brought him to seek help in the first place, a logical sequence of investigation which will determine the importance of those symptoms, and a course of treatment which may itself involve major changes to the individual's lifestyle or be potentially painful or even life threatening. The doctor who fails to achieve this kind of basic communication does not achieve the standard which should be expected today in all developed countries. However, the challenge of providing clear and understandable information about possible radiation effects is complicated by the scanty or imperfect understanding which most medical practitioners have of such effects - and even if they do have an understanding of the effects, their knowledge of how the risk of those effects happening is related to the radiation dose which has been received is often catastrophically imperfect.

A further problem is the inability of members of the general public to relate to generalities. Clear communication requires the ability in the listener to recognise from their own experience the kind of problem which is being communicated. It is exceedingly difficult to communicate in any meaningful way a small increase in the risk of developing malignant disease, or in the risk of having a deformed child. In any case, the vast majority of the general public are not intrinsically numerate and statements of risk like 'one in a million' or even ' one in a thousand' do not fully convey their meaning. Comparison with commonly understood risks, particularly of activities carried out by that individual are more likely to be recognisable. Table I shows a range of activities associated with annual levels of fatal risk from one in a hundred to one in ten million, of which at least the last would be generally regarded as too remote to alter our behaviour. All of these are risks of immediate death, how should they be compared with a risk of radiation-induced illness leading to death which may not occur for 30 or 40 years? The media revel in the concept of 'extra' cancer deaths, yet as the consequence of being born is inevitably fatal, there can be no 'extra' deaths, only premature ones. The public perhaps have some instinctive grasp of the change in annual risk of dying which comes with increasing age, but certainly no quantitative recognition that the risk of death in childhood is perhaps twice as great as that in teenage, that at age 40 only about twice that at age 20, but that at age 60 nearly ten times that at age 40. The International Commission on Radiological Protection has been groping tentatively towards a general definition of harm or detriment which will make it possible to equate radiation-induced life-shortening with other risks of human activities (3, 4).

TABLE I

Annual levels of fatal risk

10^{-2} death from 5 hours of rock climbing every weekend

10^{-3} death in high risk groups in high risk industry eg mining

10^{-4} death in a road traffic accident

10^{-5} death from an accident at work in 'safe' industries

10^{-6} death in a gas explosion or fire in the home

10^{-7} death from lightning strike

(after HSE, 1992)

However, even such comparisons can be difficult when an involuntary risk is compared with one which is avoidable by the action of the individual. The concept of 'tolerability' of risks has been highly developed in the United Kingdom by the Health and Safety Executive with particular relevance to the safety of nuclear power plants. A broad framework has been suggested in which the risks of a very low order may be acceptable without detailed justification, risks of a very high level may be unacceptable irrespective of the potential benefit to the individual or society, and between these extremes lie risks which are tolerable where the benefits to the individual or to society outweigh the acknowledged non-trivial risk.

THE ROLE OF THE MEDICAL PROFESSION IN PROVIDING INFORMATION TO THE PUBLIC GENERALLY AND DURING RADIOLOGICAL EMERGENCIES

In another context, it has recently been said that ' a doctor can probably be most useful by preventing anyone else doing something silly ...' (6) this is equally true in communicating information about radiation risks and particularly in response to a radiological emergency. It is likely to bring the doctor into conflict with the media, as it is the extremes of threat, fear, uncertainty which 'sell newspapers'. Dispassionate advice clearly presented, based on a clear understanding of the actual problem - and of the possible radiation effects - and related to understandable events in the life of members of the general public, remains the doctor's most valuable contribution, whatever the medium chosen. In the verbal presentation, specific examples (arguably, how not to do it) are shown from video tape clips of interactions between the author and the media during the immediate aftermath of the Chernobyl accident.

References

1   Berry, R J Radiation, in Oxford Textbook of Medicine,
        D J Weatherall, J G G Ledingham and D A Warrell, eds, Second
        Edition, Oxford University Press, (1987) pp 6.130 - 6.135.

2   National Radiological Protection Board, Living with Radiation,
        London, HMSO, (1986)

3   International Commission on Radiological Protection, Publication
        45, Quantitative bases for developing a unified index of harm.
        Annals of the ICRP 15; No 3 (1985).

4   ICRP, Publication 60, 1990 Recommendations of the International
        Commission on Radiological Protection. Annals of the ICRP 21;
        Nos 1-3 (1990).

5   Health & Safety Executive, The Tolerability of Risk from Nuclear
        Power Stations, London, HMSO (1988).

6   Harris, M.D., I'm still a doctor, are' nt I?. British Medical Journal
        305; 199 (1992)

La formation du corps médical est-elle adaptée aux exigences en matière d'information ?

C. VROUSOS (1) - H. KOLODIE (2) -
H. PONS (3) - C. GALLIN-MARTEL (4)

(1) Professeur de Cancérologie à la Faculté de Médecine de Grenoble, Chef de Service de Radiothérapie, CHU de Grenoble
(2) Praticien Hospitalier, CHU de Grenoble
(3) Médecin Chef du Service Général de Médecine du Travail EDF-GDF, Paris
(4) Chargé de mission, Service Général de Médecine du Travail EDF-GDF, Paris

Le corps médical reste un relais d'information crédible par la population face aux problèmes sanitaires. La connaissance approfondie d'un sujet permet de répondre de façon claire aux interrogations des patients. Le sens de la communication aide considérablement à la transmission des messages. En revanche, la méconnaissance d'un domaine par un praticien risque d'apporter des réponses approximatives, de favoriser des rumeurs et de contribuer à des sentiments de panique auprès de la population. Or, il arrive que le corps médical ne soit pas mieux informé que le reste de la population sur des événements qui peuvent avoir un retentissement sur la santé, ou il est insuffisamment formé pour recevoir cette information et émettre une opinion documentée. Il est nécessaire par conséquent de donner une solide formation au cours du cursus des études médicales dans le domaine des **radiations ionisantes** et surtout d'effectuer une formation post-universitaire efficace pour entretenir ses connaissances sous peine de les condamner à l'oubli.

La radiopathologie et la radio-écologie sont en général très éloignées des préoccupations médicales courantes et les notions acquises lors de la formation initiale sont rapidement perdues.

Il est difficile de comparer le cursus et les modalités d'enseignement dans les divers pays mais nous pouvons distinguer 3 périodes ou cyles dans la formation des futurs médecins :

1. Période de l'acquisition des notions scientifiques de base permettant la compréhension du diagnostic des affections et leur traitement ;
2. Etude de la pathologie et de la thérapeutique ;
3. Ouverture vers des spécialités ou vers la recherche médicale.

Afin de connaître **le niveau de formation des étudiants** en médecine (durant la première et surtout la seconde période) dans les divers pays de l'OCDE nous avons lancé **une enquête* auprès des doyens des états membres de cette organisation**. Le questionnaire élaboré a essayé d'explorer si, dans la faculté interrogée un enseignement structuré sous la responsabilité d'un universitaire était organisé, quels en étaient les objectifs, les moyens d'enseignement et de contrôle des connaissances employés. Il a été plus particulièrement demandé de préciser le contenu des enseignements et si ceux-ci portaient sur :

    1 - Physique des radiations

    2 - Effets biologiques des radiations surtout :

        * les bases biologiques de la radiothérapie

        * l'effet des faibles doses

        * les effets carcinogènes

        * les effets génétiques

        * la radioprotection

    3 - Accidents liés aux radiations par irradiation globale, partielle ou par contamination et les mesures de santé publique envisagées en cas de catastrophe

    4 - Limites réglementaires d'exposition

    5 - Radio-écologie

Le questionnaire a également essayé de savoir si dans l'hôpital universitaire interrogé, une formation continue était envisagée pour le personnel dans la mesure où celui-ci était habilité à recevoir des blessés irradiés et / ou contaminés. Enfin, quelles actions de formation post universitaire étaient engagées et si des documents spécifiques à ce sujet étaient élaborés.

Les questionnaires rédigés en français et en anglais ont été adressés courant Mai 92 aux doyens des 508 facultés de médecine recensées des états membres de l'OCDE : 195 réponses (38,5 %) nous sont parvenues avec un taux de réponses variable en fonction des états allant de 100 % (Autriche, Islande, Suisse) aux environs de 20 % pour le taux de réponses le plus faible (Tableau 1). Dans certains cas nous avons reçu plusieurs réponses d'une même ville universitaire car ce questionnaire a été adressé à plusieurs personnes par le doyen ou par le délégué OCDE.

Dans quelques cas une enquête téléphonique a été nécessaire pour obtenir des réponses. Dans 21 % des cas c'est le doyen qui a renvoyé le questionnaire ou il a confié la réponse, comme il lui a été demandé, au responsable de l'enseignement: radiodiagnosticien (25 %), biophysicien (23,5%), radiothérapeute-cancérologue (17,3 %), radiobiologiste (4,6 %) ou radioprotectionniste (3 %) (Fig. 1).

Dans 43 % des facultés un cours structuré de ces matières est prodigué (Fig.2) et dans plus de la moitié des cas il est multidisciplinaire (Fig.3), mais la durée totale n'a pas pu être valablement explorée donnant des réponses allant de 1 semaine à 44 semaines par an (Tableaux 2 - 3). **Aucune corrélation n'a pu être établie entre la proximité d'un site nucléaire ou le niveau de**

---

* avec l'aide de Mme M. **PROST - ALLWIN - Lyon**

nucléarisation d'un état et son implication dans l'enseignement de la radiopathologie et la radio-écologie.

Dans les facultés où un tel enseignement est organisé, les bases physiques et biologiques sont enseignées dans la majorité des cas. En revanche (Fig 4-5), les limites règlementaires, les accidents liés aux radiations ne font partie du programme que dans 50 % des réponses et la radio-écologie n'est enseignée que dans 22,7 % des cours. L'enseignement des effets carcinogènes, de la biologie des radiations et des effets des faibles doses font partie du programme dans respectivement 81%, 79,5 % et 69,3 % des cas.. Toutefois, 14 % des réponses font état d'objectifs spécifiques au cours du cursus normal et seulement 18 % des questionnaires rendus signalent **un contrôle de connaissances.** Pourtant, dans 68 % des facultés une documentation sous forme de livres ou de revues est disponible dans les bibliothèques. Seulement dans 28,5 % des hôpitaux universitaires sont organisées des conférences qui sont suivies par les médecins spécialistes (85 % des cas), les techniciens de radioprotection (73,5 %), les soignants (59,2 %), les étudiants en médecine (46,9 %) et les médecins généralistes (28,6 %) (Fig 6).
La présence des étudiants dans ces conférences n'est pas obligatoire et la participation des médecins généralistes reste modeste. Enfin, seuls 16 % des questionnaires rendus font état d'une formation post-universitaire destinée aux médecins généralistes.

Cette enquête fait apparaître un certain nombre de points positifs :

- taux de réponses élevé (38 %) pour ce type d'évaluation.
- enseignement des notions de radiopathologie et de radio-écologie dans près de la moitié des Facultés dont certaines ont édité des documents remarquables.
- présence dans une proportion importantede bibliothèques de livres et de revues traitant cette matière.

Cette impression relativement favorable est à moduler en fonction de la mauvaise interprétation possible de quelques réponses qui ont intégré certaines formations spécialisées dans le cursus régulier et d'une inquiétude exprimée par un enseignant quant à l'absence de relève de certains de nos collègues qui seront à la retraite dans les prochaines années par les jeunes radiobiologistes .

En revanche :

- il n'y a qu'un faible nombre de facultés qui ont inscrit ces objectifs institutionnellement ;
- il n'y a que rarement un contrôle de connaissances spécifique ;
- il y a un faible nombre d'actions en faveur des médecins généralistes ;
- des conférences sont un moyen peu suivi pour les médecins généralistes dans le cadre de la FMC, alors que les livres, revues et moyens audiovisuels sont des moyens plus adaptés pour l'EPU.

Il convient par conséquent de :

1) demander aux doyens d'inscrire ces objectifs d'enseignement de façon institutionnelle et d'organiser un contrôle de connaissances spécifiques à la radiopathologie et la radio-écologie.
2) Sensibiliser les instances universitaires à la carence de l'enseignement post-universitaire dans ce domaine en faveur des médecins généralistes en développant des moyens adaptés : livres, revues ou documents audiovisuels.

Rappelons toutefois l'autonomie pédagogique des universités et la prérogative jalousement gardée par le doyen sur l'organisation et le contenu des enseignements au cours des études médicales. Des directives supranationales seront sans doute susceptibles de sensibiliser davantage l'Université à certaines carences dans la formation des futurs médecins et dans le maintien du niveau des connaissances du corps médical.

Résumé :

L'enquête réalisée auprès de 508 facultés de médecine des états membres de l'O.C.D.E. a montré que la radiobiologie clinique est insuffisamment enseignée au cours des études médicales malgré l'effort de certaines facultés. Il est nécessaire de sensibiliser les instances universitaires, de renforcer cet enseignement et surtout de promouvoir une formation médicale continue pour les médecins généralistes.

Tableau N°1 :
23 pays destinataires du questionnaire : Etat des retours au 15.08.92.

	Total retours** questionnaires	Total envois* questionnaires
Total absolu	195	508
Allemagne	14	42
Australie	19	10
Autriche	3	3
Belgique	8	15
Canada	11	16
Danemark	2	4
Espagne	4	23
Finlande	3	5
France	25	40
Grèce	2	6
Irlande	3	5
Islande	1	1
Italie	6	31
Japon	23	80
Nouvelle Zélande	1	2
Norvège	1	4
Pays Bas	3	8
Portugal	5	7
Royaume Uni	14	34
Suède	3	7
Suisse	5	5
Turquie	5	21
U.S.A.	34	139

* Facultés de médecine des états membres de l'OCDE. (Des questionnaires ont été parallèlement envoyés par l'OCDE aux instances ministérielles des différents pays.)
** Parfois 2 questionnaires de la même faculté ont été retournés et analysés

Tableau n° 2 : Question 1
Temps alloué pour ces cours (en semaines / an)

Base 82 personnes donnant une seule réponse

1. Jusqu'à une sem./an	16 pers.	19,5 %
2. De + 1 sem. à 4 sem./an	11 pers.	13,5 %
3. De + 1 sem. à 4 sem./an	11 pers.	13,5 %
4. De + 8 à 12 sem./an	10 pers.	12,2 %
5. De + 12 à 16 sem./an	4 pers.	4,8 %
6. De 30 à 44 sem./an	4 pers.	4,8 %
7. Sans réponse	26 pers.	31,7 %

Tableau n° 3 : Question 1
Temps alloué pour ces cours de radiopathologie et radio-écologie
(en heures / semaine)

Base 82 personnes donnant une seule réponse

De 2 à 4 h / sem.	30 pers.	36,6 %
De 4 à 10 h / sem.	12 pers.	14,6 %
Moins de 2 h / sem.	9 pers.	11,0 %
De 10 à 20 h / sem.	4 pers.	4,9 %
Sans réponse	27 pers.	32,9 %

FIGURE 1
IDENTIFICATION DES PERSONNES
AYANT REPONDU AU QUESTIONNAIRE

Base 195 personnes : 100 % population totale

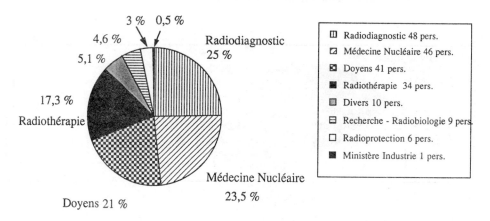

3 % 0,5 %
4,6 %
5,1 %
17,3 %
Radiothérapie

Radiodiagnostic
25 %

Doyens 21 %

Médecine Nucléaire
23,5 %

- Radiodiagnostic 48 pers.
- Médecine Nucléaire 46 pers.
- Doyens 41 pers.
- Radiothérapie 34 pers.
- Divers 10 pers.
- Recherche - Radiobiologie 9 pers.
- Radioprotection 6 pers.
- Ministère Industrie 1 pers.

Figure n° 2 : Question 1

Existe-t-il dans votre faculté de médecine un cours spécifique organisé et structuré ou un programme pour les étudiants en médecine sur la radiopathologie et la radio-écologie (faisant partie du cursus régulier)*

Base : 191 personnes : 98 % population totale

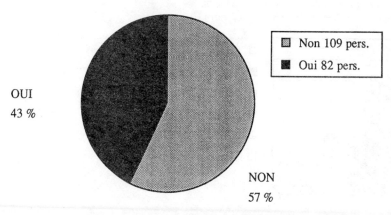

OUI
43 %

NON
57 %

- Non 109 pers.
- Oui 82 pers.

* Confusion possible entre cursus régulier et enseignement de spécialité

Figure n° 3 : Question 1.bis

Si oui, est-ce une activité multidisciplinaire ?

Base 82 personnes donnant une seule réponse

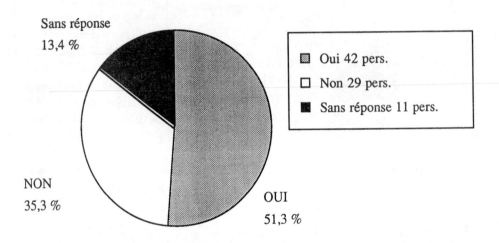

Sans réponse
13,4 %

NON
35,3 %

OUI
51,3 %

☐ Oui 42 pers.

☐ Non 29 pers.

■ Sans réponse 11 pers.

Figure n° 4 : Question 2
Dans le cursus normal de l'enseignement médical, les thèmes suivants sont-ils abordés ?

Base 172 personnes donnant plusieurs réponses

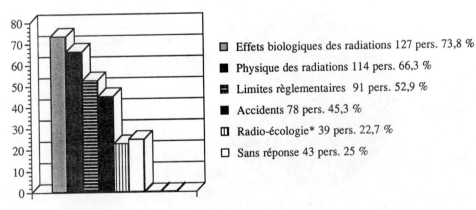

▨ Effets biologiques des radiations 127 pers. 73,8 %

■ Physique des radiations 114 pers. 66,3 %

▤ Limites règlementaires 91 pers. 52,9 %

■ Accidents 78 pers. 45,3 %

▥ Radio-écologie* 39 pers. 22,7 %

☐ Sans réponse 43 pers. 25 %

* Nos interlocuteurs connaissent-ils réellement la signification et le contenu du thème radio-écologie ?

Figure n° 5 : Question 2
Pour les effets biologiques des radiations, particulièrement sur :

Base : 127 pers. donnant plusieurs réponses

Effets carcinogènes	103 pers.	81,1 %
Bases biologiques de radiothérapie	101 pers.	79,5 %
Effets des faibles doses	88 pers.	69,3 %
Sans réponse	4 pers.	3,1 %

Figure n° 6 : Quel public y assiste ?

Base 49 facultés organisant ce type de conférences, donnant plusieurs réponses

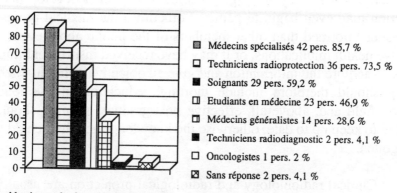

■ Médecins spécialisés 42 pers. 85,7 %
□ Techniciens radioprotection 36 pers. 73,5 %
■ Soignants 29 pers. 59,2 %
▥ Etudiants en médecine 23 pers. 46,9 %
▥ Médecins généralistes 14 pers. 28,6 %
■ Techniciens radiodiagnostic 2 pers. 4,1 %
□ Oncologistes 1 pers. 2 %
▨ Sans réponse 2 pers. 4,1 %

Il semblerait que plus les médecins se spécialisent, plus ils sont intéressés et assistent à ce type de conférences multi-disciplinaires traitant de la conduite à tenir en radiopathologie et radio-écologie.

Does medical training meet information requirements?

C. VROUSOS (1) - H. KOLODIE (2) -
H. PONS (3) - C. GALLIN-MARTEL(4)

1   .
Professor of Cancerology at the Grenoble Medicine Faculty and Head of
Radiation Department at the Grenoble University Hospital.
2   .
M.D., Grenoble University Hospital.
3   .
M.D., Head, General Occupational Medicine Service, EDF-GDF, Paris
4   .
M.D., Delegate, General Occupational Medicine Service, EDF-GDF, Paris

The general public still trusts the medical profession as a reliable
source of information about health matters.   Informed doctors have
thorough knowledge of a subject, they can answer patients' questions
clearly. Proper communication skills can assist them to transmit messages
clearly.   On the other hand, if doctors are unfamiliar with a particular
field, their answers may be vague, rumours may then develop and the
population may even begin to panic. Sometimes the medical profession
is no better informed than other members of the public about events that
may have health implications, or it may have received insufficient training
on how to acquire the information and give an objective opinion. Medical
training should therefore include thorough education in the ionising
radiation field and, above all, effective post-graduate training should be
provided to keep up to date, otherwise the knowledge acquired could soon
be forgotten.

Clinical radiobiology and radiological protection are usually far
removed from routine medical work, and the knowledge acquired during
initial training soon fades away.

Course contents and educational methods are difficult to compare
from country to country, but medical training can generally be divided
into three distinct cycles:

1.   Acquisition of basic scientific concepts in order to understand the diagnosis and treatment of disease;

2.   Study of pathology and therapeutics;

3.   Specialisation or medical research.

To ascertain the training level of medical students (first and, above all, second cycles) in the various OECD countries, we sent a questionnaire (with the help of Mrs. M. Prost/Allwin, Lyon) to the deans of medical faculties in the Member countries. The purpose of the questionnaire was to find out whether the faculty concerned provided formal training in this field under the responsibility of a member of the university staff, and what were the objectives of this training and the teaching and testing methods used. In particular, respondents were requested to specify the contents of the training and whether it included:

1.   Radiation physics.

2.   Biological effects of radiation including:

-- biological basis of radiation therapy
-- effects of low doses
-- carcinogenic effects
-- genetic effects
-- radiation protection.

3.   Radiation-related accidents involving total or partial exposure or contamination, and public health measures envisaged in the event of an emergency.

4.   Statutory dose limits.

5.   Industrial aspects.

The questionnaire also tried to find out whether continuous training was available at the university hospital for staff authorised to deal with injuries from exposure to or contamination from radiation. It also included questions about any post-graduate training measures and whether specific material had been prepared for this purpose.

The questionnaires in English and in French were sent in May 1992 to the deans of 508 medical faculties in OECD Member countries: 195 replies (38.5 per cent) were received, the rate of replies varying from 100 per cent (Austria, Iceland, Switzerland) to about 20 per cent (Table 1). In some cases, we received several replies from the same university town because the questionnaire had been sent to several persons by the dean or the OECD Delegate.

In some cases, telephone calls were made to obtain replies. In 21 per cent of cases, the dean returned the questionnaire or, as had been requested, instructed the head of training to do so. The latter respondents included diagnostic radiological physicians (25 per cent), biophysicians (23.5 per cent), radiation oncologists (17.3 per cent), radiobiologists (4.6 per cent) or radiation protection experts (3 per cent) (Figure 1).

In 43 per cent of the faculties, a formal course in these subjects is given (Figure 2), and in over half of these the course is multidisciplinary (Figure 3). However, the total duration of the course could not be fully analysed, because the replies varied from one week to 44 weeks per year (Tables 2, 3). No correlation could be drawn between the proximity of a nuclear site or the development of the nuclear industry in a country and its role in radiopathology training and industrial information.

In the faculties where such training is given, the necessary foundation in physics and biology is taught in most cases. On the other hand (Figure 4-5), statutory dose limits and radiation emergencies are included in the syllabus in only 50 per cent of cases, and industrial aspects are taught in only 2.7 per cent of cases. Carcinogenic effects, radiobiology and low dose effects are included in the syllabus in 81, 79.5 and 69.3 per cent of the cases, respectively. However, only 14 per cent of replies mentioned specific objectives of the normal training and only 18 per cent indicated that specific examination was performed. Nevertheless, in 68 per cent of the faculties, books and journals covering this field are available in the library. Lectures are held at only 28.5 per cent of university hospitals, and these are attended by specialists (in

85 per cent of cases), radiation protection technicians (73.5 per cent), nurses (59.2 per cent), medical students (46.9 per cent) and general practitioners (28.6 per cent) (Figure 6).

Compulsory attendance of students is not required for these lectures and the attendance rates of general practitioners remain low. Finally, only 16 per cent of the replies mentioned post-graduate training for general practitioners.

This survey reveals a number of positive points:

-- high rate of reply (38 per cent) for this type of survey;

-- almost half the faculties teach clinical radiobiology and radiological protection principles, and some of them have published outstanding material on the subject;

-- most of their libraries stock books and journals in this field.

This relatively encouraging impression is tempered by the fact that errors may arise since few faculties included specialist training in the core programme, and one teacher voiced concern about the gap that will need to be filled by young radiobiologists when current specialists retire.

On the other hand:

-- few faculties have incorporated these objectives on an institutional basis;

-- specific knowledge is seldom tested;

-- little is done for general practitioners;

-- few general practitioners attend lectures given at the medical faculty, whereas books, journals and audio-visual means are the most appropriate tools for post-graduate education.

Consequently:

1) Deans should be requested to incorporate these training objectives on an institutional basis and to organise specific examination in clinical radiobiology and radiological protection.

2) Universities should be made aware of the lack of post-graduate training in this field for general practitioners and suitable means should be developed for this purpose: books, journals or audio-visual materials.

It should be borne in mind, however, that university training is independent and the dean retains full powers over the organisation and content of the training given during medical studies. Supranational guidelines would therefore be more likely to make universities aware of certain deficiencies in the training of future doctors and refresher courses for current practitioners.

Summary:

The survey of 508 medical faculties in OECD Member countries showed that clinical radiobiology is not sufficiently taught during medical training in spite of the achievements of some faculties. It is necessary to bring this to the attention of universities, to step up training in this field and, above all, to promote continuous training for general practitioners.

Table 1

Number of replies to the questionnaire as on 15 August 1992 (from 23 countries)

	Total number of replies**	Total number of questionnaires sent*
Grand total	195	508
Germany	14	42
Australia	19	10
Austria	3	3
Belgium	8	15
Canada	11	16
Denmark	2	4
Spain	4	23
Finland	3	5
France	25	40
Greece	2	6
Ireland	3	5
Iceland	1	1
Italy	6	31
Japan	23	80
New Zealand	1	2
Norway	1	4
Netherlands	3	8
Portugal	5	7
United Kingdom	14	34
Sweden	3	7
Switzerland	5	5
Turkey	5	21
United States	34	139

* Medical faculties in OECD Member countries (copies of the questionnaire were also sent by OECD to the governments of the various countries).
** In some cases the same faculty returned two copies of the questionnaire, and both replies were processed.

Table No.2: Question 1

Time allocated to this course (in weeks/years)

Base: 82 persons having made one single reply

1. Up to 1 week of the year	16 persons	19.5 per cent
2. From 1 to 4 weeks/year	11 persons	13.5 per cent
3. From 4 to 8 weeks/year	11 persons	13.5 per cent
4. From 8 to 12 weeks/year	10 persons	12.2 per cent
5. From 12 to 16 weeks/year	4 persons	4.8 per cent
6. From 30 to 44 weeks/year	4 persons	4.8 per cent
7. No reply	26 persons	31.7 per cent

Table No.3: question 1

Time allocated to these radiopathology and radio-ecology courses (hours/week)

Base: 82 persons having made one single reply

From 2 to 4 hours/week	30 persons	36.6 per cent
From 4 to 10 hours/week	12 persons	14.6 per cent
Less than 2 hours/week	9 persons	11.0 per cent
From 10 to 20 hours/week	4 persons	4.9 per cent
No reply	27 persons	32.9 per cent

Figure 1
Identity of those who filled in the questionnaire

Basis 195 persons = 100 per cent of the total population

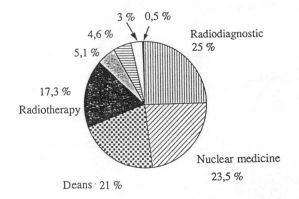

3 %   0,5 %
4,6 %
5,1 %
17,3 %
Radiotherapy
Deans · 21 %
Nuclear medicine
23,5 %
Radiodiagnostic
25 %

⊞ Radiodiagnostics 48 persons
◪ Nuclear medicine 46 persons
▨ deans 41 persons
■ Radiotherapy 34 persons
□ Miscellaneous 10 persons
⊟ Research -- radiobiology 9 persons
□ Radiation protection 6 persons
▨ Ministry of Industry 1 person

Figure No. 2: Question 1

Does your Medical School/Faculty have a specific organised and structured clinical radiobiology course or programme for medical students (as part of the regular core curriculum)?*

Basis: 191 persons = 98 per cent of the total population

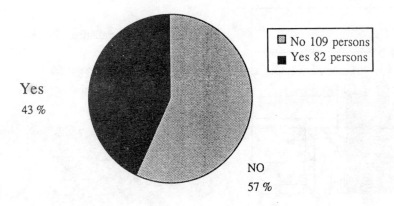

Yes
43 %

NO
57 %

⊞ No 109 persons
■ Yes 82 persons

* Possible confusion between core curriculum and specialisation course.

Figure No. 3: Question 1bis

If yes, is it a multidisciplinary activity?

Basis: 82 persons having given a single reply

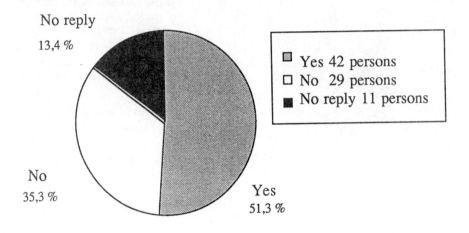

No reply
13,4 %

No
35,3 %

Yes
51,3 %

Yes 42 persons
No 29 persons
No reply 11 persons

Figure No.4: Question 2

Is this teaching dealing with the following themes?:

Basis: 172 persons having made several replies

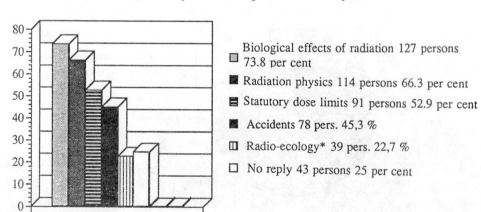

Biological effects of radiation 127 persons 73.8 per cent

Radiation physics 114 persons 66.3 per cent

Statutory dose limits 91 persons 52.9 per cent

Accidents 78 pers. 45,3 %

Radio-ecology* 39 pers. 22,7 %

No reply 43 persons 25 per cent

* Are our respondents fully aware of the significance and content of radio-ecology?

Figure No.5: Question 2

Concerning biological effects of radiation, more especially:

Basis: 127 persons having made several replies

Carcinogenetic effects	103 persons	81.1 per cent
Biological principles of radiotherapy	101 persons	79.5 per cent
Effects of low doses	88 persons	69.3 per cent
No reply	4 persons	3.1 per cent

Figure No.6: Recipients of the training

Basis: 49 faculties organising this type of lectures, having made several replies

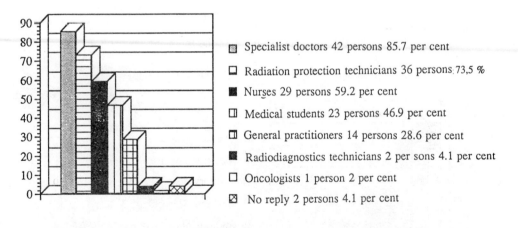

□ Specialist doctors 42 persons 85.7 per cent

□ Radiation protection technicians 36 persons 73,5 %

■ Nurses 29 persons 59.2 per cent

□ Medical students 23 persons 46.9 per cent

□ General practitioners 14 persons 28.6 per cent

■ Radiodiagnostics technicians 2 per sons 4.1 per cent

□ Oncologists 1 person 2 per cent

☒ No reply 2 persons 4.1 per cent

The figures suggest that the higher the level of specialisation of doctors the greater their interest in such training and the more they attend multidisciplinary lectures relating to radiopathology and radio-ecology procedures.

Synthèse de la Séance I

ASPECTS ETHIQUES

DE L'INFORMATION MEDICALE

ROLE DE CONSEIL DU CORPS MEDICAL

Dr. Aline MARCELLI

Présidente du Conseil Départemental de l'Ordre des Médecins
de la ville de Paris
*
Présidente de la 4ème Section*
du Conseil National de l'Ordre des Médecins
***
France
***

L'information a-t-elle une dimension éthique ? Dans le domaine du risque nucléaire les médecins ont-ils un rôle pédagogique ? Comment les médias doivent-ils transmettre les informations au public ? Quelle peut être la résonnance de ces informations parmi nos concitoyens ?

La menace du risque nucléaire sur notre environnement a révélé deux groupes distincts dans la population : les craintifs, appréhendant le "'danger apocalyptique" d'une force mal contrôlée par l'homme, et les indifférents peu concernés par les problèmes d'environnement, rassurés par les arguments de ceux qui prônent que l'énergie nucléaire est moins dangereuse au quotidien que d'autres sources d'énergie et persuadés que la radioprotection, science en constant progrès, leur donne une totale sécurité.

A propos de la conception du risque et de son approche irrationnelle par certains de nos concitoyens, l'analyse du Professeur Pelicier dans son excellent chapitre des Actualités psychiatriques intitulé "le Nucléaire et le psychologique m'apparait très pertinente et démonstrative :

---

* Section chargée de la Démographie et des fléaux sociaux

"... L'atome est l'objet d'une ignorance très générale l'atome est secret... Or ce qui apparait comme secret est rarement innocent. On ne comprend bien que ce qui peut faire l'objet d'une définition opératoire .

Et, en dépit de toutes les révélations, démonstrations et vulgarisations, le nucléaire apparaît encore comme habillé de mystère, dans un espace intellectuel, peu accessible ou barricadé. Mais il s'agit peut-être d'un phénomène générationnel susceptible d'évoluer.

Ainsi, l'une des sources du malentendu qui oppose diversement mais partout dans le monde, public, techniciens et savants, provient du sens des mots et de leur aura. L'obstacle à la compréhension réside dans la polysémie : il n'y a pas un ,mais plusieurs atomes, souvent confondus dans l'entrecroisement des discours. Il y a l'atome-outil, il y a l'affreux atome-militaire, mais il y a surtout dès qu'on se situe hors du domaine technico-scientifique, l'atome métaphorique, lieu géométrique des craintes et des espoirs. Cet atome métaphorique est lié à l'histoire des succès et des échecs de l'atome des savants, mais plus encore il emprunte son image à l'imaginaire collectif et individuel".

IL est tentant de faire le portrait du Français moyen face au risque nucléaire, il sera volontairement caricatural : notre concitoyen n'aura aucune connaissance de base sur l'énergie nucléaire, il sera sensibilisé parfois, aux problèmes de pollution par l'écoute des écologistes, il pourra, éventuellement, être traumatisé par l'annonce d'accidents nucléaires – ces accidents malgré leur caractère exceptionnel peuvent engendrer, chez l'émotif, un sentiment de panique, qui rejoint celui de l'inconscient collectif, toujours à l'affût d'événements à retombées catastrophiques, notamment radioactives.

Quelles sont les sources d'information de ce français moyen : en premier lieu la télévision, la radio, les journaux nationaux, régionaux et locaux, en second lieu, la presse spécialisée, la presse dite d'information médicale".

Rappelons les quelques titres, à sensation, cités par la SFEN, exemples frappants car ils donnent une connotation particulière à cette information. "Séance houleuse et ballottage à l'Académie de médecine", nos académiciens n'ont pas su se départager sur la nocivité ou l'utilité des rayonnements ionisants " ; à un cheveu de la catastrophe" une honte, un scandale, on nous cache tout .... un autre titre dans "la Pratique Médicale Quotidienne" Tchernobyl ou la désinformation".

L'évolution de l'information médicale apparait aussi intéressante à décrire en prenant comme référence l'article si éloquent de Claire Brisset "Donner à voir et à penser" paru dans le défi bioéthique aux éditions Autrement : depuis une vingtaine d'années, l'information médicale autrefois marginalisée a pris une place essentielle dans les journaux nationaux. Réservée dans le passé à "des chroniqueurs" spécialisés, rompus à la pratique d'une vérité subtilement dosée et reproduisant fidèlement le code de bonne conduite des usages médicaux, l'information médicale n'est plus distillée par des initiés respectueux d'une déontologie qu'ils se sont spontanément imposés mais trouve un large écho auprès de journalistes médicaux dont l'attitude est bien différente :

"Le journaliste médical écrit Claire Brisset, se sent affranchi des codes de la médecine ; de plus en plus, il s'estime au contraire tenu d'adhérer aux règles qui gouvernent l'information, et plus encore aux moeurs qui la dirigent et même parfois l'asservissent. Le journaliste médical, bien souvent, n'a nulle formation médicale, ou scientifique, et parle de ce fait, plus librement que par le passé de tout ce qui a trait à la santé. Bien plus qu'auparavant, il s'identifie au malade et non plus au médecin et il s'agit là d'un changement essentiel de perspective pour qui écrit et pour qui lit ou pour qui écoute et qui regarde".

L'élément le plus marquant de cette évolution est la désacralisation de l'information sur la santé. Elle s'est ainsi banalisée en passant de la plume du "notable", du spécialiste des rubriques médicales, souvent ésotérique, à celle plus accessible du généraliste de l'information. Enfin c'est aussi l'irruption de l'image, de l'audio-visuel, l'événement qui constitue un tournant décisif dans l'histoire de cette évolution : au reportage se substitue "l'information – spectacle" ; le téléspectateur subit sur son écran l'apparition d'images agressives, dont il lui est difficile souvent de détourner le regard. Monette Vacquin, psychanalyste, dans une interview au Nouvel Observateur évoque le mot de Levinas "La vue peut aveugler la vision" , il en est de même pour la réflexion du téléspectateur. Il se trouve débordé par cette escalade visuelle, cette forme d'exhibitionnisme proposé par les médias soucieux de "scoop" et n'a plus le loisir d'avoir une pensée personnelle. La question peut se poser de savoir si le téléspectateur est réellement le demandeur d'information choc. Par ailleurs, sa passivité est souvent soulignée, il peut "zaper" et échapper ainsi à l'invasion visuelle, mais souhaite-t-il vraiment le faire ou engrange-t-il avec

63

une apparente indifférence, dans son subconscient, l'indicible... S'écroulent ainsi les fragiles remparts de la déontologie médicale, la confidentialité, le secret professionnel, les atteintes à la vie privée se multiplient... rares cependant sont les malades qui portent plainte. L'Ordre National des médecins, par contre, a désapprouvé publiquement cette information-spectacle et saisi le Conseil Supérieur de l'Audio-Visuel.

Les journalistes, parmi les thématiques qu'ils privilégient placent l'éthique dans leur pôle actuel d'intérêt et s'inquiètent aussi d'une déontologie de leur profession. Ont-ils cependant toute liberté d'expression, la vérité "coûte cher" et la presse si elle est un instrument de culture est aussi un produit commercial. Dans quelle mesure choisissent-ils les meilleurs interlocuteurs : s'agit-il des plus spécialisés ou plutôt de ceux qui "passent bien à l'écran" ? L'urgence ne les dirige-t-elle pas parfois vers des médecins qui leur "proposent " assidûment leur collaboration dans un but qui ne correspond pas toujours uniquement au souci d'informer. Un journaliste doit pouvoir vérifier ses sources, donner une information la plus scientifiquement rigoureuse, la plus complète possible ? mais peut-il, en fonction du degré d'urgence, toujours réaliser un tel objectif ?

Cependant, il faut rappeler, à ce propos, que l'information est faite sous la responsabilité de son auteur, à qui il incombe, le cas échéant, d'apporter la preuve de son exactitude.
Si l'on peut souhaiter l'autodiscipline des journalistes il faudrait aussi espérer que les médecins donnent l'exemple en s'y conformant.

Deux articles du code de déontologie doivent être rappelés :

– "Il est du devoir du médecin de prêter son concours à l'action entreprise par les autorités compétentes, en vue de la protection de la santé (article 3)

–" les médecins ont le devoir d'entretenir et de perfectionner leurs connaissances".

Le premier article justifie le rôle d'informateur privilégié du médecin auprès du public, son rôle de conseil en particulier dans le domaine qui nous préoccupe, les radiations ionisantes.

Si le portrait du Français moyen et de ses sources d'information a été évoqué précédemment, qu'en est-il du praticien ? il doit lui même connaître, comprendre pour pouvoir transmettre l'information.

Une enquête du CESSIM, menée entre octobre et mars 1988 auprès d'un échantillonnage représentatif de médecins, nous informe que les sources d'information les plus citées par le corps médical sont 4 hebdomadaires, 2 quotidiens généralistes, et viennent ensuite "Femme actuelle" (5,2% des citations), Elle (4,9%) Marie-Claire (2,5%).... Les nouvelles esthétiques , ce ne sont pas comme l'indique un confrère le Docteur Pialloux "les figures de proue de l'enseignement post-universitaire" . Un sondage à l'intérieur d'un CHU parisien traduit aussi le contraste entre "la surabondance de l'information en matière médicale" et l'apparent manque de curiosité de nombreux confrères.

Cependant, dans le domaine des radiations ionisantes, il existe plusieurs systèmes d'information : les documents d'EDF, du CEA, les publications du SCPRI, le bulletin du Service Central de Sûreté des installations nucléaires ainsi que des publications de la Société française de radioprotection, de la Société française de l'Energie Nucléaire, un grand nombre de revues scientifiques et techniques. Cette information écrite est relayée par une information audio-visuelle largement dispensée par des commissions locales de communications intégrées dans les grands sites nucléaires. Ces commissions traitent de sujets particuliers relatifs à une installation précise.

Récemment a été créé un magazine d'information "Magnuc" par minitel, avec une mise à jour hebdomadaire, dont le volume de matériel d'information peut être augmenté en fonction d'une crise évolutive. Le choix du minitel a été déterminé par sa consultation courante évitant les envois de papier souvent envahissants. Ce magazine se compose :
- d'une partie fixe rappelant un certain nombre d'éléments techniques généraux sur l'énergie nucléaire, la sûreté des installations, la radioprotection.

- de données d'actualité hebdomadaires et mensuelles sur le fonctionnement des installations nucléaires et sur la surveillance radiologique du territoire.

Les chiffres sont donnés par région. L'information, pour les données de radioprotection, provient du SCPRI (Service Central de protection centre de Rayonnements Ionisants) ou de prélèvements effectués par l'EDF et le CEA au voisinage de leurs installations sous le contrôle du SCPRI.

Pour les données concernant la sûreté des installations et leur fonctionnement, les informations proviennent du Service Central de la Sûreté des Installations Nucléaires, lequel reçoit et contrôle en permanence des renseignements de la part des exploitants nucléaires sur le fonctionnement des installations.

A cette masse d'informations, à destination des 180.000 médecins inscrits au Tableau de l'Ordre le Conseil National a fait paraître en 1978, 1979, 1982, 1986 dans le bulletin officiel toute une série d'articles sur le nucléaire, dans le bulletin mensuel en 1987 une série
de fiches sur les radiations ionisantes.

Rappelons aussi l'excellent ouvrage dont la 3° édition date de 1991, dans le cadre de l'opération Isère, département pilote intitulé "Médecins et Risque Nucléaire" conduite pratique en cas d'accidents réalisé avec la faculté de Médecine de Grenoble, le Conseil Départemental de l'Ordre de l'Isère, le SCP RI.

La même année, l'Unaformec a mis à disposition des médecins dans le cadre de la formation continue des données pédagogiques sur les radiations ionisantes avec un sous-titre , santé et risque nucléaire. Le coordinateur Jean-François Lacronique prenait soin d'écrire un avertissement :

"Ce dossier pédagogique sur les radiations ionisantes se démarque des précédents par plusieurs caractéristiques :

– il concerne un sujet qui n'entre pas – heureusement dans la pratique quotidienne de la majorité des médecins

– le choix du thème ne résulte pas d'une consultation interne à l'UNAFORMEC, ni d'une concertation avec les pouvoirs publics, mais d'une suggestion faite par la Direction d'EDF d'organiser une action d'information et de formation des professions médicales. Ce souhait est d'ailleurs la résultante directe d'une consultation des médecins de trois régions françaises, Provence Côte d'Azur, Languedoc-Roussillon et Rhône-Alpes, qui estiment que l'information leur manque actuellement sur ce sujet.

L'Unaformec a subordonné sa participation d'une part au respect des principes d'indépendance qui sont les miens et d'autre part, au recours aux méthodes pédagogiques qu'elle a mises au point.

Ce dossier comporte :

– un livret participant qui présente des "cas" ou des circonstances dans lesquelles un praticien est amené à faire état d'informations, de références et parfois de savoir-faire

– un livret documentaire qui propose une sélection de sources documentaires permettant de résoudre les cas proposés.

– un livret animateur qui permet à ce dernier de consulter une série de suggestions de réponses aux divers cas présentés. Il s'agit bien de suggestions, et l'animateur peut les compléter lui-même, ou les faire compléter ou même les faire discuter par un expert. Les réponses ne sont ni exhaustives, ni toujours précises, de manière (presque) volontaire, pour permettre une certaine souplesse et une grande liberté dans les interventions.

Par ailleurs, un point essentiel est souligné par le Professeur Lacronique.

Ce dossier sur une question de santé publique est inévitablement très lié à un débat d'opinion, qui concerne le programme électro-nucléaire. Ce dernier fait partie des grands choix politiques....

L'animateur de réunions de formation devra sans doute affronter des interpellations sur ce thème. Il faut répondre clairement que nous agissons ici comme médecins : nous devons à ceux de nos interlocuteurs qui nous le demandent, un jugement de qualité scientifique sur des questions concernant leur santé.

Que veut dire "scientifique" ? Ce terme qualifie non pas une vérité débarrassée de toute connotation pratique, mais une perception de la réalité observée, qui implique éventuellement aussi le doute, l'étude des probabilités, l'esprit critique. Nous sommes ici dans le domaine du risque , et la science qui l'étudie inclut le calcul du risque de se tromper.

Mais nous sommes aussi dans le domaine des réalisations technologiques, du concret, et nous devons accepter le fait que nous vivons avec le nucléaire, sans pouvoir l'ignorer ou le mépriser.

Si certains estiment malgré tout que tout argument scientifique en faveur d'une cause devient de facto publicitaire, nous aurons du mal à nous tirer d'affaire, car ce dossier est tout de même destiné à former rationnellement l'attitude individuelle des médecins vis à vis du risque nucléaire.

Et l'autre partie de l'alternative serait le silence, le retrait du débat. Nous avons fait le premier choix, celui de la discussion, éventuellement contradictoire.

Dans une étude d'opinion présentée dans le dossier de références, une très grande majorité des médecins (de l'ordre de 80%) estime qu'elle n'est pas suffisamment informée sur ce sujet, et la même proportion estime qu'elle devrait l'être.

Telle est donc l'ambition de ce dossier pédagogique. Ses objectifs sont les suivants :

1 – Faire acquérir par les médecins praticiens la mesure du risque lié à toutes les radiations ionisantes.

2 – Amener le médecin de famille à jouer un rôle d'informateur responsable sur toutes les questions touchant à l'environnement d'un site de production électro-nucléaire.

3 – Faire acquérir aux médecins la connaissance de tous les aspects de son rôle dans le dispositif de soins et de secours face aux risques d'incidents ou d'accidents mettant en cause des radiations ionisantes, notamment dans son rôle de conseil à la population en cas d'alerte.

Il n'y a pas de secret pour résoudre de telles difficultés, sinon celui-ci : votre tâche n'est pas de convaincre ni même de rassurer, mais d'informer. Faites le avec la plus grande sincérité possible, sans chercher à obtenir l'adhésion de tous vos interlocuteurs (cela deviendrait suspect). Mais faites aussi la part d'une sensibilité très particulière au contexte du nucléaire et des rayons : il s'agit de physique, et donc d'une spécialité dans laquelle la détection et la mesure sont à peu près exactes, si l'on compare ce domaine avec celui de la chimie ou de la biologie.

Il s'agit aussi d'un domaine dans lequel la protection est possible, même si elle pose parfois de très délicats problèmes.

Si les accidents – rares – y sont d'une ampleur catastrophique, il faut se rappeler – l'expérience nous l'a récemment montré – qu'ils sont aussi infiniment plus spectaculaires que ceux que génèrent, chaque jour, de petites sources de pollution individuelles ou collectives, dont certaines auront aussi des conséquences planétaires considérables, notamment celles qui accroissent, année après année, "l'effet de serre".

IL y a donc fort à parier que cette initiative, que nous devons à l'EDF, soit suivie par d'autres sur l'environnement, car ce sujet est de ceux dont les médecins, comme praticiens autant que comme citoyens, ne peuvent se désintéresser.

La confiance que la population témoigne aux médecins, pour les questions de société en général, justifie largement cet investissement intellectuel, même s'il n'apporte aucune gratification matérielle à court terme.
C'est l'un des aspects de la médecine, que de servir des objectifs de santé publique ; la sécurité vis à vis des radiations ionisantes, sous ses formes variées, en est l'un des volets les plus modernes".

Enfin le conseil judicieux du Secrétaire Général de l'Unaformec, le Docteur Guy Douffet mérite d'être cité :

"Souhaitant bien évidemment n'avoir jamais à utiliser ces connaissances pour ce qui concerne un incident ou un accident lié au nucléaire, n'oublions jamais que nous avons à gérer quotidiennement les conséquences de l'utilisation des rayonnements médicaux que nous prescrivons dans nos cabinets et répondre le cas échéant aux interrogations de nos patients de la façon la plus objective possible".

Le groupe de travail a décidé des objectifs à atteindre à l'issue du séminaire :

1 – Citer les définitions des différentes unités de mesure de radioactivité et leurs anciennes correspondances.

2 – Différencier les modes et les effets d'une contamination ou d'une irradiation sur l'organisme vivant et les aliments

3 – Citer les doses limites d'une irradiation admissibles pour le public, les travailleurs et la femme enceinte.

4 – Citer les examens radiographiques dangereux pour une femme enceinte.

5 – Citer les précautions à prendre chez une femme ou pour son entourage en cas de traitement par radio-isotope,

6 – Prescrire les examens utiles pour apprécier l'intensité d'une irradiation dans l'organisme humain,

7 – Prescrire selon les règles légales les médicaments utiles en cas de risques de contamination interne par incident ou accident nucléaire,

8 - Enumérer les gestes à faire ou ne pas faire en cas d'accident mettant en oeuvre des substances radio-actives,

9 - Citer les différents organismes chargés de la surveillance en matière de radio-activité en France et les sources d'informations du grand-public.

Quelle est la réceptivité du médecin pour accéder à ces différentes sources d'information ? Quel besoin ressent-il ? Est-il réellement motivé ?

Il nous faut insister sur la formation initiale sur le nucléaire dispensé à tout citoyen, en milieu scolaire. Il est certain qu'il s'agit d'un problème de génération - rappelons à ce propos la moyenne d'âge des praticiens, soit 42 ans, le changement d'unité survenu en 1975 et les progrès depuis une trentaine d'années d'une discipline jusqu'alors inconnue, alliée à la méconnaissance des risques environnementaux. Des initiatives privées d'éducation à l'environnement doivent être encouragées et intégrées dans l'enseignement scolaire. Nos enfants doivent pouvoir être préparés à une approche plus approfondie du nucléaire et utiliser leurs facultés d'adaptation qui leur permet mieux que certains adultes d'utiliser les ordinateurs, les machines à calculer ou le minitel.

Les étudiants de médecine reçoivent-ils un nombre d'heures d'enseignement qui correspond réellement au développement de cette discipline en pleine expansion. Il est possible d'en douter.

Un constat peut être fait hélas ! il est possible de considérer que certains confrères ont actuellement un bagage de connaissances plus léger que les écologistes.

Cependant, si l'on part d'un postulat selon lequel le médecin est suffisamment informé lui-même quelles sont les recommandations qui pourraient lui être faites :

- en premier lieu, bien cerner la question posée, trop souvent cette question est vague, le questionneur manifeste une inquiétude, une angoisse car il se trouve souvent "matraqué" par des informations alarmistes et contradictoires.

- en second lieu, à question précise réponse précise. Eviter d'extrapoler à partir d'une question donnée aux problèmes plus généraux de société. Rester proche des faits, ne pas se laisser emporter par ses convictions dans un débat d'opinion, bien éloigné des faits concrets.

Ainsi, tel spécialiste est persuadé que le nucléaire, tel qu'il est utilisé en France, est sans risque significatif, il n'ajoutera rien à son discours en affirmant qu'il est sans aucun risque, il faut dire objectivement qu'aux faibles doses le risque supplémentaire de cancers est si faible qu'il ne peut être démontré, mais il ne doit pas dire que ce risque est nul .... voire que l'irradiation est un bienfait. Il risque de perdre sa crédibilité. A l'inverse, il ne faut pas qu'un praticien, lui-même angoissé par toutes les agressions existant dans notre environnement, ne développe des tableaux évocateurs de cataclysmes : par exemple parler de l'apparition possible des milliers de cancers dans la population de l'Ukraine lié à l'accident de Tchernobyl. Un alarmiste excessif est aussi nocif qu'un sécurisant permanent – même en France, un accident peut survenir, il ne faut , ni engendrer une inquiétude excessive ni un sentiment de sécurité exagéré et définitif.

Dans le domaine de l'information, le pouvoir politique a aussi son rôle auprès du public. Il est dommage, on l'a vu tout récemment pour l'avenir d'une centrale nucléaire, que les décisions prises ne soient pas expliquées au public. Celui-ci se retrouve devant des groupes politiques en total conflit et dont l'argumentaire est en opposition complète bien qu'il y ait parmi ceux qui s'affrontent les avis d'experts et qu'il s'agit de juger a priori des faits objectifs. Comment, sur les mêmes bases, aboutir à des conclusions diamétralement opposées ? Il n'est pas évident à l'observateur éloigné du débat que plusieurs aspects du problème ont du être considérés : l'aspect économique , celui de la sécurité, l'avenir du nucléaire.... l'absence d'explications claires du pouvoir décisionnel entraîne parfois une certaine suspicion du public, qui peut croire, à tort, à des arrières-pensées électoralistes...

En d'autres termes, l'information, en matière médicale, n'a pas un sens éthique original proprement dit, cependant elle représente un poids éthique potentiel, en fonction des intervenants et de leur présentation de cette information.

L'information doit avoir une qualité scientifique telle qu'il ne soit pas possible de la contester. Par exemple, les doses relâchées dans l'atmosphère, la nature des radio-nucléïdes émis doivent être indiquées ; la rétention des informations est contraire à l'éthique. Il est tout aussi anormal de dire "une fuite du tritium est survenue à l'usine X et risque de contaminer une zone maritime voisine" que de rapporter "une fuite de tritium est survenue à l'usine X et les techniciens de   sécurité affirment qu'elle est sans risque sur l'environnement". Avant de parler, de commenter , d'écrire, c'est une obligation de rechercher des faits précis, d'en vérifier l'exactitude : quelle est la dose relâchée, sous quelle forme (liquide ou gazeuse) libérée où, libérée quand...

L'utilisation des unités n'est pas neutre non plus, elle a un impact sur le plan psychologique et apporte un paramètre supplémentaire au poids éthique de l'information sur le risque nucléaire. Le choix du becquerel (une désintégration par seconde (dps) , est excellent comme unité de mesure de la radioactivité pour les physiciens. Il n'en demeure pas moins qu'un patient frémira, si en médecine nucléaire, on lui injecte 37 millions de becquerels d'un radio-isotope à vie courte, bien que ces 37 millions de Bq ne représentent en réalité qu'un millième de curie. Les explications données au patient ne sont pas toujours bien entendues.... Cette difficulté de compréhension "métrologique a eu sa démonstration la plus éclatante lors des accidents nucléaires récents, de même, les contradictions entre les différents Etats sur les limites de doses d'irradiation corporelle totale provoquent dans l'opinion publique un trouble réel que certains ne manqueront pas d'exploiter. A propos des unités de mesure il est relativement simple notamment de maximiser les risques en maximisant les chiffres.

Améliorer l'information, consiste à faire un effort dans la formation. Lutter contre l'ignorance du malade, du médecin.

Par exemple, l'irradiation due à un produit injecté, en médecine nucléaire, entraîne plus de crainte que l'irradiation externe (radiologie, scanner) . Rassurer un patient inquiété par la lecture de son journal sur les problèmes d'environnement consiste à lui apprendre que la dose d'un isotope doit être rapporté à la période physique, à sa période biologique, à son type d'émission, à sa localisation.... les maîtres-mots sont connaître pour comprendre.

D'autres interrogations des médecins sur un défaut d'information sur les mesures à prendre en cas d'accidents doivent être évoquées dans cette réflexion.

Notamment, une question a été posée à propos de l'iode à employer en cas d'accident. Une circulaire indique que l'emploi de l'iodure de sodium et du potassium doit être très précoce, 6 heures avant l'arrivée du nuage radioactif sur la population, et un confrère nous a posé la question pratique évidente – où se procurer les comprimés d'iodure de sodium et de potassium, où sont-ils disponibles ? Ceci en est un exemple.

Une information d'une qualité scientifique indiscutable compréhensible, complète, neutre, lucide sans entrer dans le débat politique, indépendante des groupes de pression, acquiert sa dimension éthique.

*

* *

Session II

EXPERIENCE REGARDING TRAINING IN AND THE PROVISION OF INFORMATION TO THE MEDICAL PROFESSION: PRESENTATION AND ASSESSMENT

Séance II

PRESENTATION ET EVALUATION DE L'EXPERIENCE EN MATIERE DE FORMATION ET D'INFORMATION DU CORPS MEDICAL DANS LE DOMAINE DES RAYONNEMENTS IONISANTS

Chairman - Président
Pr. J. Locher
(Suisse)

Introduction to Session II

Professor Johannes Locher
(Switzerland)

I want to welcome you all to the afternoon session. We have to treat an uniform theme, a very important one, namely: the presentations of the experiences regarding training in and the provision of information to the medical professions. The experiences made in nine countries will be presented. I am sure, that the fundamentals will considerablely vary from one country to the other, but, there will become obvious a common goal: the optimizing of the safety standards available to ionizing radiation.

As we all know, almost 100 years have elapsed since Dr Roentgen made his famous discovery of a yet unknown radiation. The inherent possibility of the "looking through" the human body became a revolution in medical history. It took only a few months and years till dozens and hundreds of Roentgen apparatuses have been installed in prived institutes and hospitals in Europe and all over the world. It was the time of the pioneers. Everybody wanted to take part of the new possibilities - and that without regarding the risks - (first slide, please) as you can easely see on this picture from 1897. Although many people warned about possible risks, which were obvious, because the same radiation was quickly used for the treatment of various diseases too, (that means the killing of vital cells), longterm experiences were needed to convince many collegues, that safety prescriptions and also the training of the protection rules are mandatory for the regularly use of ionizing radiation. I would like to say, that even today, in the spirit of the former pioneers, many rules are daily neglected especially by hard working and dedicated people : help first, that means comfort for the patient first, good quality pictures first ect. -and that on my own risk.

(Next slide) These are the hands of a 70 year old retired collegue. He was a dentist, who during years, when he made dental radiographs used to hold the radiological plates in the mouth of his patients with his fingers, almost in the manner as you have seen on the picture before. He did this for more confort, ease, better quality of the images and for gaining time. He knew about the radiation risks, but he didn't properly realize them, or, when he did, it was too late. The necrotizing process of skin and finger bones is still active (next slide) as you can see on this scintigraph, and this a longtime after his retirement.

Yet, this should not happen today. However, minor scale longtime hazards still exist and are discussed more emotionally then ever. That is the reason why information and training of all personal occupationally exposed to ionizing radiation is so important. We have to learn from each other for our own safety and for another reason too. As daily users of the radiation technology we are considered by the general opinion as experts of this matter. Contrary to our proper interests or not we are pushed into a role as opinion leaders and we have to take it. Our own approach to the problems and our own handling of the affairs will be critically observed and interpreted. Therefore, we should routinely train our own nonspecialized collegues, our coworkers and our other personel and we should train ourselfs on a periodic basis.

Now, we will hear the experiences, that have been made with this training in different countries. We will start with France....

Une stratégie d'information des professions de santé : à propos de la brochure "Médecins et Risque Nucléaire"

C. Gallin Martel[1], C. Vrousos[2], J. Chanteur[3], H. Pons[4], H. Kolodié[5], P. Chalandré[6], C. Gonthier[7], J. Lallemand[8], E. Olaya[9]

L'accident technologique majeur, parfois mais pas toujours imprévisible, est source d'un déséquilibre brutal entre les moyens disponibles et les besoins engendrés par l'urgence sous ses différents aspects.

Dans le cas d'un accident chimique ou nucléaire, les limites des zones à risques semblent imprécises et leurs conséquences à moyen et long terme perçues comme mal définies. Ces éléments sont source d'une implication indirecte dans l'accident de groupes importants de la population. Celle-ci pourra présenter des manifestations de stress et d'angoisse conduisant à des attitudes inadaptées voire des phénomènes de panique.

Une enquête réalisée, en juillet-août 1989, auprès de 768 personnes du département de l'Isère montre que 80 % des personnes interrogées déclarent ne pas connaître les consignes à suivre en cas d'accident majeur, 71 % précisent ne pas savoir comment elles seraient prévenues et 4 parents sur 5 iraient chercher leurs enfants à l'école. Logiquement, à 94 %, la population souhaite une information sur les risques auxquels elle est exposée. Mais la réponse à cette exigence d'information va devoir concilier les contraintes propres à une information de masse avec la difficulté d'exprimer sous une forme simple et concise des notions complexes et évolutives, difficulté accrue par l'incrédulité, voire la méfiance, opposées à tout ce qui provient des responsables.

---

1 Chargé de mission - Service Général de Médecine du Travail EDF-GDF, 30 avenue de Wagram, 75008 PARIS
2 Chef du Service de Radiothérapie - CHRU Grenoble
3 Directeur Adjoint SCPRI - Le Vesinet
4 Médecin Chef - Service Général de Médecine du Travail EDF-GDF, PARIS
5 Praticien Hospitalier - Service de Radiothérapie - CHRU Grenoble
6 Médecin de famille - Secrétaire Uraformec Rhône-Alpes
7 Médecin du Travail - SICN Veurey - Alpes Santé Travail Grenoble
8 Comité de Radioprotection EDF - PARIS
9 Médecin de famille - Vice-Président Uraformec Rhône-Alpes

L'information préventive doit, partant de ce constat, contribuer à l'émergence d'une véritable "culture du risque" donnant, en cas de nécessité, à la communication de crise toute sa pertinence et son efficacité. L'ensemble de cette démarche de communication tend à résoudre cette logique paradoxale : on ne sait rien, on veut savoir, mais on ne croit pas ce que l'on nous dit ; et à favoriser le développement de comportements adaptés.

Pour être crédible, l'information donnée doit être le fruit d'une source identifiée comme neutre, objective, compétente sur la question et désireuse de servir le bien public.

Dans de telles circonstances, les médecins apparaissent, pour 55 % des personnes interrogées, comme des référents objectifs, à même d'informer et de conseiller efficacement en raison essentiellement de leur compétence technique et de leur indépendance par rapport aux enjeux économiques et politiques. Le sens de l'intérêt commun, l'intégration à la vie locale, qu'elle soit associative ou élective, et l'autorité morale qui résulte de l'ensemble de ces données font des médecins, à côté de leur rôle sanitaire, des médiateurs à même de limiter les conduites inadaptées.

Le corps médical perçoit à la fois le rôle que la population est susceptible de lui demander de remplir dans ces circonstances et son manque souvent très important d'informations adaptées.

En cas d'accident technologique, le médecin de famille apparaît donc comme ayant deux rôles complémentaires à remplir. D'une part, assurer une prise en charge des victimes classées U4, des impliqués et des urgences psychologiques qui lui seront adressées par le Poste Médical Avancé à l'issue du tri. D'autre part, informer et conseiller la population sur les mesures de protections adaptées et sur la réalité du risque. Ce rôle de médiateur devant contribuer à limiter les inquiétudes et les rumeurs.

Or, interrogés sur les effets médicaux des rayonnements ionisants, les médecins déclarent être non ou mal informés à près de 90 %. Le même pourcentage souhaite être informé sur la conduite à tenir face à un irradié ou un contaminé et sur les mesures sanitaires de protection. Ce sont leurs confrères spécialistes : enseignants de médecine (58 %), médecins des centrales nucléaires (22 %) et médecins militaires (16 %) qui peuvent leur apporter les connaissances nécessaires ; un score très faible est accordé aux industriels (4 %), aux pouvoirs publics (2 %), aux mouvements écologistes et aux élus locaux (entre 0 et 7 %). Cette information doit transiter par l'intermédiaire de documents écrits à 58 %, de séances d'Enseignement Post-

Universitaire (EPU) à 55 %, ou de colloques à 46 %. A noter le faible pourcentage attribué à l'enseignement assisté par ordinateur et aux documents vidéo. Des différentes enquêtes consultées, il apparait donc une préférence pour les documents écrits fournissant une information de base. L'EPU joue un rôle complémentaire pour mettre à jour ou approfondir des connaissances.

C'est pour répondre à cette demande que la réalisation de la brochure "Médecins et Risque Nucléaire" a été décidée. Cette brochure constitue un des éléments de l'opération Isère Département Pilote dans la prévention des risques majeurs initiée en 87-88 par le Ministre de l'Environnement, . L'objectif étant de prendre en compte les questions pratiques formulées par les médecins ayant participé au cours des années précédentes à des conférences et des visites de centrales nucléaires. C'est un groupe multidisciplinaire qui a élaboré cette première plaquette. Des médecins hospitalo-universitaires, des médecins du travail, des spécialistes de la Protection Civile, des représentants de l'Ordre et des organisations syndicales médicales ont participé à cette réalisation. La coordination étant assurée par le Service Général de Médecine du Travail (SGMT) EDF-GDF. Les principes retenus pour l'élaboration devant permettre la réalisation d'un document pratique décrivant les mesures à prendre en cas d'accident, cette brochure n'aborde donc ni la probabilité du risque ni les effets tardifs. Elle s'efforce d'associer : rigueur scientifique, logigrammes d'aide à la décision, adaptation du contenu à des confrères non spécialistes et présentation attractive. Trois niveaux d'information sont proposés : le premier précise la conduite à tenir face aux diverses modalités d'accidents radiologiques ; le deuxième développe les aspects sanitaires ; le troisième niveau précise la place du médecin de famille dans l'organisation générale des secours.

La diffusion de la première édition de "Médecins et Risque Nucléaire" a eu lieu en Novembre 1987 auprès de l'ensemble des 2.900 médecins et pharmaciens du département de l'Isère. L'envoi effectué par la Préfecture était accompagné d'une lettre de présentation du Président du Conseil Général et du Préfet.

Au cours de la période 1988-1990, plus de 50.000 exemplaires ont été adressés, à leur demande, à plusieurs autres départements et à diverses structures spécialisées.

En Février 1990, soit plus de 2 ans après la diffusion initiale, une évaluation de la perception de cette brochure a été effectuée auprès de 400 médecins du département de l'Isère (cette évaluation à fait l'objet d'une thèse de doctorat en médecine). La méthode du sondage par téléphone a été retenue en raison du délai écoulé entre la distribution de la brochure et la réalisation de l'enquête (les études d'impact sont généralement réalisées au plus deux mois après l'envoi).

L'échantillon représentatif de la population médicale du département se répartit en : 36 % de Médecins Généralistes, 30 % de Spécialistes Libéraux, 19 % de Médecins Hospitaliers et 15 % de salariés. Les résultats ont montré que plus de 64 % (257/400) des médecins interrogés se souviennent avoir reçu cette plaquette. Ce sont les généralistes à 67 % qui ont le plus fortement mémorisé le titre (51 % pour les salariés et 46 % pour les hospitaliers). A la question qu'avez-vous fait de la plaquette (base : 257), on retient que 65,4 % l'ont lue et classée ; 15,2 % l'ont classée sans la lire. Seuls 2,3 % l'ont jetée sans la lire. Les pourcentages restant se répartissant entre "ne sait pas" et "lu et jeté". Au total, 80,6 % des médecins (base : 257) qui ont mémorisé cette brochure l'ont conservée et 65 % pensent la retrouver facilement. Parmi les autres enseignements fournis par cette étude d'impact on retiendra que 87 % des médecins l'ont perçue d'abord comme un document d'information et de conduite à tenir et que moins de 4 % l'ont perçue comme un document pronucléaire ou politique. Quand à la compréhension, elle est jugée facile par 67 % des confrères. Le souhait d'un document complémentaire et d'une actualisation étant exprimé par 89 % (base : 400) des médecins interrogés ; ce document devra reprendre l'ensemble des aspects pratiques mais aussi aborder les risques tardifs dûs aux rayonnements ionisants (souhait exprimé par 90 % des interrogés).

Il existe donc une bonne adéquation de la plaquette "Médecins et Risque Nucléaire" à l'attente des médecins. C'est la collaboration étroite et fructueuse entre un groupe d'experts et des représentants des médecins de famille qui a permis de répondre aux interrogations des médecins praticiens.

En juin 1992, la 4° édition actualisée et restructurée a été publiée. Un message d'introduction du Président du Conseil National de l'Ordre des Médecins, le Docteur L. René, a été joint à cette édition nationale. Sa diffusion auprès de l'ensemble des médecins généralistes, des médecins du travail, des médecins de santé publique, des hématologistes, des radiothérapeutes et des médecins de médecine nucléaire a été réalisée au plan national fin juin 1992. Au total, 87791 exemplaires ont été diffusés.

La nécessité de suivre l'évolution rapide des connaissances et des événements a aboutit à la diffusion d'une lettre d'information "Médecins et Rayonnements Ionisants". Des articles concernant la radiopathologie et la radioécologie, l'utilisation médicale des rayonnements et des fiches de conduite à tenir sont rédigés sous l'égide d'un comité scientifique national. Des rubriques plus générales sont consacrées à des informations sur le thème actualité - environnement et à des articles sur la formation continue. Sa diffusion à titre expérimental est limitée aux médecins généralistes et médecins du travail des régions Rhône-Alpes, Auvergne, Bourgogne, soit 12000 exemplaires. Sa périodicité est de 3 par an ; le premier numéro est daté de Septembre 1991. Une évaluation conditionnant son devenir sera réalisée fin 92. Le directeur de la publication est le Pr VROUSOS et la gestion quotidienne est assurée par le SGMT EDF-GDF.

Au travers de ces actions réalisées, il est possible de préciser les aspects essentiels permettant une information efficace et pertinente du corps médical. Le médecin du travail situé à l'interface entreprise corps médical, doit préciser l'attente de ses confrères en terme d'information sur les risques de son entreprise. Cette évaluation des besoins permet de déterminer les objectifs et la démarche d'information logique qui sera proposée aux partenaires concernés.

L'intervention de médecins hospitalo-universitaires dont la compétence et l'autorité morale sont reconnues par le corps médical est essentielle pour assurer la rigueur scientifique des actions de communication. Dans le même temps, la participation de représentants de l'Ordre et des Organisations Syndicales médicales permet une approche pédagogique efficace et assure une excellente adaptation du contenu et de la forme du document aux interrogations des confrères. Les représentants des grandes administrations concernées (Protection Civile essentiellement) veillent à la bonne cohérence des conseils fournis avec les plans d'urgence existants. Une évaluation du résultat des actions réalisées est souvent indispensable afin de s'assurer de la concordance entre les objectifs initiaux et le résultat final.

La participation dès le départ des représentants des structures médicales dans l'élaboration des outils d'une politique d'information, permettra de choisir, le moment venu les modalités d'information les mieux adaptés : conférences, séances d'Enseignement Post Universitaire, visites de sites nucléaires, communications dans les congrès, réalisations de brochures ou de revues dont l'importance et la périodicité peuvent être très variables. Parmi les aspects pratiques, on retiendra notamment le dispositif MINITEL qui permet aux praticiens de disposer en permanence d'une information en temps réel sur les niveaux de rayonnement ambiant, le fonctionnement des installations nucléaires et les incidents éventuels (36-14, TELERAY et MAGNUC). La multiplication immédiate des appels en cas d'incident montre l'intérêt que ce mode d'accès suscite dans la population (notamment dans le corps médical) et permet de neutraliser rapidement le développement de rumeurs, devant lesquelles les médecins sont trop souvent désarmés. Les possibilités d'action sont donc étendues.

Si des documents sont réalisés, les modalités de diffusion et de mise à disposition du corps médical devront être précisées au plus tôt en accord avec les organisations médicales représentatives. Trop de documents ne bénéficient pas d'une diffusion satisfaisante faute d'une démarche de conception consensuelle et nuisent souvent à une bonne information en réduisant son impact.

Au total, quelques éléments essentiels apparaissent pour réaliser une action cohérente d'information du corps médical.

Un document d'information sera crédible si les enseignants hospitalo-universitaires valident l'ensemble du contenu ; il sera adapté si les médecins de famille sont associés dès le départ à sa rédaction ; il sera diffusé largement, si les structures représentatives du corps médical participent à l'organisation de sa diffusion.

La coordination technique de ces différents niveaux de réalisation pouvant être assurée par le service central de Médecine du travail et par les services compétents des entreprises produisant de l'électricité d'origine nucléaire.

En conclusion, il importe de souligner que l'acceptation par la population d'un voisinage à risque potentiel et, bien entendu, ses réactions en cas d'incident ou d'accident dépendent, en grande partie, de la qualité de l'information des médecins. Il serait regrettable que dans une même panique se confondent les médecins et leurs malades à la première alerte !

Il est souhaitable que cette information des médecins, cette formation aux conduites adaptées aux risques technologiques se développent afin de dédramatiser l'incident potentiel par l'information de la population par les médecins de famille et éviter, en cas d'accident les comportements irrationnels dont les conséquences pourraient être pires que celles de l'accident lui-même.

REFERENCES

1- DE LUNA N. **Nucléaire : Les généralistes veulent informer et être informés.** (1987) Le Quotidien du Médecin 3879; 29-30

2- LE SAUX A. **L'opération Isère département pilote.** (1989) La Recherche, suppl. 212, 27-29

3- GALLIN MARTEL C., GONTHIER C., KOLODIE H., GARCIER Y., GOUTY A., SCHMITT P., VROUSOS C., GILBERT Y. et PONS H. **Médecins et risque nucléaire. Un exemple d'information du corps médical.** (1989) Préventique 30, 23-28

4- LALO A. **Risques majeurs : les Isérois ont-ils peur ?** (1990) Risques Infos <u>3</u>, 1-7 (Bulletin de liaison de l'Association d'information pour la prévention des risques majeurs, Grenoble).

5- TUBIANA M. **Nucléaire : il y a beaucoup à faire en matière d'information.** (1990) Le Quotidien du Médecin <u>4626</u>, 38.

6- **Pour une politique d'information préventive sur les risques majeurs.** (1990) Ministère de l'Environnement, Ministère de l'Intérieur. Paris, 94 p.

7- ARTUS J.C., GRANIER R. **L'information des médecins sur les risques nucléaires et radiologiques.** Le Concours Médical - 04-05/1991, 113-16

8- BEAUDEAU P., BERRAT B., VEDIEU J.P. **Risques technologiques majeurs au Havre : de l'étude des perceptions de la population... à la conception d'une stratégie de communication.** (1991) Santé Publique, 3ème année, <u>6</u>, 4-53

9- JONQUET M.E. **Risque nucléaire : information des médecins dans le département de l'Isère, impact de la brochure "Médecins et Risque Nucléaire".** Thèse Médecine. Grenoble, 06/02/1991

10- OLAYA E. **Médecin généraliste, information et risques technologiques.** (1992) Médecins et Rayonnements Ionisants, <u>3</u>, 1-2

Formation et Information du Corps Médical en Languedoc-Roussillon (France)
Le point de vue de l'Universitaire

Dr Jean-Claude Artus
Professeur à la Faculté de Médecine
Médecine Nucléaire CRLC Val d'Aurelle
Montpellier, France

I - Le besoin d'Information du corps Médical et la motivation de l'Universitaire.

La demande d'information du public et du corps médical en France n'a cessé d'augmenter depuis la mise en place progressive des sites nucléaires de production d'électricité ou de traitement des déchets radioactifs.

Jusqu'en 1986, les conséquences de cette préoccupation du risque dit "nucléaire" n'étaient que trés rarement devenues plus graves que le risque radiologique lui-même!

Faut-il rappeler l'acharnement des médias à l'information alarmiste à l'occasion de la catastrophe de Tchernobyl? La mauvaise diffusion des renseignements sur cet événement a provoqué certains comportements sanitaires aberrants, voire dangereux, créant ainsi l'ébauche d'un problème de Santé Publique.

Dans ce contexte, des groupes régionaux associatifs ont eu beau jeu de dénoncer la carence des Pouvoirs Publics et ce d'autant plus que les contre-mesures raisonnables restaient extrêmement limitées. *"On nous cache la vérité, puisqu'on ne fait rien"*. Devant la critique sévère des responsables nationaux et en l'absence d'une information adaptée à un public totalement ignare (y compris le public médical) il était alors facile à des associations de se dire *indépendantes,* de se prétendre *compétentes* !

Les scientifiques, les ingénieurs, l'ensemble du "sérail nucléaire" étaient plus habitués à une politique de réserve, voire du secret, qu'à la pratique médiatique d'une information complexe.

Le médecin universitaire, chargé à la Faculté, de la formation scientifique du futur médecin et à l'hôpital de la pratique médicale quotidienne qui l'amène, à travers sa spécialité de médecine nucléaire, à manipuler des éléments radioactifs, s'est retrouvé assailli de nombreuses questions par ses collègues. Il était perplexe, pris entre la difficulté (pour ne pas dire l'impossibilité) à obtenir de très rares renseignements sérieux sur l'importance de l'événement et l'abondance des déclarations des médias alimentés par des associations dont ils assuraient ainsi la notoriété.

L'enseignant constatait ainsi l'échec de son cours par l'absence quasi totale de formation autorisant le médecin à répondre aux questions élémentaires du public. L'universitaire se rappelait pourtant qu'il se devait d'être, de nature, **indépendant** des Pouvoirs Publics ou des Industriels du Nucléaire (et de ce fait plus facilement crédible), et que sa formation le rendait un minimum **compétent!** Il pensait que son rôle devrait être, à l'avenir, de répondre à une meilleure diffusion des connaissances durant le cursus des études médicales mais aussi d'assurer, pour le quotidien, des Formations Continues pour ses confrères praticiens.

II - Les Raisons, les Objectifs et les Obstacles de l'Information Médicale.

Sans prétendre à une quelconque exclusivité du savoir, il apparaît donc clairement que l'université médicale ne peut rester muette devant une situation qui, même en l'absence d'événement accidentel, peut se traduire par un problème de Santé Publique lié aux conséquences sanitaires dues à la méconnaissance des risques.

Dans cette optique, **les raisons** de l'information des médecins (mais aussi de toutes les professions de santé) sont multiples et souvent énoncées :

- ils ont la confiance du public et la perdraient s'ils demeurent incapables de répondre à leurs questions,
- à des questions locales, ils apportent des réponses locales,
- les professionnels de santé pensent dans leur ensemble avoir un rôle à jouer en cas d'accident nucléaire,
- par la prescription, la réalisation de certaines explorations médicales, ils sont à l'origine de l'essentiel de l'exposition du public aux rayonnements ionisants. Si l'utilisation à des fins thérapeutiques est par définition particulièrement définie, il n'en est pas de même pour le diagnostic et le principe ALARA (As Low As Reasonably Achievable) n'est pas toujours bien respecté!

La réponse à la demande des professions de santé et à travers elle à celle du public, est donc largement justifiée! L'objet de cette réponse n'est cependant pas celui de l'information sur l'événement mais celui, souvent mal exprimé, de la connaissance, de la formation permettant d'apprécier, de digérer les données informatives sur le risque nucléaire.

Il n'est pas question que l'université, fut-elle médicale, se substitue aux sources spécialisées du fait journalistique mais qu'elle joue un rôle d'encadrement formateur.

L'objectif est bien d'assurer une vulgarisation, au bon sens du terme, de qualité et non de transformer tous les médecins en spécialistes d'un risque ou d'une pathologie qu'ils ne rencontrent pratiquement jamais. Le but n'est pas non plus de proposer une "opinion" au médecin mais de lui donner les connaissances qui lui permettent d'apprécier le risque lié aux rayonnements ionisants.

On peut se demander quels sont **les obstacles** à cette formation?. Ils tiennent à la forme: programmes surchargés, enseignements au début des études médicales ... mais aussi au fond: en dehors du spécialiste, rares sont les médecins confrontés, dans la pratique médicale courante, aux problèmes d'irradiations !

Pour la forme et dans le cadre de la Formation Continue, la tutelle de l'université n'est pas toujours bien acceptée, mais cet aspect n'est pas spécifique au sujet. La réponse à ce problème peut être fournie par l'association.scientifique qui se substitue alors à l'université.

Pour le public, comme pour les professions de santé (et quoi qu'elles disent et pensent des médias), un des obstacles de fond, le plus redoutable, reste **le fantasme lié au nucléaire** non médical. Son image est largement entretenue par le rôle négatif majeur de la médiocrité de l'information à sensation de certain médias.

III - Les Actions réalisées et les Moyens mis en jeu.

Pour mieux répondre à la demande d'information du corps médical et des professionnels de santé, il paraissait naturel de cerner au mieux :
- leurs connaissances sur des aspects fondamentaux et simples du risque lié aux rayonnements ionisants,
- leurs motivations a être des relais d'information du public ou à intervenir en cas d'accident,
- leurs souhaits en matière de mode de transfert des connaissances : documents ou conférences.

A cet effet une enquête réalisée en 1989/1990 (1) a porté sur les 13 000 professionnels de santé (médecins, pharmaciens, dentistes, vétérinaires) du Languedoc-Roussillon et du département du Vaucluse. L'essentiel des conclusions en est que:
- les connaissances des professions de santé (dans ce domaine) ne sont guère différentes de celles du grand public (instruit) en général,
- il existe un souci de relais d'information chez tous,
- la préférence va à des documents pour l'information à domicile.

Suite à ces renseignements il est apparu que les connaissances faisaient défaut, qu'il n'existait pas de solution unique et que les moyens de diffusion de l'information devaient être multiples, variés et surtout adaptés aux différentes circonstances.

1/ - La voie Universitaire : Elle reste et doit rester le pivot, l'élément de référence, de la diffusion de connaissances durant le cursus des études médicales. A Montpellier, en plus des bases habituellement proposées au cours du 1er cycle, des enseignements ont été "inclus":
- dans le 2ème cycle, notamment dans le cadre de la "Toxicologie" et de la Médecine Légale,
- dans le 3ème cycle pour les formations de base des Diplômes d'Etudes de Spécialité (DES), relatifs aux techniques utilisant les rayonnements ionisants à des fins diagnostiques et thérapeutiques,
- dans le certificat de capacité de Médecine des Catastrophes.

Depuis 1989 a été créé un enseignement original dans le cadre de **Diplômes d'Université** (2) réservés aux médecins, pharmaciens, vétérinaires..., intitulés "Risque Nucléaire et Santé", "Environnement et Cancer" et "Relations Environnement et Santé". Cet enseignement n'est pas un enseignement de Diplôme d'Etude Approfondie (DEA), il est réservé à des non spécialistes pour leur donner une culture générale plus précise. Le programme de tels enseignements pourrait servir de base, selon les recommandations de la Commission des Communautés Européennes, pour la mise en place d'un programme de *formation spécialisée pour les associations médicales professionnelles concernées par le risque dû aux rayonnements ionisants (3).*

La proposition d'Enseignements Post Universitaires (EPU) de **Formation Continue** sur le thème relatif aux radiations ionisantes est facilitée dans le cadre de la **Médecine Nucléaire** par le fait que la radioprotection y tient toujours une place importante.

2/ - La voie Associative : La création d'un Groupe Régional de Réflexion et d'Information sur le Nucléaire et la Santé, le GRRINS, regroupant des professionnels de santé spécialistes, a permis de faire jeu égal, au niveau du statut, avec d'autres associations dont la publicité majeure est de proclamer leur indépendance mais dont la raison fondamentale semble être de cultiver la suspicion systématique à l'encontre de toutes institutions et notamment celles des pouvoirs publics.

La mise en place d'un tel groupe permet l'intervention dans le cadre de la Formation Continue des médecins, des pharmaciens, prévenant ainsi la réaction allergique à l'université que certains acceptent mal.

Cette voie associative permet aussi une plus grande souplesse d'exécution, un financement d'actions que ne peut se permettre l'université. Dans ce cadre associatif, le GRRINS a pu diffuser, de façon ciblée et en fonction des réponses à l'enquête réalisée par lui, des documents de vulgarisation (3 000 envois de plaquettes "Médecins et Risques Nucléaires" (4) et "Energie et Santé"! (5))

En plus des EPU assurés par le GRRINS, cette association propose annuellement une journée de formation "Les Entretiens de Lascours" sur un thème relatif à l'utilisation des R.I..

Pour entretenir le souci de formation, le GRRINS diffuse deux fois par an une publication "La Lettre du GRRINS" (6) (tirée à 17 000 exemplaires) dans laquelle sont toujours rappelées et développées des considérations générales de base, ainsi qu'un bref compte rendu des "Entretiens de Lascours".

Pour s'assurer une totale indépendance, mais cependant avoir des moyens d'exécution, une telle association ne reçoit de subventions que des structures régionales publiques : Conseil Général, DRASS, Conseil Régional, etc, ...

3/ - **La voie des Sociétés Savantes :** Sous l'égide de sociétés savantes comme la section régionale, Languedoc-Roussillon, de la Société Française d'Energie Nucléaire (**S.F.E.N.**), le groupe santé a réalisé en 1987 une plaquette d'une vingtaine de pages, **"Energie et Santé"**, signée par des universitaires montpelliérains. Ce document a été tiré à 80 000 exemplaires et a bénéficié de la diffusion lors de plusieurs manifestations médicales importantes notamment pendant quatre années à Euromédecine, à Montpellier.

Toujours à l'occasion d'Euromédecine à Montpellier et pendant quatre années consécutives, une exposition et des conférences ont pu être proposées à de nombreux médecins mais aussi lors de manifestations réservées aux grand public.

Une vidéocassette de 20 minutes **"L'homme face au Rayonnement Nucléaire"** (7) a été réalisée à des fins pédagogiques. Elle est largement diffusée à l'occasion de conférences, de manifestations médicales (elle est aussi proposée au milieu enseignant). Une large publicité de ce document est faite et les médecins qui le souhaitent, peuvent se la procurer. Ce document existe aussi en version anglaise, russe, espagnole et probablement bulgare. Cette bande vidéo a été le support d'une émission spécialisée destinée, sur une chaîne cryptée, aux professions de santé.

En 1991, une nouvelle plaquette **"Environnement Energie Santé"**, (8) de vingt huit pages, a été réalisée par l'équipe médicale montpelliéraine du groupe santé de la SFEN. A ce jour tirée à 30 000 exemplaires, elle a bénéficié d'une diffusion nationale. De cette plaquette ont été conçus des posters permettant encore un autre mode de diffusion de l'information sur les différents thèmes abordés. Le jury de la Société Française d'Energie Nucléaire a attribué en 1992 un prix à la plaquette "Environnement Energie Santé".

La production de films vidéo, de documents écrits, de posters est importante car on sait que ces supports sont préférés aux enseignements post-universitaires ("EPU"). Le problème reste que la réalisation de tels documents demande, au delà du travail nécessaire, un financement important et surtout que la diffusion soit assurée. L'égide de sociétés savantes proches du milieu scientifique et surtout industriel du nucléaire permet l'apport financier nécessaire à de telles actions d'envergures (inimaginables dans le cadre universitaire) mais pour les personnes hostiles au "nucléaire" l'inconvénient en est la dépendance au *"lobby du nucléaire"* car leurs membres sont justement en grande partie les scientifiques de l'industrie du nucléaire.

La caution scientifique de sociétés purement médicales, comme la Société Française de Biophysique et de Médecine Nucléaire (SFBMN), devrait éviter cet écueil. Malheureusement ses moyens matériels sont beaucoup plus limités.

4/ - La voie Politique : Par le canal des **Commissions Locales d'Informations (CLI)** (et bientôt de Surveillance (CLIS)), il est permis, là où elles existent, de diffuser de l'information, notamment sur l'activité industrielle nucléaire locale. Cette diffusion passe par la formation des relais d'information que sont les groupes de décideurs, les responsables, les enseignants mais aussi bien évidemment les professions de santé. Cette voie publique habituellement associée aux Conseils Généraux offre, comme pour le département du Gard, des moyens d'expression par les médias et la voie associative.

5/ - Les Médias : Dès lors qu'il s'agit de la diffusion d'information, le **canal des médias est inévitable et devrait être utilisé par les médecins spécialistes eux-mêmes,** à condition d'acquérir quelques notions de communication. La réalisation sur une radio locale à Montpellier (9) d'une émission bimensuelle intitulée "Environnement et Santé" permet dans ce cadre de situer la nuisance des rayonnements ionisants par rapport aux autres sources environnementales d'altération de la Santé. En effet, un des éléments importants de la communication sur le nucléaire est bien la relativisation, dans l'ensemble des nuisances à faible risque, de celle liée au "nucléaire".

IV - Les Retours d'Expériences.

Comme pour toute action de Santé Publique, et pour un meilleur rapport efficacité/coût, une **évaluation** aurait dû être associée à chaque projet de formation. Sans vouloir escamoter cet aspect important, on peut toujours se dire que partant d'un état de connaissances pratiquement nul, il est assez facile d'être efficace et que toute action laissera quelque chose!

Ce n'est que globalement, et après au moins plusieurs années, que l'effet d'information éducative peut être apprécié. Ceci d'autant plus que **rien n'est jamais acquis** car l'image négative dans ce domaine est telle qu'il suffit d'une information alarmiste par les médias pour que soit remise en doute la qualité d'un message éducatif.

Pour qu'elle paraisse productive, la formation, quel qu'en soit le support, doit donner des connaissances essentielles exposées en un minimum de temps. Il faut absolument éviter le trop de précisions ou l'excès de rigueur scientifique ; malgré un souci légitime ils ne servent qu'à décourager l'auditeur et à creuser le fossé entre le spécialiste scientifique et le médecin.

Tous les modes de diffusion des connaissances, soit par des documents, soit par des enseignements, nous ont paru intéressants dès lors qu'ils proposent une **vulgarisation de bonne qualité**.

Il faut chercher à **adapter les éléments de diffusion au public concerné**, à la circonstance dans laquelle a lieu l'information éducative. Pour exemple et sans porter de jugement de valeur, nous avons pu constater que la diffusion de documents par l'enveloppe du Bulletin de l'Ordre des Médecins, n'était pas un bon canal.

Lors du dépouillement du questionnaire de l'enquête, la motivation à l'information est très largement exprimée, plus de 90% de réponses souhaitent recevoir une information. Cette **motivation est considérablement moins grande lorsqu'il s'agit de participer concrètement** à une séance d'information éducative! A une invitation gratuite pour une journée aux "Entretiens de Lascours" sur le thème *"l'irradiation Médicale et l'Irradiation Naturelle"* sur 3 000 invitations envoyées individuellement à des médecins et des pharmaciens, le retour est de l'ordre de quelques pourcents (en tout cas moins de 5 %)! Serait-il plus rentable d'aller au devant du corps médical, chez lui, par des documents, plutôt que de l'inviter à des réunions ou des conférences pourtant plus efficaces ?

Il faut absolument **éviter le "débat d'opinion"** type: *"le nucléaire est ou n'est pas dangereux"*, *"les Pouvoirs Publics assument ou n'assument pas leurs responsabilités"* etc... La formation éducative ne doit pas devenir un débat, les dérapages sont faciles en l'absence de bases car en définitive le grand public médical n'est pas très différent dans ce domaine du grand public instruit (enseignants ou autres formations non médicales). Une prise de position ferait penser à une attache aux Pouvoirs Publics ou aux industriels du nucléaire. Toute suspicion de l'image d'indépendance serait alors un bon prétexte pour perdre toute crédibilité.

L'expérience nous a montré que l'appréciation du risque des rayonnements ionisants gagnait à être située dans le contexte des autres nuisances de l'environnement pour la santé. Dans l'esprit de beaucoup la conséquence du "nucléaire" est infinie, grave, irréversible, etc, ..., la comparaison avec l'effet d'autres nuisances mieux connues, mieux perçues, donne une référence qui résout parfois le problème d'appréciation ou d'acceptation du risque.

Un bon enseignement de formation universitaire doit faire preuve d'assez de pédagogie pour que l'enseigné cherche à atteindre le niveau de l'enseignant. Il s'agit ici d'une information éducative de vulgarisation où l'enseignant doit particulièrement se mettre au niveau de l'enseigné. Pour cela, il doit utiliser, **au delà des principes habituels de la pédagogie, les "ficelles" de la communication.**

Parce que le contexte habituel de cette information est réservé, sérieux voire triste, il nous a paru, à condition de les manipuler avec habileté, qu'un peu de **provocation et d'humour** pourraient favoriser la communication informative !

En définitive :
        - quelles qu'en aient été les raisons dans le passé, (et il en existe !), **l'image du nucléaire est négative,**
        - quelles que soient les motivations des médias à alarmer les populations en alimentant, en confortant les fantasmes liés au nucléaire, le rationnel de l'information éducative aura toujours bien du mal à effacer un **certain obscurantisme.**

En tous cas, si la communication sur le "nucléaire" est "une maladie" difficile à aborder, il est sûr qu'elle a besoin de "faits objectifs" et de connaissances scientifiques pour son traitement mais ne guérira complètement que **si l'on soigne aussi son symbole** en détruisant ses tabous!

V - Références

-*(1) "Evaluation des besoins d'information des professions de santé sur le risque nucléaire et radiologique, médical et industriel".* 5ème Congrès mondial de biologie, de médecine nucléaire et de radioprotection, Montréal, Août 1990
-*(2) Renseignements : Faculté de Médecine de Montpellier Tél: 67 54 29 63*
-*(3) "Résolutions adoptées à l'issue du Congrès International sur les "Aspects médicaux de la radioprotection en Europe"",* Congrès SFRP, Venise, 28-31 octobre 1991
-*(4) Brochure "Médecins et Risque Nucléaire"* 4ème Edition Juin 1992 Dr Gallin Martel
-*(5) Brochure "Energie-Santé"* Pr J.C. Artus, Pr Y. Robbe, Pr M. ROSSI Edition Sodel 1987 (Épuisé)
-(6) " *La Lettre du GRRINS"* Directeur de la Publication Pr J.C. Artus CRLC Val d'Aurelle - Montpellier. Tél 67 61 31 87
-(7) *"L'Homme face au Rayonnement Nucléaire"* (film vidéo) Pr J.C. Artus, Dr H. Frossard, Pr M. Rossi, réalisateur Dr C. Maurin. Diffusion Phaestos 857 av. de St Priest Montpellier 34090
-*(8) Brochure "Environnement, Energie, Santé".*Pr J.C. Artus, Dr R. Granier, Dr J. Lallemant, Pr Y. Robbe, Melle M. Robbe, Mr R. Riolfo, Diffusion SFEN 48 rue de la Fédération 75724 Paris
-*(9) Radio Maguelonne* FM 92.4 - Montpellier.

Information to the Medical Profession
The Experience in the United Kingdom

Dr William M. Ross
Past-president, Royal College of Radiologists
London, (United Kingdom)

I am grateful to the organisers of this Seminar for inviting me to explain the position in the United Kingdom relating to the knowledge of the wider medical community, that is not only physicians but also nurses, health physicists and other health professionals, about the effects of ionising radiations on humans, and their ability to communicate the implications of exposure to ionising radiations resulting from escapes of radiation from sources both within our own country and elsewhere.

From my peripheral involvement in the subject at the time in 1986 of the Chernobyl accident, really as a member of the public, I am completely in sympathy with the need for a review of, and major improvements in, the system then in force in the United Kingdom of disseminating, and perhaps more importantly interpreting, relevant information . I am not aware as to how the system available for use then in Britain differed from, or was inferior to, that in any other country of Europe, or about any subsequent changes in those other European countries. I look forward to learning much at this Seminar, making comparisons between the information from each country, and discussing mutual matters with colleagues here in Grenoble.

Before starting to go into details about the various aspects of training, I would like to comment on the background thinking given in the preliminary general information published by the organisers.

Understandably, the comparison is made with the sequelae of the Chernobyl accident in 1986, for reasons which will be apparent to all here, in particular the problems of determining the actual extent and intensity of ionising radiations, and then interpreting those data for the enlightenment of the general public.

I accept that there may be some distrust in Britain of Government sources of information, and a feeling, not always justified, that their publicity may be biassed towards playing down the significance of serious news. However, I am far from sure that non-governmental sources of information are necessarily to be preferred because they are thought to be more objective and less likely 'to have an axe to grind'. However, those media which actually publicise information can and should rely more on sources of data which are not considered to be governmental. The really important aspect is that of interpretation of the data in terms readily intelligible to the general public, in addition to, perhaps rather than, the facts themselves. It is the implications, for example for health and economy, which are seen by the public in general, and by individuals, to be important, about which questions will be asked, and which will lead to discussion and possibly recriminations if the forecasts are later seen to have been inaccurate.

It is suggested that reliance could be placed on the medical community to disseminate to the public at large the significance of any figures referring to the effects of ionising radiation. The situation in Britain, and perhaps in other countries, is complicated by the fact that many doctors and nurses lack insight and understanding about those effects, in a way in which they are really no different from the general population. In very general terms, because ionising radiations cannot be detected by the natural senses and because their deleterious effects are usually greatly delayed, many members of the medical community are ill-informed and also tend to reflect undue concern about the likely effects of small doses of radiation, while at the same time they are not well-informed about the effects of very high doses.

Within the 'medical community' a distinction must be made between doctors and nurses on the one hand and health physicists and radiation technicians on the other. Doctors, pharmacists and nurses are accustomed to talking to patients in their everyday practice. Similarly, many radiation technicians are used to frequent one-to-one contact with patients, although they are limited by their code of conduct in their interpretation of findings. Health physicists are not usually in close contact with or in the position to advise individual patients.

In an emergency having to do with ionising radiation, I would suggest that information is needed by the public in addition to individuals, and therefore that there are two problems. of which the latter, relating to individuals, is relatively easily dealt with, because doctors and many other members of the medical community are, as I have said, accustomed to speaking to individual patients, in what is often referred to as a counselling mode. However, the question of relaying information to the public is much more diffuse and therefore more difficult. Expressions of amounts of radiation use terms not readily understood by the public, or in fact by most doctors, as is the effect of a dose to a large population, such as a one year reduction of the expected length of life, or a 1% increase over 20 years in the incidence of cancer overall or in a particular organ. The possible effect of a given dose to a population may be totally irrelevant to an individual in relation to his age, state of health and personal environmental exposure.

The statement is correctly made that the medical profession has traditionally been entrusted with a high degree of moral authority in relationship to the public. While accepting that statement at its face value, I would have to say that in the UK that authority is being questioned, because it is seen in some quarters as being paternalistic or patronising, and that it must continuously be earned and kept, both by the medical profession as a whole and by individual doctors.   I am less sure that other members of the 'medical community' are under quite the same threat.

Reference is also made in the background information to the widespread experience of the use of diagnostic programmes based on ionising radiations within the medical profession, but it must be realised that all diagnostic procedures deliver a relatively small dose of radiation.   That is true, and is not to be denied by the continuing efforts to reduce the dose by good practice, and avoiding duplicate exposures, and by the fact that after natural background diagnostic radiology is the largest source of population exposure, to say nothing of the perceived health value to the individual patient.   Therefore very few early or late effects of the radiations are seen, or become obvious to either the patient or his doctor.   Similarly, the doses used in radiotherapy are intended to be 'destructive' to the tumour tissues irradiated, though of course they are restricted so far as is practicable to the tumour-containing volume, which is often very small.   Because of the life history of many patients with cancer treated by radiotherapy few late effects other than fibrosis are seen.   Cancer induction is rare, as it is also after the therapeutic use of systemic radioactive iodine.

If the above reservations and comments about the background information given to this Seminar are accepted, then certainly the issues to be investigated must include those identified in the general information for this Seminar.

So far as the training of the medical community is concerned there is certainly the possibility of improvement, as I shall show when I describe the current position in the UK.

The two subheadings relating to providing information to medical professionals, and assuring that is up-to-date, cannot, I think, be separated.   They relate to the continuing assessment of data from sources such as the Hiroshima/Nagasaki bomb victims, experience with radiotherapy patients, nuclear industry releases, Chernobyl, and the loss of radiotherapy or industrial radiology sources into unsuspecting hands.   That assessment depends on the computation of actual doses by physicists, their interpretation by radiobiologists, and their integration into population statistics by epidemiologists.   To some extent, there is still lack of agreement on the extrapolation to low doses and low doserates of the effects of higher doses and/or high doserates.   There are frequent reports in the scientific literature from workers in all of those fields, giving new information on the health of individuals, the incidence of cancer and other morbidity or mortality, and reviewing the actual doses of radiation involved.   These studies are interpreted, among other bodies, by the International Commission on

Radiation Protection, who update their assessments regularly, and, in Britain, are further debated and analysed by the National Radiological Protection Board in advice to Government departments and others.

Among doctors, it is really only the oncologists responsible for the treatments who appreciate the biological effects of their practice. And even for those doctors and their immediate colleagues the experience of clinical radiotherapy has limited relevance to the effects of the whole-body exposure, usually at low dose-rates, which would be expected from a nuclear incident. The lessons to be learnt from whole-body treatments are in particular the intensive support treatment, both medical and nursing, which is required. Only a few centres in Britain have the resources and expertise to undertake such management, and therefore they could cope with only very few 'nuclear' casualties, that is, they could cope with the small number, possibly high-dose, incident at an internal site, whether civilian or military, but are much less likely to be able (or indeed needed) in the event of an international episode.

However, if one accepts the above description of the underlying situation, it becomes obvious that it is appropriate to consider and possibly to improve the relevant training of the broad medical community, including the doctors, nurses, physicists and radiation technicians, to improve the quality of information made available to them about the biological effects and physical properties of the different types of ionising radiations. In this way it will be possible to accumulate and disseminate information about the spread and intensity of ionising radiations, and its expected and actual biological and physical decay, during and after a 'nuclear incident'. In Britain, in the immediate post-Chernobyl period, that was a major deficiency.

The objectives of training the medical community must be to ensure that they have accurate knowledge of the biological effects of ionising radiations, of the physical methods which can reduce the dose reaching the tissues, of social behaviour which may also be appropriate, eg diet, shelter or evacuation, and of biochemical protection of individuals, such as by the blocking of radio-iodine uptake in the thyroid by giving stable iodine medication.

Perhaps even more importantly, they require the insight and experience to enable them to assess and interpret reports of the day-to-day spread and intensity of radiation so as to inform others correctly. An example of a somewhat ridiculous situation, which still exists in some parts of the United Kingdom from the Chernobyl accident, is the concentration of radioactive caesium in the flesh of hill sheep, preventing them from being sold for meat for human consumption. While this may be a wise precaution for children and young adults, it cannot be necessary for old age pensioners, and continues to cause financial problems for the farmers concerned.

One can consider the ways and the extent to which these aspects are included in the training of the different categories of workers listed above.

For doctors in general, it is a requirement for entry to medical school to have a basic knowledge of physics and biology, and in some medical courses instruction is given in the core of knowledge required by the Protection of the Patient Undergoing Medical Examination or Treatment (POPUMET) Regulations, which are of course based on the EC Directive, and which relate to the physical and biological properties of radiations, their interaction with tissue and relevant radioprotection measures. All medical students spend some time in departments of diagnostic radiology, now commonly called medicl imaging, and of oncology, though their training there is largely intended to inform them of the appropriate use of those departments. For those relatively few students who undertake an intercalated medical science degree there is additional instruction in the basic sciences. For doctors who wish to specialise in radiology, nuclear medicine or radiotherapy there is of course much more intensive study of the physical and biological aspects of radiation, again with special reference to the question of radioprotection. Other doctors who are directly responsible for prescribing the administration of ionising radiations are required to be familiar with the core of knowledge referred to above under the POPUMET regulations. However it must be said that a majority of hospital doctors, and virtually all general practitioners, have little real knowledge of the effects on the body of ionising radiations. The same is true of doctors working in the area of public health, who may be of particular importance in relation to informing the public as they tend to be the medical spokespersons for the authorities. It is possible for doctors in any of the above categories to gain postgraduate training and degrees directed towards the problems of radiation.

Few nurses learn about ionising radiations in their primary training, but those who subsequently work in appropriate departments are given instruction in radioprotection, and those in highly specialised units, eg whole-body irradiation centres, do gain the necessary expertise.

I think that you will agree from that summary that few physicians or nurses in the United Kingdom are really at present in a position to advise the public in general or individual persons in depth about the after-effects of exposure to ionising radiations. However, it would be possible to give a majority sufficient knowledge to explain those effects, based on details of the particular emergency, by the publication of informative booklets of the type mentioned later.

Health physicists and radiobiologists normally go through a University degree in their general subject, and then undertake post-graduate training and experience appropriate to their chosen career. This is particularly true of those who wish to be radiation protection advisers in hospital or industry.

Radiation technicians are required to study radioprotection as part of their degree training, and many go on to further study later. Many, for example, become radiation protection supervisors in their departments or hospitals or other places of work.

Since the Chernobyl accident in 1986 movement in Government and other official circles associated with information on ionising radiations has developed in two ways.

First, there is the continuing updating of the perceived facts about the harmful biological effects of the radiations, as already mentioned above, and this has led to changes in the advice available to the public and to users of radiations. The National Radiological Protection Board has published a series of leaflets in lay language dealing with various aspects of the properties of radiations. The Health and Safety Executive has established a Working Group on Ionising Radiations, which includes representatives of industry, the trade unions, medical users of radiations, health physicists, local authorities, the armed services and the public services such as firemen and police. The Group receives reports such as that of ICRP, and is currently discussing the alterations proposed in the Euratom Directive on Basic Safety Standards for Radiation Protection, and the Euratom Directive on informing the general public about health protection measures. It advises the Department of Employment, of which the Executive is part, on measures to implement the above Directives. An important part of the PIRER regulations is the preparation of information booklets to explain beforehand to the public the likely effects of a nuclear accident. It would be very helpful for a parallel series to be prepared at a somewhat deeper level for the benefit of the wider medical community.

Second, there have been a number of initiatives to set up practical arrangements for action in the event of a nuclear accident. The Department of Health has issued Guidance on Accidents Involving Radioactivity, which is advice to doctors who may be involved in the care of patients resulting from such accidents, occurring in the UK. For obvious reasons, this advice relates primarily to the type of accident which is unlikely to involve large numbers of patients. However, it does make reference to accidents happening in other countries, or involving nuclear satellites, and the guidance does include the setting up of a Nuclear Briefing Room centrally, from where information will be relayed to Regional coordinators who are responsible for informing the public, though the identity of the actual informants is not specified.

The Department of Trade and Industry has the responsibility for coordinating emergency planning, particularly for incidents at a civil nuclear site, through a Nuclear Emergency Planning Liaison Group.

If I may conclude by returning to the matter of using the medical community to inform the public, my view, and I stress that it is my own, is that it is of course possible but that it should be based on two tiers. In each locality there should be a small group, comprising for example a health physicist, a physician familiar with radiobiology and an appropriately-trained nurse, who will prepare frequent updates of the progress of the emergency in consultation with any national or international sources of data, and be responsible for announcements to the media. The great majority of doctors and others will require to be given in advance detailed and accurate background knowledge, by the use of booklets and leaflets such as those prepared by NRPB and local nuclear site operators. They could then be in a position to explain the emergency to individual members of the public.

Information on Radiation Hazard and on Radiological Protection in Medical School in Italy

Carissimo Biagini

President of Italian Assocation of Medical Radiology (SIRM), Director, Division of Radiation Oncology and Institute of Radiology, University "La Sapienza", Rome, Italy

Material and methods

In order to describe the diffusion of information on the subject of radiation hazard and radiation protection in Medical School in Italy, an historical approach was utilized, enabling to define periods of time, characterized by different conditions. Moreover, some data are collected by concise enquiry among the Faculties of Medicine and Surgery, and Institutes of Radiology.

Results

Teaching of radiation hazard and radiation protection before 1986

The main events related to the information on radiation hazard and on radiation protection are referred in Tab. I. Fundamental information on the subject was spread by Radiologists, through official courses of Radiology, beginning from the first years of the century, with the institution of the first position of Full Professor of Radiology at the University of Rome in 1913. In the subsequent years teaching of Radiology extended to all the Medical Schools; in 1938 a law was issued, defining courses for the Degree in Medicine and Surgery, with eaching of Radiology classified as a not

Tab. I. Dates of Main Events

1913   Foundation of Italian Association of Medical Radiology (SIRM)

1913   First Chair of Radiology (University of Rome)

1936   Foundation of the First Italian Association of Radiation Biology

1938   Law defining Courses for the Degree in Medicine and Surgery (R.D. 30 novembre n. 1652. Ordinamento didattico del corso di studi per il conseguimento della laurea in Medicina e Chirurgia)

1952   Radiology as Compelling Course for Degree in Medicine (legge 3 novembre 1952 n. 1787, riguardante l'inserimento fra gli insegnamenti fondamentali delle discipline "Chimica biologica", "Microbiologia" e "Radiologia" (semestrale).

1964   Law on Radiological protection of Workers and Population (Decreto del Presidente della Repubblica N. 185 13 febbraio 1964 "Sicurezza degli impianti e protezione sanitaria dei lavoratori e delle popolazioni contro i pericoli delle radiazioni ionizzanti derivanti dall'impiego pacifico dell'energia nucleare". Suppl. G.U. n. 95 del 16 aprile 1964.

1980   Main reformation of the University (legge 22 febbraio n. 28 Delega al governo sul riordinamento della docenza e la sperimentazione organizzativa e didattica. DPR 11 luglio n.382 attuazione della legge   n.28)

1986   New law defining the settlement of Courses for the Degree in Medicine and Surgery (DPR 28 febbraio n.95. Modificazioni all'ordinamento didattico universitario relativamente al Corso di laurea in Medicina e Chirurgia con allegato la Tab.XVIII)

1991   Ministero della Sanità: "Aspetti sanitari delle emergenze nucleari" . A revised document of the Ministry of Health on medical aspects of nuclear emergency.

1992   Application of the new rules to the fifth year of the Medical School (Academic year 1992-1993)

---

obligatory course.Starting from 1952, on the basis of an act of the Parliament, Radiology was requested for the Degree in Medicine and Surgery in all the Universities.

From half of the seventy years and later, the attention of Radiologists was strongly focused on the new Imaging (Computerized Tomography, Ultra-Sounds, Nuclear Magnetic Resonance), and the Radiological Protection was probably less developed in the teaching programs. Without any doubt, since the number of teaching hours remained unchanged, a more restricted time became available for give information on radiation hazard and on radiological protection.

The Chernobyl Accident

In the year 1986 the accident of Chernobyl showed the occurence of an atomic disaster other than any technical imagination. In our country, general information on risks of radiation damage on the population appeared handled by the mass media, following the dominant control of the political parties; medical authorities, scientifc agencies and personalities on the specific field of radiation biology had very few occasions of intervention; voices referring on a calm reflexion were quickly tacitate.

As everybody knows, an emotional approach on the nuclear matter, supported by political authorities, was followed in a short time by a popular referendum with the request of complete abolition of any nuclear activity in the national territory.

On the occasion, Medical Doctors demonstrated to be not able to correct distorted information on radiation risks, spread out by mass media. Apart from political implications, the preparation of the Physicians in the field of nuclear hazard and radiation protection appeared not adequate.

Subsequently, the Ministry of Health provided to bring up to date a document on the "Health aspects of the nuclear emergencies", and to translate a booklet of the IAEA on what the general practitioner (MD) should know about medical handling of overexposed individuals.

Teaching of radiation hazard and on radiation protection until the academic year 1992-93

A concise enquiry was performed in the present study, asking to the Professors of Radiology the average number of hours devoted during the course of Radiology to information on radiation hazard and radiation protection (Tab. II-IV).Further information was given by Professors of Nuclear Medicine and of Radiotherapy. The investigation showed that the major part of the students in the Italian Medical School has the opportunity of receive an average information time of 3.3 hours, during the course of Radiology, with same further support by practical work. A restricted number of students followed free courses on Radiobiology, Radiotherapy, Nuclear Medicine, and in some Universities Health Physics and Radiological Protection, with hours of information on the field varying from 3 to 250 hours.

As by law enacting, all the students are compelled to follow Radiology courses, the remaining courses being not obligatory.

Teaching of radiation hazard and on radiation protection from the academic year 1992-93

From 1986 a new law of reformation of the Universities dictates further rules and regulations in the Medical School. The renewal implies the

Tab.II. Information on Radiation Hazard and Radiation Protection. Average number of hours devoted to the subject during the course of Radiology **(theorical)** until the academic year 1992-1993. Degree in Medicine and Surgery.

Ancona	10	Bari	6	Bologna	4	Bresciaa	3
Catania	4	Chieti	4	Ferrara	5	Firenze	3-2
Genova	1	Milano	4	Modena	5	Napoli I	4-6
Napoli II	3	Padova	5-5	Parma	1-1	Pavia	3
Perugia	2	Pisa	1	Roma I	1-1-0-1-2-1	Roma II	1
Roma CU	0	Sassari	4	Torino	3	Udine	5
Verona	1						

Rome I = University "La Sapienza" - Roma II = University "Tor Vergata" - Rome CU= Catholic University . (Two or more figures are referred for separate courses).

Tab.III. Information on Radiation Hazard and Radiation Protection. Average number of hours devoted to the subject during the course of Radiology **(practical works)** until the academic year 1992-1993. Degree in Medicine and Surgery.

Ancona	4	Firenze	1	Genova	1	Messina	4
Milano	1	Napoli I	3-5	Napoli II	8	Pavia	8
Perugia	2	Pisa	1	Roma I	0-1-1-2-0-0	Roma II	1
Roma CU	4	Sassari	4	Torino	2	Udine	5
Verona	1						

Rome I = University "La Sapienza" - Roma II = University "Tor Vergata" - Rome CU= Catholic University . (Two or more figures are referred for separate courses).

Tab.IV.Information on Radiation Hazard and Radiation Protection. Average number of hours devoted to the subject during the course of General and Odonto-stomatologic Radiology until the academic year 1992-1993. Degree in Odontoiatrics and Odontostomatology.

Bologna	3	Firenze	4	Milano	6	Modena	5
Napoli II	4	Palermo	2	Parma	5	Pavia	3
Roma I	2	Trieste	1	Verona	2		

rejoining of different courses in defined Areas (Tab.V). The methods of instruction in premedical and preclinical subjects consist of lectures, tutorials and laboratory sessions. The Area of the first triennal cycle, number 4, "Area of integrated biological functions" (Number of hours : 350) includes Health Physics, a course activated in few Universities (Tab.VI). During this course the students are instructed on many aspects of the Health Physics; among them information on radiation hazard and on radiation protection represents a limited engagement. Further, knowledge on the employment of ionizing radiation in Diagnostics, in Radiation Therapy, and in Nuclear Medicine is of very small extent for the students of the first triennal cycle .

In the second triennal cycle, teaching in clinical rotations consists of lectures, tutorials, clinical case presentations and bedside teaching. The new rules implie the aggregation of the teaching courses of radiological sciences in the area number 16, "Area of diagnostic imaging and radiotherapy " (Number of hours: 100). An Integrated Course is requested on Diagnostic Imaging. Course titles are: Diagnostic Imaging (integrated course), Radiology, Radiobiology, Radiotherapy, Nuclear Medicine, and Clinical Radiologic Anatomy (Tab. V).

Radiation hazard and protection can be teached during the course of Radiology and during the courses of Radiobiology, Radiotherapy, and Nuclear Medicine. Radiology is activated in all the Medical Schools, following the character of requested course for the Degree in Medicine and Surgery and for the Degree in Odontoiatrics and Odontostomatology. Radiobiology is activated only in some Universities, with teachers recruited exclusively among Associated Professors. Radiotherapy and Nuclear Medicine are activated in more than half of the Faculties (Tab.VI).

In the area number 18, "Area of public medicine and health" (Number of hours : 250), among Integrated Courses is included Hygiene and Public Health, a teaching course activated in all the Medical School. Students can be informed on radiation hazard and radiation protection during this course.

The application of the new rules, for the fifth year of the Medical School, is beginning from the Academic Year 1992-1993.

The methods of evaluation for first and second triennal cycles consist of a single examination per Area. For the area number 16, "Area of diagnostic imaging and radiotherapy " the major part of 100 teaching hours are devoted to Diagnostic Imaging, including Radiology. For Radiotherapy, Nuclear Medicine, and Clinical Radiologic Anatomy, a limited amount of hours are available, clearly devoted to the institutional information; reduced times are presumably dedicated to radiation hazard and radiation protection.

Radiobiology, the most reliable course for this topics, suffered until now a real academic under-development. A reliable ascertainment of information on radiation hazard and radiation protection in the present conditions appears quite questionable.

Tab. V. Official Courses related to Information on Radiation Hazard and Radiation Protection according to New Law defining the settlement of Courses for the Degree in Medicine and Surgery.
(DPR 28 febbraio 1986 n.95. Modificazioni all'ordinamento didattico universitario relativamente al Corso di laurea in medicina e Chirurgia con allegato la Tab.XVIII).
Main Directions for Degree in Medicine and Surgery: minimum 5500 hours of didactical-formative activity (theoric and practical-theoric, including leaded practice, seminars, and tutorial activity). Two triennal cycles, 12 semesters, 6 years.18 Areas.

Areas of the first triennal cycle
4. Area of integrated biological functions   (Number of hours : 350)
    Integrated Courses
        physiology
        biophysics and biomedical technologies
    Course titles
        physiology (integrated course)
           human physiology

        ....
        biophysics and biomedical technologies (integrated course)
           biophysics
           medical informatics
           biomedical instrumentation
           biomedical technologies
           health physics
Areas of the second triennal cycle
16. Area of diagnostic imaging and radiotherapy   (Number of hours : 100)
    Integrated Courses
        diagnostic imaging
    Course titles
        diagnostic imaging (integrated course)
        radiology
        radiobiology
        radiotherapy
        nuclear medicine
        clnical radiologic anatomy
18. Area of public medicne and health   (Number of hours : 250)
    Integrated Courses
        hygiene and public health

    ....
    Course titles
        hygiene and public health (integrated course)
        hygiene

Tab.VI. Activation of Official Courses other than Radiology with Information on Radiation Protection in Medical Schools (first and second triennal cycle)

| Universities | Course titles | | | | |
	health physics	radio biology	radio-protection	radio-therapy	nuclear medicine
Ancona	--	+	+	--	--
Bari	--	+	+	--	+
Bologna	+	+	--	+	+
Brescia	--	--	--	+	+
Cagliari	--	--	--	+	+
Catania	+	--	+	--	+
Chieti	+	--	--	+	--
Ferrara	--	+	--	--	+
Firenze	+	+	--	+	--
Genova	--	+	+	--	+
L'Aquila	--	--	--	--	+
Messina	--	+	--	--	+
Milano	--	+	+	+	+
Modena	--	--	--	--	+
Napoli I	--	--	--	+	+
Napoli II	--	+	+	+	+
Padova	--	+	+	+	+
Palermo	--	--	--	--	+
Parma	--	+	--	--	--
Pavia	--	+	--	+	+
Perugia	--	--	--	+	+
Pisa	+	--	--	+	+
Roma I	+	+	--	+	+
Roma II	--	--	--	+	--
Roma CU	+	--	--	+	+
Sassari	+	--	--	--	+
Siena	--	--	--	+	+
Torino	--	+	--	+	+
Trieste	--	--	--	--	+
Varese	--	--	+	--	--
Verona	--	--	--	+	+

Rome I = University "La Sapienza" - Roma II = University "Tor Vergata" - Rome CU = Catholic University

Discussion

It is largely recognized the necessity of providing training and support for doctors engaged in post-disaster work, especially with regard to the psychosocial consequences for patients, relatives, and the medical team as a group and as individuals (Fain and Schreier, 1989, Ricks et al., 1991). We take note of the fact that luckily the risk of nuclear war is diminished, and we consider a privilege to assist at the present days to the reduction of the nuclear armaments in the most parts of the world. Nevertheless, owing to the strong concentration of nuclear plants in Europe the probability of civil nuclear disaster is not negligible.

The information on radiation effects in case of civil nuclear accidents is not basically different from that on the consequences of a nuclear war. In an international survey of medical school programmes on nuclear war (McCally et al., 1985), in which a total of 1130 medical schools in thirty-one countries were surveyed, 83 or 49 per cent of the 168 schools that responded indicated that they offered an activity on medical aspects of nuclear war. Recalling the objectives of medical courses on nuclear war, the authors believe that " a typical course consists of eight to twelve weekly sessions from 60 to 90 minutes each".

Results of the concise enquiry performed in our study show that until the academic year 1992-93 the major part of the students in the Italian Medical School had the opportunity of receive an average information time of 3.3 hours, during the course of Radiology, enclosed in the second triennal cycle. A restricted number of students followed free courses on Health Physics, Radiobiology, Radiotherapy, Nuclear Medicine, and in some Universities Radiological Protection, with hours of information on the field varying from 3 to 250 hours.

Until now, information on radiation hazard and on radiation protection was spread on different courses without any co-ordination, either in the single Medical School or in a national organism. The new law, defining the settlement of courses for the degree in Medicine and Surgery, provides a better co-ordination of the teaching courses included in the Area N. 16 (Area of diagnostic imaging and radiotherapy); in the absence of further measures of the Ministry of the University, we don't believe that actual conditions are suitable for an adequate development of information in the field, at least for three reasons: firstly, the activation of the single teaching courses is devoted to the single Faculties, which could completely exclude the introduction of Radiobiology; secondly, the number of hours allotted to the Area N.16 (100 hours) is too scanty for implementing the teaching of radiation protection; thirdly, the academic development of the Radiobiology is not adequate, lacking completely any position of Full Professor.

As a consequence, the need of improving the diffusion of knowledge in the field of Radiation Hazard and Radiation Protection appears as an important goal of our Medical School. It is reasonable to expect that OECD and European Community take the initiative of an official Act, with the aim of emphasizing the importance of the information to the doctors on radiation protection as a problem of public interest.

In an Editorial on the Classification of Diseases and Education (Knox, 1988), it was observed that "Information systems and health statistics deal with data which have been ordered and have a name so that they can be counted. What has no name cannot be counted and consequently has no impact. What has an incorrect or incomplete name leads when counted to irrelevant data prohibiting practical use or ever a sensible interpretation".

Taking into account of the due differences among the different problems, analogous considerations could be expressed on the meaning of the title of specific courses for Radiation Hazard and Radiological Protection. In our opinion the course of Radiobiology or Medical Radiobiology in the Italian Medical School includes basic programs adequate for development and for continuous education in the field of the Radiation Protection. A proposal is advanced of implementing the Teaching of Radiobiology during the second triennal cycle, changing the name of the course in "Radiobiology and Radiological Protection". The new law defining the settlement of Courses for the Degree in Medicine and Surgery, the application of which is now in progress, appears as a suitable instrument to improve education in the field. An adequate number of positions of Full Professor in Radiobiology would be provided by the Ministry of the University, in order to obtain optimal results.

Conclusive remarks

1. Fundamental information on radiation hazard and on radiation protection was spread by Radiologists, through official Courses of Radiology, at beginning from 1913. Starting from 1952 Teaching of Radiology was present in every School of Medicine, as by law enacted.

2. In the year 1986 the accident of Chernobyl showed that Physicians were not able to correct distorted data on radiation risks, spread out by mass media.

3. From half of the seventy and later, the attention of Radiologists was focused on the New Imaging (US, CT, NMR), and the Radiological Protection was probably less developed in the teaching programs.

4. From 1986 a Law of Reformation of the Universities implies the rejoining of different courses in defined Areas. The first triennal cycle includes Health Physics, a course activated in few Universities. Among the

areas of the second triennal cycle is included the N.16, "Area of diagnostic imaging and radiotherapy"; radiation hazard and radiation protection can be teached in the Course of Radiology and in the Course of Radiobiology; the first activated in all the Medical Schools, the last only in a part of these.

5. The need of improving the diffusion of knowledge in the field is stressed.

6. An official Act of the OECD and of European Community is expected, with the aim of emphasizing the importance of the information of doctors on Radiation Protection as a problem of public interest.

7. On the basis of the sentence "If it hasn't got a name, it doesn't exist", a proposal is advanced of implementing the Teaching of Radiobiology in the second triennal cycle, changing the name of the course in "Radiobiology and Radiological Protection".

Summary

The state of teaching Radiation Protection in Medical School in Italy was considered. An historical approach was utilized, in order to define periods of time characterized by different conditions. Some data are collected by a concise enquiry on the information given during the course of Radiology in the second triennal cycle, and on some other teaching courses including information on radiation effects.

The conclusion is that teaching times are exceedingly reduced, and the need of improving the diffusion of knowledge in the field is stressed. An official Act of the OECD and of European Community is expected, with the aim of emphasizing the importance of the information of doctors on Radiation Protection as a problem of public interest. A proposal is advanced of implementing the Teaching of Radiobiology in the second triennal cycle, changing the name of the course in "Radiobiology and Radiological Protection".

References

Babbini M., C.M. Caldarera, P.Carinci, "Il nuovo ordinamento didattico del corso di laurea in Medicina e Chirurgia". CLUEB, Bologna, 1988.
Biagini C., Some notes for a Radiation Protection history, in "Medical Aspects of Radiation Protection in Europe", A.I.R.M. Tenth National Congress, E.Strambi (Editor), Venice, October 28-31, 1991 (in press).
Decreto del Presidente della Repubblica 28 febbraio 1986 n° 95. Modificazioni all'ordinamento didattico universitario relativamente al Corso

di laurea in   Medicina e Chirurgia con allegato la tab. XVIII. (G.U. n.83 del 10.4.1986).

ENEA-DISP: "Manuale di intrevento su individui sovraesposti alle radiazioni ionizzanti ad uso dei medici generici". Translation of the document IAEA-TECDOC-366 (1986)"What the general practitioner (MD) should know about Medical Handling of Overexposed Individuals".

Knox J.D.E., "If it hasn't got a name, it doesn't exist": international classifications, primary care and education (Editorial). *Medical Education* , 22: 373-374, 1988.

Fain R.M., R.A. Schreier, Disaster, stress and the doctor. *Medical Education,*   23: 91-96, 1989.

Lamberts H., M. Woods (Editors), "International Classification of Primary Care". Oxford   University Press, Oxford, 1988.

McCally M., Z.Dienstbier, A.Jansen, J.Juvonen, P.Nicolopoulou-Stamati, R.Rappaport,   An   international   survey   of   medical   school programmes on nuclear war. *Medical Education* , 19: 364-367, 1985.

Ministero della Sanità: "Aspetti sanitari delle emergenze nucleari" (1991).

Ricks R.C., Berger M.E., O'Hara F.M. (Eds), "The medical basis for radiation-accident preparedness III. The psychological perspective". Elsevier, New York, 1991.

Acknowledgements

I am grateful to the Components of the College of the University Professors of Radiology, to Prof. Alberto Del Guerra, University of Ferrara, and to other Collegues for providing the data.

Training and Information of the Medical Profession
Experience in Germany

W. Löster

GSF-Forschungszentrum, Neuherberg, Germany

1960 the first course on the effects of ionising radiation for physicians was started, in that time initated by the high level of radioactivity in the environment arising from the atomic bomb tests. The first German regulation on radiation protection in 1960 brought the claim for information courses for physicians using ionising radiation in diagnosis or therapy. In Neuherberg about 35,000 physicians took part in such courses, an estimated 300,000 in Germany. These are impressive numbers. But what remains after the end of the course, after the examination? Can they transmitt the information to the public? To explain this, one has to go into the details of education and training of the different groups of medical profession.

I) Education and Training

1. Physicians:

a) All the students of medicine had during their study to pass the radiological course, a two hours per week lecture over one semester on fundamentals of physical and biological interaction of radiation and the effects on human beings. The course is run at a time the students had no practical experience.

b) Physicians working in responsible function with ionising radiation, e.g. in X-ray diagnosis, nuclear medicine or radiation therapy, have to get through a practical training up to 36 month and two courses, a basic and a special one, duration usually 24 hours each. In these courses the knowledge, the competence and the legal framework has to been learned, practical exercises included. Besides the specific radiation protection rules for the different medical fields, the way of action and the minimising of damage in the case of an accident or a disaster are discussed. The effectiveness of these courses depends very strong on the time at which these courses are passed: only with enough practical background the courses will be successfull with regard to lasting knowledge.

c) Physicians, supervising the health of radiation workers ("Ermächtigte Ärzte"): This group of physicians, usually specialists in occupational health medicine, learn in a 48 hours course the methods for identification of radiation induced symptoms, methods of reconstruction the dose and first aid in the case of a radiation accident and get a view on the typical workshop places. They are a well informed group by their daily practise and a lot of them have joined together in the German Association of Radiation Protection Physicians, which every year has a conference on an actual theme. There are made efforts to set up refresher courses after 5 years.

d) Physicians integrated in Regional Radiation Protection Centres: The Electrical Industry Insurance Institution, a member of the German Workmen's Compensation Board (BG), has founded since 1980 11 Regional Radiation Protection Centres. In these centres physicians, medical physicists and technicians are available for help in case of a radiation accident. They get through a special training during a yearly 3 day seminar. Usual the centres are established in hospitals or research institutes with the necessary technical equipment.

2. Medical Physicists:

a) During their specialized study they have lectures on biophysics, biokinetics of radioactive substances, dose calculation, optimisation of eposure to patients and personell, organisation of radiation protection etc.

b) Additional, if they get responsibility in radiation protection, they have to absolve similar courses as the physicians (duration 72 hours).

c) Their duty in the Regional Radiation Protection Centres is essentially to make first dose assessment and to survey the metrology and the technical equipment.

3. Other Groups:

Another group in close contact to the patients and so in close contact to the public are the Radiological Technicians. They get their "Fachkunde" (license in radiation protection responsibility) during their study. But their responsibility is limited to a small field. Similar is to say for the Ambulance Men (Red Cross etc.). Efforts are made to improve the on-the-job training of these groups. One times a year there is a course "training the trainers".

II) The Role of These Groups in the Information of the Public

The Chernobyl accident has shown that people informed on the effects of radiation had a non-emotional, reliable approach to the enhanced radioactivity, and, with exception of only a few, tried to express this. To this group belonged the medical physicists and those physicians, who had practise in radiation application (1b or higher). But what they needed were impressive, clear structurated informations. As an example nearly 600 persons, 150 physicians among them, took part in two information afternoons in May 1986 at GSF.

The problem in public information became the new, self-nominated "experts" out of all professions. From the medical one a large number of physicians with close contacts to their young and active patients intensified the fear of the unknown matter. To these groups (the family doctors, the gynaecologists, the paediatritions, etc.) the knowledge on radiation effects and on radiation risk in comparisition to other risks of normal life have to be transmitted.

III) Conclusions

1. There is a need for information material with high scientific background (but without scientific explanations) in an appealing presentation.
2. The style of this information material could be brochures and/or posters and/or video-clips.
3. As a lot of people often is disbelieving governmental instructions an international produced information set will be very helpful, but it should be in national language.

Adaptation de l'Enseignement dans le Domaine de la Radioprotection
Situation et Orientations en Belgique.

A.Wambersie[1] et P. Smeesters[2]

1   Université Catholique de Louvain, Cliniques Universitaires St-Luc, 1200-Bruxelles, Belgique

2   Ministère de la Santé Publique et de l'Environnement, Service de Protection contre les Radiations ionisantes, 1010-Bruxelles, Belgique

Introduction

La directive EURATOM 84/466, fixant les mesures fondamentales relatives à la protection radiologique des personnes soumises à des examens et traitements médicaux, est entrée en vigueur le 1er janvier 1986 et a été publiée au Moniteur belge du 8 avril 1987. Selon cette directive, les Etats membres doivent prendre toutes les mesures utiles "en vue d'assurer que toute utilisation de rayonnements ionisants dans un acte médical soit faite sous la responsabilité de médecins, de praticiens de l'art dentaire ou d'autres praticiens habilités à effectuer un tel acte médical conformément à la législation nationale et ayant acquis au cours de leur formation une compétence en radioprotection ainsi qu'une formation adéquate et appropriée aux techniques appliquées en radiodiagnostic médical et dentaire, en radiothérapie ou en médecine nucléaire".

Le contenu de cette directive et la nature des obligations qui en résultent ont été portés à la connaissance de toutes les personnes concernées, notamment les recteurs des universités. S'il est admis que chaque université reste responsable de l'organisation de son enseignement, il est néanmoins justifié de préciser les matières qui doivent être enseignées (leur nature, leur volume et le niveau de connaissances exigé) afin d'assurer une certaine uniformité entre les enseignements des différentes universités.

C'est pourquoi, concrètement, des propositions ont été élaborées par un groupe de travail interuniversitaire dans le cadre du Jury médical de la Commission spéciale en matière de radiations ionisantes. Ce jury a été institué par l'arrêté royal du 28 février 1963 portant règlement général de la protection de la population et des travailleurs contre le danger des radiations ionisantes, modifié par les arrêtés royaux du 23 décembre 1970 et du 24 mai 1977.

Le Jury médical de la Commission spéciale est d'avis que la Belgique doit d'urgence compléter son dispositif d'enseignement, en vue de garantir une compétence réelle en radioprotection, chez tous les praticiens concernés. En effet, la plus grande partie de l'irradiation artificielle de la population provient des actes médicaux et une meilleure formation des praticiens pourrait entraîner une diminution substantielle des doses collectives.

Par ailleurs, les médecins, selon leur spécialité et les responsabilités qu'ils assument, doivent pouvoir répondre - au moins partiellement et sans sortir du champ de leur compétence - au besoin d'information justifié de la population sur les risques d'une exposition aux rayonnements ionisants et, le cas échéant, en cas d'accident, participer aux mesures collectives de protection et de prévention, et si nécessaire intervenir sur le plan thérapeutique.

1. Enseignement de la Radioprotection au cours des Etudes de Médecine.

Même si tous les médecins n'exécutent pas personnellement des actes médicaux exposant aux radiations ionisantes, ils devraient tous bénéficier d'un enseignement minimum en matière de radioprotection. En effet, :

- tout médecin est amené à prescrire à ses patients des examens spécialisés. Il doit pouvoir en peser judicieusement les indications ;

- tout médecin peut être confronté à des plaintes en rapport avec un risque d'exposition professionelle aux rayonnements ionisants (ou non-ionisants);

- en cas d'accident nucléaire (même si la probabilité d'un accident majeur en Belgique et dans les pays voisins est faible), le médecin doit pouvoir informer et répondre à l'angoisse de la population (l'expérience de Tchernobyl a été très instructive à ce point de vue).

Le Jury médical estime que l'enseignement de la radioprotection pour l'ensemble des étudiants en médecine devrait comporter au moins 7,5 heures. Le cours devrait se situer, de préférence, en doctorat; il pourrait être intégré à un autre enseignement (p.ex. hygiène ou radiologie). Une proposition de syllabus est reprise dans l'annexe 1.

Il y a lieu d'insister sur le fait qu'une formation aussi réduite ne peut avoir l'ambition de rendre le généraliste compétent dans un domaine aussi complexe et controversé que celui de la radioprotection. Elle doit plutôt viser à donner au corps médical un fonds de connaissances lui permettant de comprendre le langage utilisé, d'apprécier à sa juste valeur les risques liés à l'exposition aux radiations ionisantes et de connaître quelques notions élémentaires sur les mesures d'urgence en cas de contamination ou d'irradiation accidentelle. Mais surtout, elle doit contribuer, dans une optique réellement universitaire (en latin classique : universus signifie totalité), à porter un regard global, pluridisciplinaire et critique sur les matières enseignées.

2. Les Médecins-Hygiénistes et Médecins du Travail

Tous les médecins qui portent une responsabilité dans le domaine de la santé publique devraient posséder une connaissance de base suffisante en matière de radioprotection de manière à pouvoir reconnaître les risques d'exposition aux rayonnements ionisants (et non-ionisants) dans les situations de la vie courante et dans les situations de travail.

Un enseignement de 15 heures devrait pouvoir leur donner les éléments de radioprotection nécessaires pour :

- évaluer à leur juste valeur les problèmes de radioprotection posés dans une entreprise ;

- dialoguer valablement, d'une part, avec les médecins experts en radioprotection et, d'autre part, avec les responsables du contrôle physique;

- pouvoir répondre aux questions (et appréhensions) des membres du personnel de l'entreprise et du public;

- connaître la législation en matière de radioprotection;

- avoir des connaissances suffisantes en radioprotection dans les conditions normales et accidentelles, afin de pouvoir prendre, si nécessaire, les mesures d'urgence appropriées.

Un tel enseignement existe actuellement en Belgique, dans les différentes universités, pour les médecins-hygiénistes et dans le cadre de la licence en médecine du travail.

3. Enseignement de la Radioprotection en Radiologie

Un accord général sur la nécessité d'un enseignement structuré pour les médecins utilisant les rayons X à titre diagnostique est acquis. Un tel enseignement répondrait aux exigences de la directive EURATOM du 3 septembre 1984, fixant les mesures fondamentales relatives à la protection radiologique des personnes soumises à des examens et traitements médicaux (art. 2). Pour répondre à cette directive, tous les médecins utilisant des appareils à rayons X à titre diagnostique devraient faire la preuve de leurs compétences permettant d'appliquer ces techniques avec toutes les garanties de sécurité tant pour les malades que pour eux-mêmes et leur personnel. Différentes catégories de médecins sont concernées :

-a) les radiologues;

-b) les autres médecins-spécialistes utilisant les rayons X au cours d'actes techniques "connexes" (p. ex. rhumatologues, gastro-entérologues, ...);

-c) les médecins-généralistes qui peuvent actuellement, selon la réglementation belge, effectuer des radioscopies ainsi que des radiographies (ces dernières sont limitées aux extrémités);

-d) les médecins du travail qui peuvent réaliser des examens radiographiques des organes thoraciques, à condition de posséder une agréation délivrée par le Ministère de la Santé publique en vertu de l'arrêté ministériel du 22 juin 1948, relatif à l'agréation des services radiologiques et des médecins radiologues. Rappelons que les candidats doivent justifier de leur compétence devant une Commission de Radiologues dépendant de l'Administration de la Médecine sociale;

-e) les médecins scolaires.

L'enseignement de la radioprotection, pour TOUS les utilisateurs de rayons X en diagnostic, devrait comprendre 45 heures de théorie et 30 heures de pratique. Une proposition de syllabus est reprise dans l'annexe 2 . Un contrôle de connaissances devrait être effectué avant la délivrance du certificat de compétence.

Il paraît logique que les mêmes règles et les mêmes exigences s'appliquent à toutes les spécialités utilisant le radiodiagnostic (à titre de "technique connexe").

Il faut insister sur le fait que l'enseignement et le contrôle des connaissances dont il est question ci dessus ne portent que sur l'aspect "radioprotection" et ne concernent pas les autres aspects de la radiologie comme le choix des techniques, l'interprétation des clichés ou le contrôle de qualité lesquels relèvent de la formation générale en imagerie médicale.

4. La Médecine dentaire

Tous les praticiens de l'art dentaire utilisent des appareils de radiographie dans leur pratique courante. Il est donc logique d'incorporer un cours de radioprotection dans le curriculum normal de l'Ecole de Médecine dentaire.

Un volume horaire de 15 heures de théorie et de 10 heures de pratique est proposé (soit 1/3 du volume horaire des radiologues). Il se justifie par le nombre de personnes subissant des examens radiologiques dentaires, la répétition de ces examens et la population relativement jeune qui est souvent concernée.

5. La Médecine Nucléaire et la Radiothérapie-Oncologie

Ces deux spécialités sont logiquement celles pour lesquelles les exigences ministérielles sont les plus poussées. Elles se pratiquent, en effet, dans des établissements dits de "classe II" où les risques d'exposition sont assez importants.

Une large formation en radioprotection est actuellement assurée en Belgique au cours du curriculum normal (5 ans de spécialisation).

L'enseignement obligatoire porte sur des éléments de radiophysique, les méthodes de détection des rayonnements/dosimétrie, des bases solides de radiobiologie, la radioprotection proprement dite et la réglementation.

Le volume horaire total proposé est de 200 heures (120 théoriques et 80 pratiques). L'enseignement est assuré dans les différentes universités. Pour la radiothérapie-oncologie, la partie clinique de l'enseignement est organisée à l'échelle nationale en collaboration entre les universités.

Pour les médecins et pharmaciens biologistes (ou assimilés) utilisant des isotopes radioactifs à des fins de diagnostic "in vitro" et les radiopharmaciens (mise au point de préparations de substances radioactives à usage médical), un enseignement comprenant le même volume horaire global (200 heures) que pour la médecine nucléaire est proposé. Le choix des matières enseignées varie en fonction de l'orientation. Ces exigences relativement lourdes se justifient par la difficulté pratique de maintenir la distinction entre les laboratoires de classe II et III..

6. Les Médecins du Travail Spécialisés en Radioprotection

Il s'agit de médecins possédant la licence en médecine du travail et souhaitant obtenir l'agréation pour pouvoir effectuer la surveillance radiologique des travailleurs professionnellement exposés aux rayonnements ionisants (art.75 de l'arrêté royal du 28 février 1963).

Pour la surveillance médicale dans des établissements de classe II, un programme d'enseignement de 200 heures est exigé (même volume horaire que pour la médecine nucléaire)..

Pour la surveillance des établissements de classe I, une formation de haut niveau est exigée. Elle correspond à une licence spéciale (c.à.d. 300 heures d'enseignement, un stage dans un établissement de classe I, ainsi qu'un mémoire de niveau licence avec défense publique).

Conclusion

1. Un premier point qui semble faire l'unanimité est la nécessité de donner à l'ensemble des médecins un enseignement minimum en radioprotection. Un effort reste certainement à faire dans ce domaine en Belgique pour garantir cette formation minimale et pour son uniformisation d'une université à l'autre.

L'expérience de Tchernobyl a montré que le médecin choisi librement par le patient et en qui il met sa confiance restera son conseiller privilégié, même si, dans des scénarios extrêmes (heureusement peu probables) et dans des situations dont la complexité dépasse largement sa compétence, le meilleur conseil qu'il puisse donner sera souvent "suivez les instructions données à la radio ou à la TV" (p.ex. : confinement à la maison, prise de capsules d'iode, évacuation, ...).

Dans la pratique courante, le médecin reste celui qui - directement ou indirectement - posera les indications d'examens radiologiques, lesquels sont une source non négligeables d'irradiation de la population.

2. La situation en radiologie médicale est en train d'évoluer en Belgique comme dans les autres pays de la CEE. Traditionnellement peu encline à prendre en compte les problèmes de radioprotection, apparemment secondaires comparés aux urgences médicales et à la charge d'examens auxquels les radiologues doivent faire face quotidiennement, la communauté radiologique belge vient de publier un important rapport (rédigé par le comité CESAR - Comité d'Etudes Sur l'Avenir de la Radiologie-1991) dans lequel elle insiste sur l'importance du contrôle de qualité en radiologie.

Dans le cadre de ce rapport, le contrôle de qualité, la radioprotection du patient et la formation du radiologue en radioprotection occupent une place importante. La nécessité d'un enseignement universitaire en radiophysique, radiobiologie, protection du patient et du personnel est spécifiquement mentionnée.

Le contrôle de qualité et la réduction de la dose aux patients sont un des objectifs prioritaires du programme de radioprotection de la CCE (DG XII). En termes simples, le "défi" lancé est la réduction de moitié de la dose collective aux patients radiographiés. On mesure aisément l'impact et l'importance de ce défi.

3. Comme l'on pouvait s'y attendre, la radiothérapie-oncologie et la médecine nucléaire sont les spécialités dans lesquelles la radioprotection est la mieux enseignée et la mieux prise en compte.

L'autorisation de pratiquer ces spécialités n'est d'ailleurs délivrée qu'aux spécialistes ayant fait la preuve d'une compétence suffisante en radioprotection.

On pourrait peut-être souhaiter que cette compétence (reconnue) soit plus largement utilisée lors de débats concernant les applications des radiations ionisantes, du nucléaire en général et à l'occasion d'accidents (ou incidents) nucléaires. Il existe réellement un réseau d'experts qui, même s'il ne disposent pas en permanence de toutes les informations concernant le nucléaire et ses incidents, jouissent d'un contact priviliégié avec le corps médical et, à travers lui, la population dans son ensemble.

4. Enfin, les médecins-experts en radioprotection et spécialement les experts de classe I constituent les "professionnels" spécialisés du plus haut niveau dans le domaine des radiations et du nucléaire en général. Il serait souhaitable, malgré leur travail toujours très spécifique et très orienté, qu'ils maintiennent et améliorent le dialogue et les contacts avec les autres spécialités médicales et avec le public en général.

Dans cette optique, il nous semble que l'Université, malgré ses difficultés actuelles, reste un terrain de dialogue priviligié, ouvert et pluraliste pour stimuler les débats entre les experts nucléaires de haut niveau, le corps médical dans son ensemble, différents groupes scientifiques y compris les sciences humaines, les responsables politiques et finalement le public.

Annexe 1

Projet de syllabus:

Introduction à la Radioprotection pour les Etudiants en Doctorat en Médecine (7.5 heures minimum)

Grandeurs et unités. Exposition aux rayonnements ionisants d'origine naturelle et artificielle.

Risques liés aux expositions aux faibles doses de rayonnements ionisants:
extrapolation aux faibles doses des effets observés à partir des données biologiques et épidémiologiques.
Radiocancérogénèse, effets génétiques, effets non-stochastiques. Irradiation de la femme enceinte.

Directives en matière de radioprotection:
justification, optimisation (ALARA), limites de doses, détermination quantitative du risque, évaluation subjective du risque.

Mesures pratiques de prévention:
protection contre l'irradiation externe et interne, mesures préventives, attitude en cas d'irradiation et de contamination accidentelles.

Risques liés aux applications médicales (radiologie):
doses absorbées au cours de différents types d'examens

Réglementation, législation.

Annexe 2

Projet de syllabus:

Radioprotection en Radiologie :
(45 heures théoriques + 30 heures pratiques)

1. Les effets des rayonnements ionisants chez l'homme:

    a) effets aigus: syndrome médullaire, intestinal (résumé), lésions cutanées (en détail);
    b) radiocancérogénèse: coefficients de risques, extrapolation aux faibles doses;
    c) rique génétique
    d) effets sur l'embryon (femme enceinte).

2. L'irradiation naturelle et ses variations.

3 Résumé de la réglementation belge (et européenne) concernant la protection de la population et les travailleurs contre le danger des rayonnements ionisants.

4. Règles pratiques de protection en radiologie:

    a) les blindages des tubes et de l'installation, les tabliers plombés, les locaux, etc.
    b) dimensions des faisceaux (volumes tissulaires irradiés);
    c) les filtres;
    d) sensibilité des détecteurs (films, écrans, TV, etc), durée des examens;
    e) la distance (1/d2).

5. Doses délivrées au cours des examens radiologiques. Comparaison des différentes techniques (p.ex. CT versus clichés standards). Optimisation.

6. Aspects médico-légaux: irradiation accidentelle, maladies professionnelles.

Radioprotection en Radiologie : Appendices

i/ Grandeurs et unités en radiologie et en radioprotection.

ii/ Les générateurs de rayons X; les caractéristiques des faisceaux.

iii/ Interactions des rayonnements ionisants et de la matière (effet photoélectrique, effet Compton).

Radioprotection en Radiologie : Proposition de travaux pratiques

i/ Pénétration d'un faisceau de rayons X
- en fonction de l'énergie
- en fonction de la filtration

ii/ Mesure du rayonnement diffusé émis par un malade:

- en fonction de la grandeur du faisceau
- en fonction de l'énergie

iii/ Dose dans le faisceau direct:

- pour la prise de clichés, en fonction des conditions techniques: films, écrans, mAs, kV, etc
- pour la scopie, avec et sans amplificateur de brillance, en fonction des conditions techniques.

iv/ Problèmes de radioprotection spécifiques aux CT (comparaison avec les techniques classiques).

v/ Mesures du débit de dose en différents points de la salle de radiodiagnostic (au contact du malade, de l'appareil, etc).

Experience in the United States
REAC/TS and Its Role in Medical Education about Risk*

Mary Ellen Berger - Robert C. Ricks
Oak Ridge Institute for Science and Education
Oak Ridge, Tennessee, USA

Development of the REAC/TS Program:

Medical education in the radiation sciences was established early in the United States, but it was not until 1974 that regularly scheduled courses dealing with radiation accident management were presented by the Medical and Health Sciences and Special Training Divisions of Oak Ridge Associated Universities (ORAU). In 1976, the Radiation Emergency Assistance Center/Training Site (REAC/TS) was established by ORAU for the United States Energy Research and Development Administration (ERDA), now the Department of Energy. REAC/TS was established with multiple purposes: to provide 24-hour direct or consultative medical and health physics assistance in radiation accidents; to maintain a radiation accident registry for purposes of research and patient follow-up; and to train medical and health physics personnel in radiation accident management[1]. From its inception, valuable information regarding medical care of radiation accident victims, based on actual experience and extensive research, was passed on to physicians, nurses and other paramedical personnel who attended courses.

The competencies needed by physicians and nurses who might be called upon to provide emergency care to radiation accident victims were defined in 1982, in order to assure that necessary and effective education was provided in an efficient manner (Table 1)[2]. These competencies, developed through research by a member of the REAC/TS faculty, were based on the general areas of clinical performance defined by Hubbard.[3]

Subsequently, the REAC/TS courses were modified and refined, and an additional course was added. Since its inception in 1976, approximately 3,000 physicians, nurses, health physicists, hospital administrators and paramedical support personnel have attended courses at the REAC/TS facility and thousands of others have attended "mini courses" offered off-site by REAC/TS faculty.

---

*This document describes activities performed under contract number DE-AC05-760R00033 between the U.S. Department of Energy and Oak Ridge Associated Universities.

The REAC/TS Courses:

The first of the courses offered at REAC/TS is titled, "Handling of Radiation Accidents by Emergency Personnel." This 3-1/2-day course presented 5 times a year, is for physicians and nurses who may be called upon to provide emergency medical service to a radiation accident victim. The course emphasizes the practical aspects of handling a contaminated victim by discussing the fundamentals of radiation, how to prevent the spread of contamination, how to reduce the radiation dose to the victim and attending personnel, and the role of the medical/health physicist in caring for accident victims. Lectures are complemented by demonstrations, laboratory exercises, and a radiation accident drill. Objectives of this course are given in Table 2. This course, as well as others offered at REAC/TS, benefits from its location within the REAC/TS facility which, although a treatment facility, admirably serves its dual purpose by providing library, laboratory, classroom and clinical laboratory space. (Diagram 1)

A second course, "Medical Planning and Care in Radiation Accidents," is presented twice a year. It is a 4-1/2-day course designed primarily for physicians since it presents an advanced level of information on the diagnosis and treatment of acute local and total body radiation exposure, internal and external contamination, combined injuries, and multi-casualty incidents involving ionizing radiation. It is recommended that participants have a basic understanding of radiation sciences prior to attending this course. Role playing, problem solving, lectures and demonstrations, as well as laboratory exercises, are utilized in teaching this course. Objectives of this course are given in Table 3.

A third course, "Occupational Health in Nuclear Facilities," is a 4-1/2-day course, intended for physicians, nurses, and others who provide occupational health care to employees of government nuclear industries. The course presents information on basic radiation sciences, health surveillance and evaluations, on-site emergency management of injuries, and medical implications of chemical, physical, biologic, social, and psychological stresses on the ability to work. Additional topics include interdepartmental relationships and medical, legal, and ethical issues of concern to health professionals in nuclear facilities. Objectives in this course are given in Table 4.

A fourth course, "Health Physics in Radiation Accidents," concentrates on the role of the health physicist working in a medical environment. It is a 4-1/2-day course, offered twice a year, and it, too, is complemented by demonstrations, laboratory exercises, and a radiation accident drill. Objectives are listed in Table 5.

127

The REAC/TS training programs are available for off-site presentation, and REAC/TS personnel have participated in many off-site training courses in the United States. REAC/TS also conducts radiation accident management training courses at the request of the World Health Organization at locations outside the United States of America.

In addition, REAC/TS conducts a series of international conferences, titled, "The Medical Basis of Radiation Accident Preparedness." The first international conference was held in Oak Ridge in 1979. In 1988, the REAC/TS staff hosted "The Medical Basis of Radiation Accident Preparedness II: Clinical Experience and Follow-Up Since 1979," while the 1990 conference spotlighted "The Medical Basis of Radiation Accident Preparedness III: Psychological Perspective."

REAC/TS courses are accredited by the Accreditation Council for Continuing Medical Education of the American Medical Association. Respective course are also accredited by the American College of Emergency Physicians and the American Academy of Health Physics. Funding for these courses is provided by the U.S. Department of Energy.

Continuing research, practical experience in responding to radiation accidents, and collaboration with knowledgeable, experienced colleagues has enabled the REAC/TS faculty to provide current, reliable and relevant information about radiation accidents to course participants.

Medical Education about Risk:

Typically, medical students spend little time studying epidemiology, statistics, risk assessment and the biological effects of ionizing radiation on the human body. This is understandable because physicians must be able to diagnose and treat conditions that occur commonly in the population and conditions that are characterized by detectable pathology, while the potential for biological injury to an individual from a low-level radiation exposure is small or hypothetical. However, patients must give "informed consent" for diagnostic tests and therapy, and physicians therefore need to know how to explain these procedures so that patients clearly understand the attendant risks and benefits. Patients also have concerns and ask questions about radiation and its uses.

Recognizing that even radiologists have difficulty explaining the statistical uncertainties associated with radiation, the American College of Radiology, in 1985, published a guide for radiologists titled "Medical Radiation. A Guide to

Good Practice." The intent of the publication was to "assist the radiologist who needs a short explanation of current thinking about radiation safety or who needs to counsel with patients and colleagues about specific medical exposures." The 39-page publication answers questions such as "Is there really a risk from medical radiation exposure?" and topics such as "risk indicators," "population risk indices," "occupational exposure" and "radiation bioeffects."[4]

Approaching the Concept of "Risk" from a Different Perspective:

Accidents involving high-level radiation exposures and subsequent injury are extremely rare. Despite their rarity, however, radiation injuries are of interest to the physician, because they can be discussed in the familiar terms of etiology, pathological process, clinical manifestations, methods of diagnosis, treatment modalities, prognosis and possible complications.

REAC/TS courses, although designed to teach accident management, have attempted to use these areas of interest in order to introduce the topic of "risk." Similar approaches are utilized elsewhere in teaching about toxicology, since a medical student learns about clinical manifestations and treatment of high level exposures before aspects of prevention, threshold values and risk are presented.

Clearly, the necessary science and medical background for radiation risk communication is presented in REAC/TS courses. But the additional competencies needed to adequately communicate this risk 'information' to the public lie in the social sciences and have yet to be clearly defined, and effective education depends on being able to define what the learner needs to know. As McGaghie and others, in writing for the World Health Organization, have pointed out, "Competence includes a broad range of knowledge, attitudes and observable patterns of behavior which together account for the ability to deliver a specified professional service. The competent doctor can correctly perform numerous (but not necessarily all) clinical tasks, many of which require knowledge of the physical and biological sciences or comprehension of the social and cultural factors that influence patient care and well-being. Competence in this sense also involves adoption of a professional role that values human life, improvement of the public health, and leadership in settings of health care and health education."[5] In this regard, students' evaluations verify that the educational experience of a REAC/TS course has aided them in changing attitudes, reducing anxieties and creating interest in radiation safety. Follow-up surveys of REAC/TS course participants have shown that course participants have used REAC/TS information to teach others and to aid in developing procedures for radiation accident management in their communities. These same surveys verify that course participants feel competent in these leadership roles.

Table 1. Hospital emergency management of radiation accident victim: essential competencies for health professionals[2]

(1)   Uses knowledge and judgement in obtaining information from patient and other sources concerning a radiation incident.

(2)   Notes signs and symptoms of possible radiation injury during physical assessment.

(3)   Uses clinical laboratory and health physics tests and procedures to identify physical and biological evidence of radiation injury.

(4)   Establishes priorities in care and initiates appropriate treatment for the irradiated or contaminated patient.

(5)   Uses judgement and skill in isolating, controlling, and removing radionuclide contaminants.

(6)   Makes appropriate referrals and uses appropriate sources of assistance.

(7)   Reduces anxiety and fear associated with radiation injury.

(8)   Assumes legal, ethical, and public health responsibilities associated with the care of the radiation accident victim.

Table 2. Handling of radiation accidents by emergency personnel

<u>**Behavioral Objectives**</u>:

At the end of this training course, the participant will be able to:

(1)   Discuss the concepts of radiation physics and radiobiology that are important in the emergency care of the radiation accident victim.

(2)   Define: exposure, contamination, internal contamination and radionuclide incorporation.

(3)   Select and prepare an appropriate treatment/decontamination area within the hospital and determine staff and patient needs.

(4)   Describe contamination control techniques that can be utilized during the emergency care of contaminated radiation accident victims.

(5)   Select and correctly use radiological instruments to detect and measure radiation in a simulated contamination incident.

(6)   During a drill, demonstrate an appropriate sequence of events and correct techniques in assessing and treating patients contaminated with low-level radioactive materials.

(7)   Given the identity of an internally deposited radioactive contaminant, select the appropriate pharmacological intervention.

(8)   Plan and conduct a radiation accident drill.

(9)   Name sources of assistance that are available during real or presumed radiation accidents.

(10)   Discuss the roles and responsibilities of emergency physicians and nurses during a radiation accident affecting a large population.

Table 3. Medical planning and care in radiation accidents

<u>Behavioral Objectives</u>:

At the end of this course, the participant will be able to:

(1)   Discuss the concepts of radiation physics and radiobiology that are of importance in medical planning and care of the radiation accident victim.

(2)   Explain the difference between exposure, contamination, internal contamination and radionuclide incorporation. Explain the physiological effects of each and methods of diagnosis.

(3)   Given hypothetical situations, select appropriate treatment protocols for:
    (a)   a patient suffering the acute radiation syndrome;
    (b)   a patient with a partial body radiation injury;
    (c)   an externally contaminated, injured patient;
    (d)   a patient internally contaminated with radioactive material.

(4)   Explain the difference between deterministic and stochastic effects and give examples of each.

(5)   Given a hypothetical radiation accident situation, correctly define and assess the public health problem and determine the priorities in medial management.

(6)   List the essential elements of a hospital's response plan for radiation emergencies and describe ways of adapting disaster plans for multiple casualties in a radiation emergency.

(7)   Identify at least 3 criteria of a good epidemiology study.

(8)   Discuss the impact of human psychology on disaster response.

Table 4. Occupational health in nuclear facilities

Behavioral Objectives:

At the completion of this course, participants will be able to:

(1)   Select and correctly use a survey instrument to detect and measure radioactivity.

(2)   Discuss the medical consequences of exposure to chemical and physical stresses in the occupational environment of a nuclear facility.

(3)   Understand the impact of an individual's physical, social and psychological problems on the ability of the individual to perform work.

(4)   Describe the role of the physician/nurse in accident investigation and litigation.

(5)   Explain why physicians and nurses employed in nuclear facilities must have (a) a thorough knowledge of the workplace and (b) cooperative relationships with the management, industrial hygiene, safety, security, training, personnel and health physics departments in order to function most effectively in an occupational health program.

(6)   Discuss ethical uses of records compiled in the individual worker's medical file.

(7)   Given a single or multiple casualty accident involving radioactive materials in the industrial setting:
    a)   Triage and administer emergency aid at the accident scene, while limiting the spread of contamination.
    b)   Decontaminate and treat the injured victims.
    c)   Determine the need for and correctly select the appropriate therapy for patients sustaining internal contamination with radioactive materials.
    d)   Counsel the involved workers regarding the long-term medical consequences of the radiation exposure.

Table 5. Health physics in radiation accidents

Behavioral Objectives:

At the end of this course, the participant will be able to:

(1)   Explain the role of the health physicist in assisting medical/paramedical personnel during emergency or long-term care of the radiation accident victim.

(2)   List the components of pre-hospital emergency planning and describe any modifications required for radiation accident response.

(3)   Given data from typical radiation accidents, calculate:
a.   the dose from external exposure
b.   the dose from internal contamination.

(4)   During a simulated radiation accident exercise, demonstrate the ability to advise a radiation emergency response team regarding contamination control, protective actions, radioassay results, and the efficiency of decontamination procedures.

(5)   Explain the factors that determine the human physiological response to radiation exposure.

(6)   Demonstrate the ability to identify "unknown" radioactive contaminants during a radiation exercise.

(7)   Name sources of assistance that are available during real or presumed radiation accidents.

(8)   Given a table top exercise in which a large number of individuals are involved in a radiation accident, organize and implement an appropriate health physics response.

REAC/TS FLOOR PLAN

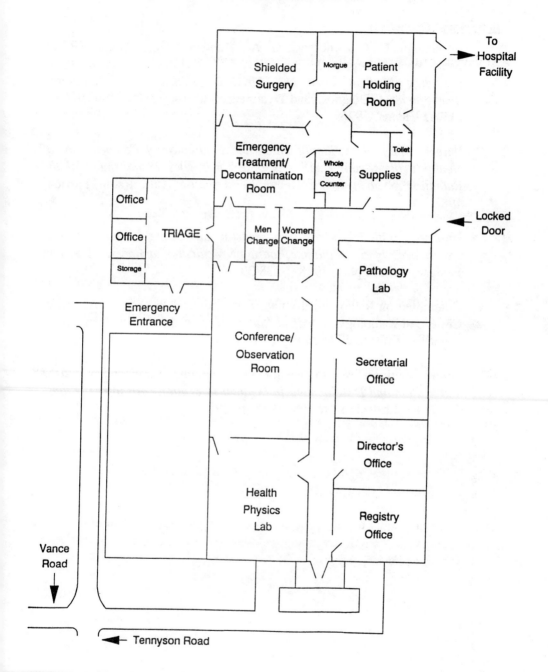

References

1. Lushbaugh, C. C., Andrews, G. A., Hubner, K. F., Cloutier, R. J., Beck, W. L., Berger, J. D., *'REAC/TS' A Pragmatic Approach for Providing Medical Care and Physician Education for Radiation Emergencies,"* "Diagnosis and Treatment of Incorporated Radionuclides," IAEA, Vienna, 1976.

2. Berger, Mary Ellen, *Identification and Evaluation of Competencies of Health Professionals in the Hospital Emergency Management of the Radiation Accident Victim,* Doctoral dissertation. Boca Raton, Florida, 1982.

3. Hubbard, John P., *Measuring Medical Education: The Tests and Experiences of the National Board of Medical Examiners.* Lea and Febiger, Philadelphia, 1978, p. 38-39.

4. Committee on Radiological Units, Standards and Protection, American College of Radiology, *"Medical Radiation. A Guide to Good Practice,"* American College of Radiology, Chicago, 1985.

5. United Nations, World Health Organization, *"Competency Based Curriculum and Development in Medical Education. An Introduction,"* Public Health Papers No. 68, 1978, p. 19.

Swiss Experiences on Information to the Medical Professions in the Field of Ionizing Radiation.

Johannes Th. Locher, MD
Head Nuclear Medicine Department
Kantonsspital Aarau, Switzerland

1. Introductory remarks

In Switzerland the education in matters of radioprotection is obligatory for various professions. The trainings, yet, are partially incomplete, often organized in an unsystematical manner and dependent on personal interests. During the last years many qualitative and quantitative ameliorations have been done, because of an increasing sensibilization for the risks of the ionizing radiation on the one hand, and new legal regulation concerning the various aspects of the use of this technology on the other. Although the new law is not yet valid, the authorities already practise many inherent intensions and ideas. The use of any form of ionizing radiation is a matter of authorization. To get the legitimation the evidence of *"expert knowledge"* is mandatory. This means, that all persons using radiological instruments and/or radioactive sources must receive an officially controled pre- or postgraduate training in matters of radioprotection. This formation must include some informations on the general rules of radioprotection and the relevant prescriptions concerning the risk limiting and the proper behaviour in case of accident. People must be enabled to do their work properly according to approved techniques and the legal regulations. Furthermore, they must know the risk resulting from mistakes. It is clear, however, that one variably defines the term of "expert knowledge" and, therefore, the aims of training for various medical groups. Accordingly, the educational programs respect their different demands. It is important to note, yet, that there is a general meaning, that the training regulations should not hinder the use of the radiation technology, but promote their acceptance because of high training standards. For the following members of the family of medical professions exist different regulations concerning the training in radioprotection:

- Specialists (radiology, nuclear medicine, radiooncology)
- Physicians with special responsability
- Radiological technologists
- Research people using radiological methods and radioactive sources
- Veterinaries
- Members of emergency organisations

2. Organization of the training in radiation protection

The federal Department of Public Health (DPH) is responsible for the authorization and controls of activities using ionizing radiation in the medical field. Also the programs of professional training and refresher courses have to be declared valid by it to get for the participants the nessecary legitimation for radiation sources. Several consultative committees and specialists assist the DPH in his task. For instance a subcommittee of the federal committee for radioprotection especially concerns about training matters on radioprotection. Its members represent institutions, which are active in the field. Their activities made possible much cooperation between the interested institutions during the last years. For instance, this board adapted many training programs to create a common sense (unité de doctrine) and periodically published instructive summaries on its nature, ideas and organization. Only the universitary education of students and the military courses are not yet integrated in the coordinating concept.

The next speaker, Dr. Thorens, will report on the experiences of an important cooperator, the SUVA. This is a big national assurance company, which is very active in the field of preventive medicine. Therefore, I shall concentrate my talk on the radiological sector.

3. Training of medical students

Unfortunately the training programs for medical students considerably vary from one university to the other, this in a quantitative and a qualitative sense. This is delicate, especially because the young physician with his graduation automatically get the authorization to use a roentgenological apparatus in his office. It is clear, therefore, that one needs an intensive postgraduate training to get the necessary experience, but nobody guarantees it. Still the courses of radiology or disaster-medicine mostly include some aspects of radioprotection. Since recently many teachers discuss related questions of radioprotection during their interdisciplinary organised, more generalistical praxis-orientated lessons. This mode allows to compare the indications, contraindications and risks of the different diagnostic and therapeutic methods on a broader background also including ethical aspects. Addionally the army trains many incorporated students.

4. Postgraduate training

The specialization in radiology, nuclear medicine or radiooncology takes five years of approved hospital training and eventually ends with some obligatory examinations. During this time one considers the training in radioprotection as a permanent task, by the way because it also concerns quality control. The Swiss Society of Medical Radiology, our national professional organization, conducts the whole formation including special training courses and the examinations. The first part of the examinations includes radiation physics, radiation biology, basic knowledge of

138

radioprotection, radiation diseases etc. The themes of the second part concerne specialised knowledge about diagnostic and therapeutic methods, indications, risk analyses, technical functioning of the instruments used and legal regulations. The examinations always include questions about problems of radioprotection.

Special demands have to be fullfilled in order to get the autorization for radioactive isotopes in nuclear medicine. The federal Departement of Public Health offers three week training courses during which various aspects of related physics, radiopharmacy, dosimetry, therapy, vaste-handling and decontamination are treated theoretically and practically. Specialists chair all teachings, seminaries and practica. Personal precourse preparation is mandatory to get an optimal result of the training, although examinations are volontary. The participants receive a voluminous documentation about the instructed matter and a collection of the legal regulations.

5. Technologists and other medical profession groups

Roentgenological technologists receive a very coordinated and detailed training during their three-years tuition. In general the continuation schools work together with specialised centers, especially the school for radiation protection at the Paul Scherrer Institut (PSI), Villigen, or comparable institutions in the french part of Switzerland. During their formation all apprenties have to pass several examinations, which also concern problems of radiation protection. They are, therefore, generally well trained, cautious and ready to take responsability.

In contrast other medical groups, such as nurses, laboratory assistants, dental assistants and others are only sparsely trained in radiation matters during their vocational training, unless they have occasionally endured an officially controled training. In any case they need an own legitimation even for minor radiological activities or when performed under the control of an authorized person. Several institutes offer good training possibilities and refresher courses. For instance I refer to the very detailed instruction program of the PSI school. Our new legal regulations, however, will further improve the education because of its stronger prescriptions concerning authorization, nature of the courses and examinations.

6. Recent experiences

Consulting older reports I found, that one has changed the training modalities several times during the last twenty years. This observation concerns the formation of all medical profession groups. Everywere the more practical, profession concerned instructions and experimental work have the priorities over theories. This fact respects some former critics, especially from physicians and medical students. They argued, that to much lessons of basic physics, chemistry and biology demotivate the participants and, therefore lessen the result of the training. They voted for more practical exercises, analyses of instructive case reports, comperative studies and risk calculations, in the manner they use to do during their daily activities. Regarding these critics in many courses the practical part requires more than 70% of the time and one further experiments with new teaching modalities. For instance one can easely instruct matters as dosimetry, measurements of radiation, decontamination, instrumental functioning etc. using standart exercises or reconstructions of possible laboratory situations. Joint exercises bringing together different specialists for a common training are very instructive and populary. One also can organize trainings outdoor on the ground of a nuclear factory or using dedicated installations of a variety of industries or research centers. In this way the participants see their training in more realistic surrondings. Their comprehension increases for the needs of the courses and for the purposes of radiation safety.

7. Future trents

The main goals of all legal and didactical reforms are first the amelioration of the training (especially of some lesser informed groups). Secondly, refering to the mentioned quality of expert knowledge one has to find new ways in order to preserve the level of experience. Today one discusses different models including periodical repetion courses, examinations and time limits for issued allowances for risky activities and duties.

Although the universities, professional societies and others offer many training possibilities, the effect is often minor because of low attendence. It seems, that the most relevant reasons for this unsatisfactory situation are: the lack of information, bad coordination, missing motivation of the responsible superiors and occasionally political and financial problems. As already mentioned, the federal Health Department and other authorities already started a cooperative work to overcome this problem. But, one needs new ideas. Especially the question arises, how to create a broader interest on these trainings. Active societies contribute to the information of their members through instructive media and by organizing proper events. For instance, some industrial factories as power stations periodically arrange exercises with local security groups in order to control their dispositives of planing for disaster. The evaluation of these experiences, yet, should be made more generally disponible. It also could improve the trainings in radioprotection of the continuation schools.

Much more coordination will be done in the future on the unversitary level. The responsible committees have discussed the problems several times already. For instance, the general physicians and other interested people should be permitted to be present at the lessons and seminaries, in which questions related to radioprotection are treated. Some universities have already started such ideas. Also, the programs should be reformed in a way, that they better respect the demands of the federal Department of Public Health. It is clear, that any effort for better information, instruction or training of the population will increase the acceptance of the controversely discussed nuclear technology.

L'information du corps médical par la Caisse Nationale Suisse d'assurance en cas d'accidents (CNA) dans le domaine des radiations ionisantes.

Blaise Thorens
Médecin du travail
Caisse Nationale Suisse d'assurance en cas
d'accidents, Lausanne (Suisse)

1. Situation en Suisse en matière d'information du corps médical sur les radiations ionisantes.

Comme les autres nations industrialisées, la Suisse exploite un certain nombre de centrales nucléaires et fait un large usage des radiations ionisantes dans les domaines médicaux et techniques les plus divers. Elle n'échappe pas au débat d'opinion touchant à la sécurité de ces technologies dans des conditions normales ou lors d'accidents éventuels.

Au cours de ses études, le futur médecin suisse reçoit quelques heures d'enseignement sur la radiobiologie et la radioprotection dans le cours de radiologie médicale et de médecine de catastrophe où l'on aborde, entre autres, l'accident nucléaire majeur. Le temps disponible, très limité, ne permet pas d'entrer dans les détails de ce domaine complexe. Lors de sa formation post-graduée, le médecin qui n'a pas opté pour la spécialisation de radiologie ou de médecine nucléaire ne recevra plus aucun enseignement systématique dans ce domaine et son information dépendra dès lors d'une démarche personnelle, telle que lecture de la littérature spécialisée ou fréquentation de cours ou séminaires consacrés occasionnellement à ce sujet. Le médecin praticien, éloigné des centres universitaires et accaparé par ses tâches journalières est pratiquement réduit à puiser ses informations au sein des medias. Or, chacun a pu constater que, dès que l'on parle de l'atome, les opinions exprimées varient considérablement en fonction des convictions personnelles et des tendances philosophiques et politiques de leurs auteurs. Le besoin d'une information neutre, factuelle et directement transposable à la pratique courante est donc fortement ressenti au sein du corps médical.

2.   La Caisse Nationale Suisse d'assurance en cas d'accidents : son rôle dans l'information du corps médical

La Caisse Nationale Suisse d'assurance en cas d'accidents (CNA) est un établissement autonome de droit public fondé en 1918 dans le but d'assurer les travailleurs contre les accidents et les maladies professionnelles. Actuellement deux travailleurs suisses sur trois y sont affiliés. De plus, la CNA détient la responsabilité légale de la prévention des maladies professionnelles dans toutes les entreprises suisses. Il faut relever ici que, contrairement à la plupart des pays industrialisés, la Suisse ne dispose à l'heure actuelle d'aucune législation imposant aux entreprises l'engagement de médecins du travail et de spécialistes en sécurité. Si les grandes entreprises se sont spontanément dotées de tels collaborateurs, tel n'est pas le cas de celles de petite et moyenne importance qui font appel, en cas de besoin, à la CNA. Pour assumer cette tâche, elle dispose d'une quinzaine de médecins du travail qui oeuvrent en étroite collaboration avec des hygiénistes et des ingénieurs de sécurité, L'activité de ces médecins se partage entre les examens de travailleurs, les visites de postes de travail et l'enseignement de la prévention dans tous les cercles concernés. Or il est apparu depuis de nombreuses années que les médecins praticiens, non spécialisés en médecine du travail, qui jouent cependant un rôle déterminant dans le dépistage et la prise en charge des maladies professionnelles, n'étaient que peu ou pas touchés par ce mode d'information. Pour suppléer à cette lacune, la CNA s'adresse directement à tous les médecins suisses par le truchement de deux publications, les "Informations médicales", paraissant annuellement et traitant de sujets d'actualité, et dans une série thématique de "Médecine du travail" abordant les grands chapitres de pathologie professionnelle, publiée et actualisée en fonction de l'évolution des connaissances. Ces brochures sont envoyées gratuitement à tous les membres de la Fédération des médecins suisses, ainsi qu'aux étudiants de dernière année. C'est dans cette série "Médecine du travail" que prennent place les deux brochures d'information "Les radiations ionisantes" et "Les irradiations accidentelles".

3. Brochure "Les radiations ionisantes" (Fig. 1)

Cette brochure avait paru pour la première fois en 1971 et a été entièrement refondue en 1989. De présentation moderne, enrichie de tableaux et de photographies en couleurs, elle comprend les chapitres suivants :

1) Définition des divers types de rayonnements

2) Grandeurs et unités

3) Irradiation naturelle de la population suisse

4) Irradiation artificielle de la population suisse

Figure 1

Médecine du travail

Les radiations ionisantes

Ulrich Weickhardt

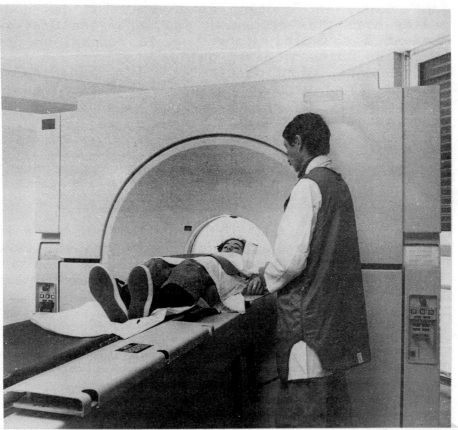

Tomographie computérisée

205770

5)   Applications des radiations ionisantes dans l'industrie et la médecine

6)   Effets des radiations ionisantes sur le corps humain

7)   Dispositions légales sur la protection de la population contre les irradiations artificielles.
       Le texte légal de base est en Suisse l'"Ordonnance concernant la protection contre les radiations (OPR)" du 30 juin 1976. Ce chapitre contient le tableau des irradiations maximales admissibles qui sera prochainement adapté à la recommandation No 60 de l'ICRP, le programme des examens préventifs obligatoires en médecine du travail et un aperçu sur la dosimétrie.

8)   Lésions dues à des irradiations professionnelles chez les assurés de la CNA en Suisse.

       Entre 1965 et 1984, sur 24 cas annoncés, deux ont été reconnus au titre de maladie professionnelle.

4.   Brochure "Les irradiations accidentelles" (Fig. 2)

Le fascicule consacré aux radiations ionisantes présenté sous point 3 comporte un chapitre consacré aux effets nocifs des irradiations sur le corps humain. Mais il s'agit d'un résumé très succinct n'entrant dans aucun détail. Le besoin d'une référence dans laquelle le médecin pourrait trouver des indications claires sur le diagnostic des divers types d'irradiations et des instructions précises sur l'attitude thérapeutique à adopter dans ces cas très divers était fortement ressenti. Pour répondre à cette

Figure 2

Les irradiations accidentelles

Information sur le traitement des irradiations accidentelles

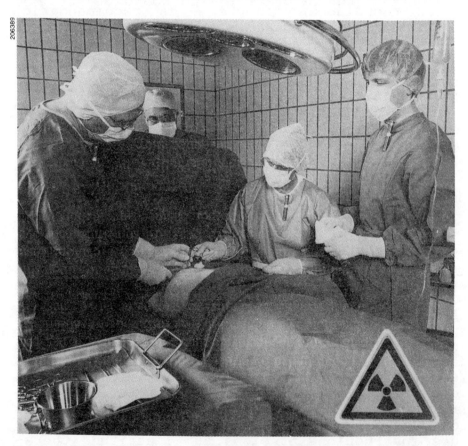

Traitement chirurgical d'une blessure légèrement contaminée

demande, la CNA a publié en juin 1992, à la demande de l'Office fédéral de la santé publique, une deuxième brochure consacrée à l'"Information sur le traitement des irradiations accidentelles".

Avant d'en présenter le contenu, il convient de relever que ses auteurs ont volontairement renoncé à mettre l'accent sur les conséquences d'une catastrophe nucléaire, événement de probabilité extrêmement faible mais de surcharge émotionnelle considérable, au profit de l'étude des cas de moindre gravité mais susceptibles d'être rencontrés par le praticien au cours de son activité.

Comportant 71 pages, la brochure est conçue de manière à permettre une consultation rapide, débouchant sur des instructions précises immédiatement exploitables en cas d'urgence.

Après un bref rappel des concepts essentiels, des grandeurs et des unités, le chapitre 4 passe en revue les irradiations accidentelles effectivement survenues à ce jour, en rapportant avec les détails nécessaires à leur compréhension quelques accidents particulièrement représentatifs.

Le chapitre 6 aborde les divers types d'irradiations externes et leur traitement. La sémiologie des divers syndromes d'irradiation et les modifications biologiques associés y sont présentées en détails.

Le chapitre 7 traite des contaminations externe et interne en apportant des instructions très précises sur la technique correcte de décontamination et sur les précautions à prendre pour la protection du personnel soignant.

Pour la contamination interne ou incorporation, une liste précise des principaux antidotes, de leur posologie et de leur lieu d'obtention peut être facilement consultée. Des consignes touchant à la préservation du matériel contaminé dans un but diagnostic figurent dans le même chapitre.

Au chapitre 8, une place importante est consacrée à la prophylaxie par l'iode, comportant les indications et contre-indications, la posologie et les effets secondaires éventuels.

Le cas particulier de la grossesse et les conséquences sur la fertilité lors des divers types d'irradiations sont abordés également dans ce chapitre. Un arbre de décision, guidant la marche à suivre lors de toute irradiation accidentelle termine cette information.

La publication comporte un certain nombre d'annexes :

I) Une liste des adresses importantes des instances principales qu'il est possible de consulter en urgence

II) Analyse chromosomique = informations sur la manière de procéder correctement à l'envoi du sang

III) Liste des principaux radionuclides, de leur demi-vie et des organes critiques

IV) Organigramme du système d'alarme en cas d'accident nucléaire; délais à disposition pour l'organisation des mesures de protection.

5. Appréciation de l'impact des brochures d'information

L'appréciation de l'impact de ce type d'information sur le public-cible constitué par le corps médical suisse n'a fait l'objet d'aucune étude systématique. Il nous est cependant possible d'estimer l'écho qu'ont recueilli ces deux publications par le biais de nombreux contacts personnels au sein des milieux intéressés. Parue dans les deux principales langues nationales, l'allemand et le français, la brochure consacrée aux radiations ionisantes a dû être rééditée et a été ainsi distribuée à 25'000 exemplaires. Sa diffusion a d'emblée dépassé les milieux médicaux et sert de base d'enseignement lors des cours dispensés aux chargés de sécurité, notamment dans le cadre des centrales nucléaires. Quant à la brochure sur les irradiations accidentelles, elle a été adoptée comme standard par les organes de l'armée et de la protection civile suisse.

En conclusion, la Caisse Nationale Suisse d'assurances pense contribuer utilement à l'information du corps médical dans le domaine des rayonnements ionisants, en étroite collaboration avec les instances administratives, officielles et universitaires qui partagent des responsabilités identiques.

Misconceptions About Radiation Among the Public: Causes, Consequences, Remedies. A Swedish Viewpoint

Evelyn Sokolowski, Ph D.
Dep. of Scientific Analysis, Nuclear Training and Safety Center,
Sweden

A Swedish political scientist has put forward the hypothesis that in human society there is always a basic level of fear. Hence, what is conceived as a threat may only serve to provide a concrete object for this diffuse inherent anxiety. In other words: **if there is no immediate threat, we have to invent one.**

Ionizing radiation is an ideal object for modern superstition: it cannot be monitored by any of our senses, and it is clearly associated with one of the real threats to the survival of mankind - nuclear war. (In actual fact this association is weaker than most people realize).

As has often been the case in the history of civilization, superstition is being nurtured and exploited to serve various purposes. One of the major ideological conflicts today is about how to protect the environment. Environmental organizations depend on public support, which in turn draws much of its strength from public fear. Not surprisingly, nuclear power and radiation have become potent symbols of evil for the environmental movement, whose accounts of the detrimental effects of radiation are singularly biased. Since various political parties have climbed the environmental bandwagon, the full force of political propaganda is often behind the dissemination of such views.

There are other, more subtle mechanisms that promote myths about the dangers of radiation.

With very few exceptions, the radiation that people may be exposed to is in the low-dose regime. To establish risks of low-dose radiation by epidemiological studies is extremely difficult, because any radiogenic effects are always confounded by effects of other origin. The results of such studies are therefore inconclusive and contradictory. It has been shown recently that there is a publication bias **in favour** of sensational positive dose-effect associations, **against** reassuring negative ones.

An obvious explanation is that positive results seem more interesting and that recognition and grants for further research are more easily obtained by positive findings; negative ones are sometimes not even published. As a consequence, the proper balance and feeling for the uncertainty in the material is lost.

The bias in favour of alarming results is amplified by the media. It is thereby propagated to medical people, since they, to a great extent, depend on the media for professional news outside their own speciality.

Let me give an example of publication bias. Two years ago Martin Gardner et al published the somewhat sensational conclusion that low doses to British radiation workers may have caused hereditary leukemia in their offspring. I must emphasize that, to my knowledge, the scientific soundness of professor Gardner's work has never been doubted. However, a statistically much stronger investigation had previously given negative results. Other researchers have so far failed to reproduce Gardner's findings. No dose-response relationship has been seen, and alternative explanations to Gardner's data have been offered. Nevertheless, in the general medical literature, and of course in the media, the "Gardner effect" is often referred to as an established fact rather than an unconfirmed hypothesis.

A more malignant phenomenon is the publication in renowned scientific journals of epidemiological papers that do not meet basic criteria of good science, such as statistical significance, reliable dosimetry, adequate controls and biological likelihood. These papers sometimes emanate from institutions known for their ideological commitment rather than their scientific standing. Their appearance in the journals must be attributed to the testified difficulty to engage experts for peer review.

Yet another factor that tends to perpetuate exaggerated fear of radiation is the fact that findings are usually interpreted from the point of view of radiological protection, i.e. with a great measure of conservatism. An example is the prevailing assumption that radiation is harmful down to the lowest doses. This of course has never been, and cannot be, proven experimentally. Neither can the opposite, i.e. that low-dose radiation may be beneficial ("hormesis"), of which there are indications on a laboratory level.

The focus on harm sometimes takes almost comical forms. Thus in one of the most comprehensive epidemiological studies recently, cancer mortality data showed a negative trend with radiation dose, but were interpreted as "no evidence of a positive correlation".

Of course uncertainty must be compensated by conservatism for the purpose of **harm prevention**, but to use such conservatism for **harm prediction** is unjustified, and at times even unethical.

The Chernobyl accident has been estimated to give a mean dose of 0,14 mSv to the 4,3 billion people in the Northern hemisphere. On the basis of the linear extrapolation model designed for radiation protection purposes, the Swedish Radiological Protection Board used these data to forecast 30 000 cancer deaths. This made headlines! A more prudent statement would have been that Chernobyl is not expected to raise cancer mortality by more than some thousandths of a percent, which cannot possibly be observed.

Where does this biased presentation of radiation effects lead to? Obviously it may - and in some cases is intended to - create a conflict between the general public and some of the key technologies of modern society.

> **Modern medicine** clearly cannot do without radiation, neither in diagnostics nor in therapy. Of the average dose burden to Swedes, 15 % comes from medical applications.

> **Modern housing** with its energy-saving tight structures, has brought with it the largest radiation protection problem in the form of radon. Radon and radon daughters contribute 65 % of the average dose burden in Sweden.

Nuclear power today is a major electricity source in most industrialized countries. In the OECD it provides 23,5 % of the electricity produced; in some countries, including Sweden, the contribution is more than 50 %. Normal operation of a nuclear power plant adds negligibly (of the order of a thousandth) to the radiation dose of the public living close to the plant. However, there is a potential for large releases of radioactivity in the unlikely case of a serious accident.

In other words, radiation is a phenomenon that affects everyone and that cannot be significantly reduced without enormous costs to society. Against that background it is interesting to find out how the public perceives its risks. Last year we therefore conducted an opinion poll on radiation. The results will be published in detail. In the following a few striking examples are given.

58 % subscribed to the statement: "Not very much is actually known about the effects of radiation on human health".

This conviction prepares the ground for the acceptance of sensational news. It is contrary to expert opinion according to which few harmful agents have been so thoroughly investigated as ionizing radiation.

50 % subscribed to the statement: "Artificial radiation is more dangerous than natural one".

This belief makes natural background dose and its variations seem irrelevant as a standard of comparison for what may be considered harmless.

11 % believed that short- or long-term risks from diagnostic X-ray examination are very or rather great.

According to the testimony of radiologists, this opinion caused significant difficulties after Chernobyl, when in particular parents were hesitant to have their children X-rayed.

21 % believed the same about the risks of living near a Swedish nuclear power plant.

This result is elucidated by a recent outbreak of alarm near the Ringhals nuclear power plant, where people associated an imaginary rise in cancer incidence with radiation from the plant. The fear was fanned by Greenpeace who took the opportunity to distribute household leaflets.

It has been testified by a number of international expert organizations that, in the aftermath of Chernobyl, radiation played a relatively minor rôle in the deterioration of health and living conditions in the affected parts of the former Soviet Union. More important was the fear arising from misconceptions, among officials as well as the general public. Without medical justification some hundred thousand children "have come to associate their future with illness and death" (I am quoting a senior physician at the Kiev Institute of Clinical Radiology).

Hence one of the foremost lessons to be learnt from Chernobyl should be this: **emergency preparedness must be based on a realistic perception of risk!** Although in Sweden we spend 25 MSEK p.a. on emergency preparedness, our opinion poll shows that we still have some way to go where public education is concerned: as to radiogenic health effects in the affected CIS population due to Chernobyl,

- **79 % believed in malformed children,**

- **77 % in an observed increase in cancer,**

- **62 % in manifest genetic damage.**

The truth is that beyond the immediate vicinity of the reactor, the doses were too low by orders of magnitude to cause congenital malformation. Likewise, no observable increase in cancer has occurred nor is it expected (with the exception of thyroid cancer in children where the WHO has recently confirmed some 60 cases in Byelorussia). Genetic effects due to radiation have never been clearly established in humans, and certainly cannot be expected to show up at the doses due to Chernobyl.

What can be done to bring public belief into better accord with expert opinion? An obvious answer is that experts must go much more out of their way to make themselves heard. An aggravating problem is that of individual credibility. I should therefore like to propose a permanent international group of independent, highly qualified radiation experts, dedicated to combating myths and superstition in their field. The group could be approached to give opinions on controversial issues. It could be asked to review, approve or even initiate information material. Its standing should be such that its approval vouches for scientific soundness. There already exist international bodies under whose auspices such a group could be set up - the greatest difficulty might be to persuade top-ranking scientists to devote some of their time to the humanitarian task of alleviating unfounded fear.

Synthesis of Session II

Johannes Th. Locher
Kantonsspital Aarau, Switzerland

During session II it has become clear, that in all countries important steps have been undertaken for improving the formation of the physicians in matters of radioprotection. The time of training of the different groups of physicians varies extensively from one country to the other, e.g., in Italy, where new programs of radioprotection were started only recently to the other extreme, Germany, where several phases of formation connected with multiple examinations exist even during a normal student curriculum. But, one agrees, that the basics are good everywhere. Some details could be improved, such as the timing of the instructions, training forms etc. The question is, however, how the knowledge can be preserved und updated. That is important, because multiple inquiries presented during this meeting have clearly shown, that the physicians declare themselves badly informed about matters concerning ionizing radiation and unable to react properly in an emergency. That is why there was a great discussion in the presentations of several speakers and in the audiance: In which manner and to which extent are the physicians -and especially the general practitioners- really competent to discuss radiation matters with the public? There was a general agreement, indeed, that the physicians traditionally have an approved, highly respected authority. But, this authorithy is called in question today, as it was clearly proved in the videoclip from Mr. Berry. He showed us, that the credibility not only depends on an appropriate training, but also upon other more formal points such as an understandable presentation of the facts. It has been mentioned, that especially the specialists have often great difficulties in explaining complicated facts in the language, that a nonprofessional can understand. Therefore, there is a demand to build up special task forces or working groups - beside the institutions and/or authorities usually confronted with or involved in difficult situations. In France local teams have been initiated, which include critical people in order to discuss contradictory matters in a preventive manner. However, it has been shown, that these committees highly depend on personal contacts and, therefore, best work locally. Its experiences could not be transformed per se to a national scale.

Permanent critics, incorrect information of doubtful quality and lack of knowledge easely lead to misunderstanding and misinterpretation of facts. As everybody else the physicians also could be influenced by the media and the public opinion. That was proved by Prof Sokolowski from Sweden, where recent inquiries showed a very pessimistic view of what happened in Chernobyl. In this context the question arises, what are the chances of any correct information to be heard and understood in a clima Anyhow, there exist a real chance as many projects show in various countries. Especially the experiences in France tell us some important things:

1. The information (at all levels) and also the training must be permanent, repetitive, neutral and of high quality.

2. A cooperation is needed between the universities, societies and all interested or involved groups. The cooperation with other medical specialities (such as toxicology) is very favorable.

3. It is useful to use well known channels to diffuse the information.

4. The documentation must be correct, easy to read, regularely updated. New medias, such as video, computer software could be useful. A good response showed practical exercises in a realistic surroundings (I refer to the possibilities at Oak Ridge).

A final remark: Almost nothing was said about the training of the technical staffs, the nurses, pharmacists, dental assistants, which usually are in a very close contact with the patients -and, as we heard in another session, are antinuclear in a majority. That is a point one must think about. Also another group, the physicists, is seldom trained like the physicians. The example of Germany perhaps shows us how to overcome this.

In general, it was a very interesting session. For me it seems quite useful to reread some statements at home. Many of them contain a lot of arguments, that could be used in discussions we have with our collegues and authorities. The four most important facts I learned were:

1. When discussing risks do not isolate the problem of radioprotection from other risks.

2. Look for the permanent and updated information.

3. Seek cooperation.

4. Be honest, correct, clear and fair in your statements.

Session III

PROVIDING BETTER TRAINING
AND IMPROVING THE CONTENT
AS WELL AS DISSEMINATION OF INFORMATION

Séance III

AMELIORER LA FORMATION, L'INFORMATION
ET LES MOYENS DE DIFFUSION

Chairman - Président
Pr. S. Kochman
(France)

Part 1

Information requirements by the medical profession on ionising radiation

Partie 1

Les besoins du corps médical en matière d'information sur les rayonnements ionisants

Information du corps médical et population

Le point de vue de l'élu

Dr. Claude Gatignol
Conseiller général de la Manche
Président de la Commission d'information de Flamanville, France

Tout évènement susceptible d'entraîner une atteinte de la santé des individus provoque, dans la population, un sentiment légitime d'inquiétude, d'autant plus fort que sa nature est mal connue du grand public : C'est le cas des rayonnements ionisants possibles après un accident dans un établissement nucléaire.

La population recherche alors une information précise sur la nature du risque et sur les moyens de prévenir des troubles éventuels. Les élus, dans leur rôle de décideur, et les professions médicales, qui représentent le savoir scientifique, sont alors les premiers sollicités.

Les pouvoirs publics et les directions d'établissements nucléaires ont donc une obligation majeure : fournir une information claire aux praticiens de la santé humaine, mais aussi animale. Cela permettra de bénéficier en cas de besoin d'un réseau proche de la population et capable de répondre avec certitude aux questions posées.

De quels éléments d'information doit on alors disposer pour répondre à la préoccupation de la population ; que doit-on faire en cas d'incident ou d'accident ?

LES PRATICIENS CONCERNES :

-Le milieu hospitalier de proximité est concerné à travers son service d'urgence qui peut recevoir des accidentés physiques irradiés, mais les services spécialisés sont bien répertoriés dans chaque secteur.

-La médecine du travail, de surveillance professionnelle, peut être mise à contribution.

-Les praticiens généralistes : ils seront les plus sollicités et ils doivent pouvoir répondre aux multiples questions de personnes souvent très inquiétes pour elles-mêmes, pour leur famille, pour leurs animaux.

-Les professions proches de l'activité médicale : les pharmaciens et les infirmiers.

-Bien sur, les médecins des corps de sapeurs-pompiers et des équipes de protection civile dont c'est une des missions spécialisées.

L'INFORMATION :

Elle concernera : .les rayonnements
.la conduite à tenir
.la démarche médicale
.son support

1 - Les rayonnements ionisants:qu'est ce que c'est ?

-les sources potentielles en fonction de l'établissement situé dans la zone considérée et de la variété d'accident.

-les effets biologiques locaux et généraux et les symptômes à détecter selon la dose reçue qui peut alors être évaluée.

-les unités de mesure : depuis quelques années, diverses unités ont été utilisées et il est nécessaire que la communauté scientifique adopte de façon définitive les mêmes appellations.

2 - La conduite à tenir et les mesures administratives prévoyant les interventions des services publics

La zone soumise aux conséquences d'un accident est actuellement limitée à un rayon de 10 Km en FRANCE. Il est donc important que les décisions du Préfet prises dans le périmètre de 5 Km, de 10 Km soient connues : le P.P.I. est un document à mettre à la disposition du praticien.

Le rôle des intervenants tels que la C.M.I.R., cellule mobile d'intervention radiologique, des équipes médicales spécialisées, de la protection civile, des pompiers..., doit être connue pour une approche rigoureuse et efficace. Le médecin y trouvera plus facilement sa place.

Le Plan d'urgence interne, P.U.I., est souvent réclamé au cours d'une visite de groupes.

3 - La démarche médicale :

a-les conseils de santé publique :
Selon le périmètre, pour bien exploiter les mesures de type confinement ou au contraire bien maîtriser l'évacuation.

b- la connaissance des centres d'information administrative est nécessaire pour éviter des rumeurs alarmistes et erronnées (donc téléphones et télécopies à disposition).

c-la Thérapeutique :
- sur les irradiés éventuels mais il s'agit alors d'un cas extrême d'urgence isolée, les accidentés étant dirigés après les soins techniques extérieurs vers les services spécialisés.
- le choix d'appliquer le traitement, déjà fortement médiatisé, à base d'iode stable.
- une méthodologie particulière à apporter à la question de personnes stressées, susceptibles de céder à la panique doit contenir les mots choisis en réponse à l'inquiétude d'une femme enceinte ou d'une mère de famille.

d-Le cas particulier du vétérinaire :
- animaux de compagnie et leur place familiale tant auprès des jeunes que des personnes âgées.
- animaux des exploitations agricoles : vaches laitières, volailles... dont les productions sont consommables en produits frais.

e-Les légumes du jardin ne seront pas oubliés.

4 - Le support de l'information

-L'information écrite, sous forme de fiches pratiques, de plaquette est à priviligier : la Faculté de Médecine de GRENOBLE a édité une plaquette transmise à tous les médecins de l'Isère en 1990. Une brochure a été distribuée aux praticiens de la Région Midi-Pyrénnées intitulée : "Les professions de Santé et l'exposition de l'homme aux rayonnements ionisants" de même en Alsace, en Aquitaine... Chaque département avec établissement nucléaire peut fort bien mettre au point, avec l'Ordre et les représentations syndicales professionnelles, de tels documents incluant le P.P.I.

-Une mise à jour peut être prévue qui réactivera le document de base et obligera l'étourdi à se souvenir de la localisation de sa plaquette ! En effet, une enquête a indiqué que fort heureusement le risque nucléaire n'était pas la préoccupation majeure des médecins.

-L'information audiovisuelle :
D'utilisation courante, elle peut revêtir la forme classique de la cassette video.
Cependant les circuits télématiques sont accessibles très facilement par minitel :
service 3614 MAGNUC
service 3614 TELERAY

-la visite d'établissement nucleaire :
Intéressante et demandée, elle permet à un groupe de même formation de questionner les responsables spécialisés et d'apporter une information très large.

-La presse professionnelle.

CONCLUSION :

Même si le choc provoqué par TCHERNOBYL s'estompe, il faut continuer a être attentif aux exigences des populations vivant à proximité d'un site nucleaire. Les praticiens généralistes paraissent être en première ligne pour informer le public des risques encourus et des conduites à tenir en cas d'incident ou d'accident.

Réaliser une bonne information, complète, claire, tant scientifique et médicale qu'administrative et civile, c'est répondre à l'attente de la population et des professions de santé. C'est aussi un pas de plus vers la transparence nécessaire à l'acceptation de cette extraordinaire source d'énergie qu'est le nucleaire au service de notre industrie et de notre vie quotidienne.

Information du corps médical
Le point de vue de l'administration

Dr. P. Smeeters
Ministère de la Santé publique et de l'Environnement
Service de Protection contre les Radiations ionisantes
Bruxelles, Belgique

Le sens des mots

Le titre de cet exposé, sorti du contexte du séminaire dans lequel il s'inscrit, évoque essentiellement des thèmes tels que la formation universitaire des médecins, spécialistes ou non, les utilisations médicales des rayonnements ionisants avec le danger de surprescription, la protection radiologique des patients. Il apparait cependant clairement, à la lecture des objectifs assignés à ces journées par les organisateurs, que ce ne sont pas là les choses dont il est attendu qui l'on parle. Au contraire. Les rayonnements ionisants dont il est question, ce sont ceux en provenance du cycle du combustible nucléaire, et plus particulièrement ceux provoqués par un accident nucléaire. Et l'information que l'on vise, ce n'est pas d'abord celle des médecins mais, au delà et par ricochet, celle du public qui laisserait à désirer. J'ai d'ailleurs tort de parler de médecins, car il est bien précisé, toujours dans les objectifs du séminaire, que le "corps médical" doit être envisagé au sens large : médecins, radiophysiciens, pharmaciens, infirmiers, ... Toujours le même souci de diffusion large.

Une première mise au point

Une première mise au point s'impose dès lors. S'il est parfaitement licite de limiter son propos à un aspect particulier des besoins d'information du corps médical, il serait incorrect de ne pas rappeler, voire souligner, que c'est en tant que "source", indirecte mais importante, d'exposition de la population aux radiations ionisantes, que les médecins ont le plus besoin d'être informés et surtout formés. C'est ce sur quoi insiste, bien à propos, la directive Euratom sur la protection radiologique des patients et c'est ce que je voudrais souligner, comme représentant de l'administration responsable de la santé publique et comme membre du corps enseignant universitaire.

Le médecin comme relais de l'information : une bonne idée ?

Cela dit, laissons donc de côté les médecins en tant qu'utilisateurs de radiations ionisantes ou prescripteurs d'examens et penchons-nous sur le rôle du corps médical comme relais de l'information vers le public. Permettez-moi de jeter à présent un pavé dans la mare ! Sommes-nous sûrs que c'est une bonne idée ? Que c'est une bonne idée de confier cette tâche au médecin ? Ou que de compter sur lui pour ce travail ? Ou que de susciter une situation qui mettrait le médecin dans cette position de relais ? Ce n'est pas une évidence "en soi" que cette idée soit bonne. Plus : il n'est pas évident que cette idée soit licite.

Tous les chemins mènent à la santé.

Bien sûr, il y a un rapport entre les rayonnements ionisants et la santé, entre un accident nucléaire et la santé, entre le radon et la santé ... Et tout ce qui concerne la santé ne peut être étranger au médecin. Vaste programme cependant qui s'ébauche là ! Les additifs alimentaires aussi soulèvent des questions sanitaires, et les résidus des pratiques agricoles, et la pollution de l'air des villes, et les aérosols nocifs pour la couche d'ozone, et les mille et un produits chimiques de l'environnement domestique, les matériaux de construction, la sécurité des jouets ... Vous me direz qu'il ne faut pas pousser trop loin, qu'il y a des spécialistes qui s'occupent de tout cela, des médecins du travail, des médecins spécialisés en hygiène publique, en toxicologie, sans compter toutes les autres disciplines : chimistes, ingénieurs, biologistes, ... Le médecin praticien, celui qui s'occupe du malade, qui fait de la médecine curative, ne peut tout savoir sur tout ! Pitié pour lui !

Le mythe de la bouée

Et de fait, il nous faut bien l'admettre, le médecin est souvent dans une position difficile. Supposé d'un côté connaître l'art de guérir aussi bien que les règles de la santé, il est confronté d'un autre côté à une masse ingérable d'informations, masse si énorme qu'elle a suscité l'émergence, en art de guérir, d'une armée de spécialistes et, en art de la santé, d'une branche : la médecine préventive, et d'une armada d'experts. Et malgré tout cela - paradoxe ! -, le "docteur" doit savoir : on compte sur lui, et, lui, il joue souvent le jeu, par inconscience ou simplement pour rassurer. Malheureux celui qui est pris en flagrant délit d'ignorance : nous irons chez un autre, qui à son tour jouera son rôle symbolique de "bouée", de protecteur, de substitut parental, ... jusqu'à ce qu'il passe à la trappe lui aussi. Dangereux jeu de rôles !

L'art de guérir n'est pas la prévention.

Une telle situation est malsaine. Il ne faut pas contribuer à la renforcer. Le champ de compétence du médecin, comme celui de n'importe qui, est limité. Il faut non seulement l'admettre, mais le proclamer, et sans honte. Les médecins en contact avec le public sont en grande majorité formés à la médecine curative, c'àd. à l'art de guérir. Ce n'est ni de leur compétence, ni de leur responsabilité, d'explorer toutes les facettes de la prévention, aux formes si multiples. Ce n'est surtout pas correct de leur demander de prendre position, d'avoir un avis fondé sur des matières complexes et en pleine évolution, objets de controverses et de débats dans un difficile contexte de prise de décision dans des champs encore émaillés d'incertitudes. Quant au médecin lui-même, qu'il prenne garde de ne jouer le jeu ni de ceux qui, dans le public, l'invitent, en flattant son amour-propre, à prendre le rôle de conseiller omniscient, ni de ceux qui, ailleurs - firmes pharmaceutiques, sollicitations diverses encombrant leurs boîtes aux lettres - tentent, en contournant leur vigilance, d'utiliser leur autorité ou ... d'écouler leurs produits.

Ni le rôle, ni la responsabilité.

A ce stade, certains seront tentés de protester. Ce que nous venons d'entendre, n'est ce pas un plaidoyer pour les spécialisations à tiroirs, les chasses gardées, n'est ce pas une violation du principe de transparence ? Non, ce n'est pas cela. C'est plutôt l'affirmation d'un principe essentiel, à savoir que chacun doit exercer son expertise - et l'autorité qui en découle - dans les matières où il la possède : champ spécifique de connaissance scientifique, champ particulier de connaissance rationnelle, domaine enfin de cette voie de connaissance difficile à nommer mais où se rangent des domaines comme l'art ou l'éthique. C'est aussi l'affirmation que ce n'est, ni le rôle, ni la responsabilité du médecin praticien de servir de créneau d'information du public sur la radioactivité, sur l'énergie nucléaire ou la gestion des accidents nucléaires.

Une information mais dans un autre but.

Il ne faut cependant pas en déduire que le médecin praticien peut tout ignorer des radiations ionisantes, voire des accidents nucléaires. Il a en effet en cette matière d'autres rôles à jouer. Nous avons vu que sa

responsabilité n'est pas mince dans la protection radiologique des patients : il doit dès lors recevoir une formation, appropriée à ses fonctions, en radioprotection et dans les disciplines de base qui en constituent le fondement théorique : physique et dosimétrie, radiobiologie, radiopathologie, radiotoxicologie, législation , etc. D'élémentaire pour le médecin généraliste, cette formation doit bien sûr s'approfondir de manière plus ou moins importante selon les spécialités exercées. Il va de soi qu'ainsi formé, le corps médical disposera d'un fond de connaissances lui permettant de comprendre le "langage" utilisé en radioprotection (les unités de dose p.ex.), ainsi que d'apprécier à sa juste valeur le risque lié à l'exposition aux radiations ionisantes. A cela se rajoute le besoin d'une information spécifique à donner aux membres du corps médical qui ont un rôle à jouer dans le cadre des plans d'urgence nationaux : personnel impliqué dans les secours d'urgence, ainsi que dans les divers établissements hospitaliers du réseau de secours mis en place. Certains médecins généralistes, directement concernés pour des raisons géographiques, doivent être impliqués dans ces plans, mais essentiellement, en pratique, pour gérer en toute connaissance de cause les problèmes non radiologiques ou les cas bénins.
Comme on le voit, la formation et l'information doivent exister, mais sans se tromper sur leur motivation et leur finalité.

Faire son métier de citoyen.

Pour ce qui est plus spécifiquement de l'information sur le cycle du combustible nucléaire, sur les autres pratiques non médicales impliquant l'utilisation de radiations ionisantes (stérilisation des aliments, produits de consommation, etc.) ou sur les aspects problématiques de l'irradiation naturelle (le radon surtout), il en est comme pour tous les domaines de l'activité humaine ayant une incidence sur la préservation de la santé : le médecin doit être informé, oui, mais tout autant que les autres citoyens ! Et en tout cas, il ne faut pas laisser croire, pour les raisons explicitées plus haut, que le médecin a un "devoir" particulier de savoir, et une "responsabilité" particulière de diffuser ce savoir. Par contre, tout citoyen a le droit de savoir tout ce qui lui est nécessaire pour l'exercice de ce que Camus appelait son "métier d'homme" et de ce que nous pourrions appeler, en le paraphrasant, son "métier de citoyen".

Le cadre de référence de mes propos.

En disant cela, je suis conscient d'opérer un choix de valeurs. Cela est inévitable. Il ne faut pas confondre neutralité et objectivité. La neutralité est un mythe, l'objectivité un impératif éthique. Je parle donc honnêtement, mais avec un "chapeau", celui du représentant de l'administration de santé publique, et une subjectivité propre, comme tout un chacun. Et qu' y a t'il sous ce chapeau ? Un cadre de référence, un paradigme, un champ sémantique dont j'articulerais les mots-clés de la façon suivante :

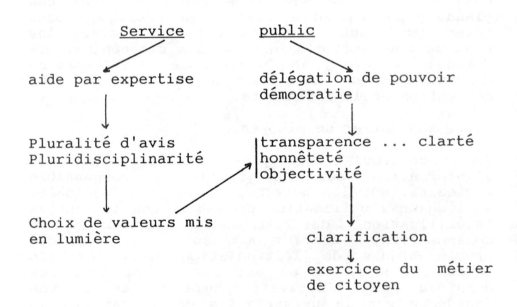

172

Autrement dit, je pense que les pouvoirs publics doivent, dans un contexte démocratique, c'àd. de délégation de pouvoirs et de confiance sollicitée, diffuser et contribuer à faire diffuser, dans les matières intéressant l'incidence de la vie sociale sur la santé, une information complète, accessible et contradictoire permettant à chaque citoyen d'exercer pleinement son métier d'homme. Mutatis mutandis, je crois que ce programme est parfaitement transposable au niveau de l'institution universitaire.

Le savoir est plus que la science.

Pour finir, je voudrais aborder la question du contenu de l'information. Ce qui me parait essentiel, c'est que celui-ci déborde largement les aspects purement scientifiques. Ces derniers sont nécessaires comme clé de lecture, comme langage, mais une fois ce langage appris, démystifié, maîtrisé, apparaissent toujours des situations complexes, où s'affrontent avantages et inconvénients, où ceux-ci concernent des personnes différentes, où des arbitrages de valeurs s'imposent, bref où des choix d'ordre éthique doivent trouver place. Le domaine de la radioprotection en est riche : qu'on se contente de rappeler la valeur alpha donnée à la vie humaine, ou le conflit entre la protection du foetus et l'égalité au travail de l'homme et de la femme. Parmi ces questions difficiles, je voudrais encore souligner un des talons d'Achille actuels de notre développement économique rapide, à savoir la gestion de l'incertitude et les critères éthiques de la prise de décision dans une situation grevée d'incertitudes. Beaucoup de politiques d'environnement sont actuellement confrontées à ce type de problème. Face à une telle réalité, qui forme précisément la toile de fond du métier de citoyen, il s'impose de présenter une information, accessible certes, mais complète et contradictoire, faisant bien "ressortir" les enjeux. Et pour ce faire, il faut que ces enjeux apparaissent d'abord clairement à ceux qui génèrent l'information, au niveau des

pouvoirs publics, des universités ou ailleurs !
Il est malheureusement navrant de constater que
pour beaucoup encore, savoir ne rime qu'avec
science, que le mythe de la neutralité est encore
bien vivant et que bien peu d'universités ont
prévu dans les programmes à l'intention des
scientifiques, une formation à l'éthique et à la
philosophie des sciences.

Conclusion

Ma conclusion pourrait se résumer à cela : ne
demandons pas aux médecins ce qu'ils ne sont pas
en mesure de donner. Mais donnons à tous,
médecins compris, une formation et une
information complète, accessible et
contradictoire, leur permettant d'exercer leur
métier d'homme. Et, pour ce faire, introduisons
enfin la réflexion interdisciplinaire, incluant
les sciences humaines, la philosophie et
l'éthique, tant au niveau des cénacles nationaux
et internationaux de la vie publique qu'à celui
des institutions universitaires.

Information du corps médical
Le point de vue du corps médical

Les besoins d'information du corps médical

au travers d'enquêtes réalisées auprès

de professionnels de santé de Champagne-Ardenne

et de Belleville-sur-Loire

Serge KOCHMAN avec la collaboration de

Laurence BATY, Edgard JUVIN, René BODENSCHATZ

sur les bases fournies par un groupe d'étudiants
en Médecine Philippe BEURY, Paul BOUET,
Christine DOUCET, Patrick GOASGUEN, Marc LEWICKI,
Jean-François PETIT et Monique VILLETTE

Dès mars 1990, nous avons évalué le niveau des connaissances et les modes de perception des médecins généralistes de Champagne-Ardenne, fréquemment interpellés par leurs patients sur les dangers que représentent les sites nucléaires de la Région, tels ceux de Nogent-sur-Seine, Chooz ou Soulaines.

Cette étude a été menée sous forme d'enquête : le médecin est contacté par un étudiant sur "les problèmes de l'environnement", ils conviennent d'un rendez-vous au cabinet médical et un questionnaire guide l'entretien dont la durée moyenne dépasse 40 minutes.

A l'époque précitée, nous avons distingué, pour une population médicale de 977 généralistes répertoriés en Champagne-Ardenne, trois zones d'exercice en fonction de la proximité des sites nucléaires (fig 1).

- "une zone nucléaire" (ZN) à moins de 16 km d'un site où nous retenons tous les médecins y exerçant leur activité, soit 48 praticiens.
- une zone intermédiaire (ZI) à plus de 16 km mais à moins de 32 km d'un site nucléaire dont nous excluons tous les praticiens.
- une zone témoin (ZT), correspondant au reste du territoire de Champagne-Ardenne et où 845 praticiens exercent leur profession. Au sein de cette population, 96 médecins ont été tirés au sort. Il convenait de valider la représentativité de cette sélection selon les règles habituelles, elle s'est révélée conforme à la population des médecins généralistes exerçant en France et en Champagne-Ardenne sur le plan particulier (tableau 1).

Figure 1
Les zones en Champagne-Ardenne

177

	Population médicale en 1989			
	FRANCE	Champagne Ardenne	ZN	ZT
Nombre de généralistes	50304	977	48	92
âge moyen	41,5	42,7	45,1	42,2
% de femmes	14,5	13,9	10,5	13,1

Tableau 1

La première partie de notre questionnaire tente de préciser la place du médecin face aux probèmes de l'environnement. Ainsi, tous les médecins, qu'ils exercent en ZN ou en ZT, se considèrent comme des "vecteurs de diffusion de la connaissance", ils peuvent transmettre les doléances, et ils reconnaissent que les patients leur ont déjà fait part de leurs préoccupations concernant le nucléaire (tableau 2). Parmi les risques les plus souvent cités, la pollution chimique de l'eau apparaît plus préoccupante que le risque nucléaire, tant en ZN qu'en ZT (fig 2).

	ZN	ZT
Le medecin se considère-t-il comme un bon vecteur pour diffuser la connaissance	40/48	68/92
Le medecin se considère-t-il comme un bon vecteur pour transmettre les doléances	34/48	52/92
Vos patients vous ont-ils déjà fait part de leurs préocupations concernant le respect de l'environnement	41/48	65/92

Tableau 2

Risques spontanément cités

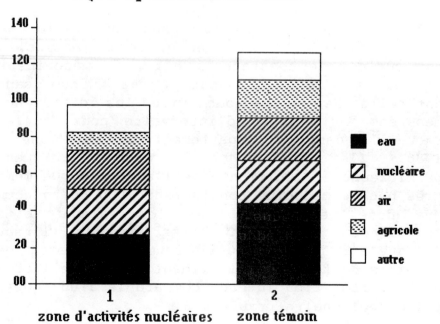

Figure 2

Il convient de rappeler, qu'à cette époque, la presse relatait complaisamment les déboires de la Société Perrier aux USA et on mesure à ce niveau, l'influence prédominante du message médiatique sur la population.

Par contre, lorsque l'enquêteur demande au médecin si le nucléaire est un facteur de risque majeur, une différence significative mérite d'être notée entre la ZN et la ZT puisque la réponse est positive pour 39 médecins sur 48 en ZN contre 38 sur 92 en ZT. C'est dire l'importance de la proximité du site dans l'esprit de tous. Il s'impose par son gigantisme, il imprègne les esprits et il conditionne l'opinion. Par contre, à plus de 32 km, ces facteurs émotionnels disparaissent.

Au plan des connaissances, nous nous sommes attachés à cerner la capacité d'analyse et de réflexion des médecins face aux informations de la grande presse. Parmi les questions posées, il est curieux de constater que peu de médecins en ZN ou en ZT attribuent à la décroissance naturelle de la radioactivité les différences mesurées à 15 jours d'intervalle pour le lait recueilli dans le département de la Meuse en 1986. Ils préfèrent y voir l'influence pernicieuse et lénifiante de l'autorité. De même, très peu de médecins considèrent 1000 bq/kg comme une dose négligeable par les salades dites contaminées. Ils sont très surpris lorsque l'enquêteur précise qu'il faudrait ingérer des dizaines de kg d'un tel aliment pour être l'objet d'une irradiation interne comparable à un modeste cliché pulmonaire (tableau 3).

Question :
A la suite de Tchernobyl, on signale le 6 mai 1986 que la contamination du lait en Lorraine est de 500 bq/l, mais le 26 mai, la presse fait état de 125 bq/l.

Taux de réponses positives

	ZN	ZT
S'agit-il d'une décroissance naturelle de la radioactivité	19/48	41/92
S'agit-il d'une décision politique	13/48	22/92

Question :
On annonce une contamination des salades à 1000 bq/kg, combien faudrait-il en ingérer pour que l'irradiation interne d'un consommateur corresponde à un cliché pulmonaire.

Taux de réponses positives

	ZN	ZT
> de 6 kg	18/48	35/92

Tableau 3

Devant la modestie des résultats, le Doyen de la Faculté de Médecine de Reims pouvait, en toute humilité, s'interroger sur la valeur de l'enseignement dispensé dans l'établissement dont il a la charge puisque la plupart des praticiens exerçant en Champagne-Ardenne y ont été formés .

La validation des résultats passait donc par une enquête comparative avec une autre région française irriguée par un autre fleuve et placée sous l'influence d'une autre université. La zone d'activité nucléaire de Belleville-sur-Loire (Cher) a été choisie car elle correspond assez fidèlement à Nogent-sur-Seine au plan démographique, sociologique et économique.

Cette seconde enquête s'est déroulée de juin à septembre 1991 et nous avons saisi l'opportunité de cette limitation à un territoire restreint pour interroger, outre tous les médecins, les pharmaciens, les vétérinaires et les infirmières libérales exerçant dans cette zone.

Sur un total de 218 professionnels recensés, 183 ont accepté de nous répondre, selon les mêmes modalités que précédemment (tableau 4).

	BELLEVILLE	NOGENT	TOTAL
MEDECINS	42	37	79
PHARMACIENS	21	18	39
VETERINAIRES	17	9	26
INFIRMIERES	25	14	39
TOTAL	105	78	183

Tableau 4
**Nombre de professionnels de Belleville et
de Nogent acceptant de répondre à l'enquête**

Les taux de réponses satisfaisantes des médecins du Cher sont tout à fait comparables à ceux obtenus chez leurs confrères de l'Aube (tableau 5). La Faculté de Médecine de Reims est donc lavée de tout soupçon et le constat établi semble valable pour l'ensemble du territoire national.

Question :
A la suite de Tchernobyl, on signale le 6 mai
1986 que la contamination du lait en Lorraine est
de 500 bq/l, mais le 26 mai, la presse fait état
de 125 bq/l.

Taux de réponses positives

	ZN Nogent	ZN Belleville
S'agit-il d'une décroissance naturelle de la radioactivité	16/37	15/42

Question :
On annonce une contamination des salades à 1000
bq/l, combien faudrait-il en ingérer pour que
l'irradiation interne d'un consommateur corresponde à un cliché pulmonaire.

Taux de réponses positives

	ZN Nogent	ZN Belleville
> de 6 kg	15/37	14/42

Tableau 5

Par contre, nous avons pu, à cette occasion
cerner la perception du risque nucléaire des
médecins, pharmaciens, vétérinaires et infirmières libérales exerçant en ZN de Nogent ou en
ZN de Belleville, puisque les deux échantil-
lonnages pouvaient être comparés.

En prenant pour critère deux questions simples :

- vous sentez-vous mis en danger par la proximité de la centrale nucléaire ?

- en fonctionnement normal, consommeriez-vous du poisson péché en aval de la centrale nucléaire ?.

On remarque à l'évidence un "taux de méfiance" différent pour le médecin, globalement rassuré, le pharmacien un peu moins confiant, le vétérinaire déjà hostile et l'infirmière encore plus alarmée (fig 3).

Au terme d'une étude portant sur l'analyse de 42 questions, nous confirmons des différences très marquées dans les taux d'adhésion au nucléaire en fonction de la profession exercée mais on met également en exergue pour tous les professionnels de santé la qualité des universitaires en tant "qu'interlocuteurs crédibles", ils sont en tête du "hit parade" pour les médecins, les pharmaciens, les vétérinaires et les infirmières et classés bien avant le responsable médical de la centrale, le représentant des intitutions (SCPRI, Protection civile...) ou le porte parole des écologistes.

C'est dire la responsabilité des Facultés de Médecine face aux problèmes objectifs et subjectifs que sous-tend la politique nucléaire des pays industrialisés.

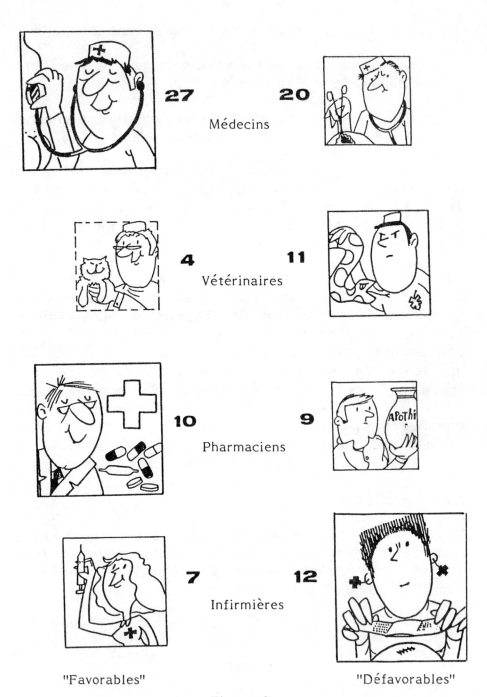

27   20

Médecins

4   11

Vétérinaires

10   9

Pharmaciens

7   12

Infirmières

"Favorables"   "Défavorables"

Figure 3

Nombre de praticiens exprimant clairement leur opinion

Information du corps médical
Le point de vue des professionnels de la radioprotection

Dr. Bernard Michaud
Office fédéral de la Santé publique
Division de la radioprotection
Berne, Suisse

1. Introduction

Le corps médical comprend les médecins généralistes, les médecins spécialistes, les physiciens médicaux (radiophysiciens), les pharmaciens, les infirmiers, les techniciens en radiologie médicale, etc...

Les rayonnements ionisants sont utilisés en médecine: en radiodiagnostic, en radiothérapie, en médecine nucléaire, lors d'interventions, en recherche médicale, etc...

Comme les rayonnements ionisants. peuvent avoir un effet sur la santé, qu'ils sont utilisés en médecine et que le corps médical dispose d'un crédit élevé de prestige et de confiance auprès du public, les membres du corps médical sont des interlocuteurs privilégiés des patients, de leurs familles et du public en matière de rayonnements ionisants.

2. Formation du corps médical en rapport avec les applications médicales des rayonnements ionisants

Outre la formation proprement médicale, les personnes du corps médical utilisant les rayonnements ionisants dans l'exercice de leur profession doivent posséder une formation en matière de radioprotection correspondant à leur activité et à leur responsabilité. La radioprotection en médecine comprend l'assurance de qualité des équipements et la protection des patients, du personnel et de l'environnement.

La formation doit couvrir les domaines suivants:

- principes de la radioprotection (principes fondamentaux, surtout ceux de justification et d'optimisation; principes de radioprotection opérationelle);
- technique radiologique;
- prescriptions de radioprotection se rapportant à l'application des rayonnements ionisants en médecine;
- risques liés aux expositions aux radiations pouvant résulter de comportements incorrects.

Les qualifications techniques requises pour les applications diagnostiques d'appareils à rayons X sont généralement acquises dans le cadre de la formation de base du médecin. Une formation postgraduée permet d'acquérir les qualifications techniques requises pour la spécialisation en radiologie médicale, pour les applications thérapeutiques des rayonnements ionisants et pour les applications de sources radioactives non scellées à l'homme.

3. Besoins du corps médical en situation normale

Les principaux sujets d'actualité en rapport avec les rayonnements ionisants en situation normale couvrent les domaines suivants:

- la sûreté des installations nucléaires;
- la contamination radioactive de l'environnement par les rejets normaux des installations nucléaires;
- la gestion des déchets radioactifs;
- l'exposition aux radiations par le radon et ses produits de filiation dans les bâtiments;

- les effets des rayonnements ionisants sur la
  santé, en particulier sur le taux d'incidence
  des leucémies et des troubles du développement;
- le commerce illégal de matières nucléaires;
- la prolifération des armes nucléaires;
- l'irradiation des denrées alimentaires.

Considérant la position particulière du corps
médical et en particulier du médecin dans la formation de l'opinion publique, il est souhaitable
que ce corps professionnel puisse donner un avis
certes général, mais pertinent sur les rayonnements ionisants et leurs effets sur la santé. A
cet effet, il est nécessaire que le corps médical
possède des connaissances générales dans les domaines suivants:

- nature des rayonnements ionisants et de la radioactivité;
- grandeurs et unités: activité (becquerel, Bq),
  dose (gray, Gy; sievert, Sv);
- utilisation des rayonnements ionisants et des
  radionucléides en médecine, dans l'industrie et
  la recherche;
- exposition naturelle aux rayonnements ionisants
  et ses variations: rayonnement cosmique, radioactivité terrestre, radioactivité des aliments,
  radioactivité du corps humain, exposition au
  radon et ses produits de filiation dans les
  bâtiments;
- exposition aux sources artificielles de rayonnements ionisants: expositions médicales, essais
  des armes nucléaires dans l'atmosphère, retombées de Tchernobyl, rejets de substances radioactives dans l'environnement par l'industrie
  électronucléaire, les autres entreprises industrielles, les centres de recherche et les
  hôpitaux, etc...;
- voies d'exposition de l'homme:
  irradiation/contamination, irradiation externe,
  incorporation par inhalation, par ingestion,
  irradiation interne, dose à un organe, dose
  effective;

- effets des rayonnements ionisants sur la santé:
  effets déterministes, effets probabilistes
  (stochastiques), problématique des effets des
  faibles doses, risques et incertitudes.

La problématique des effets des faibles doses fait
intervenir des notions assez complexes, telles que
les études épidémiologiques et la signification
statistique des effets, la relation dose-effets et
les modèles de risque, etc... Il est par conséquent très important de connaître les expositions
naturelles aux rayonnements ionisants et leurs
variations qui constituent une bonne référence
pour porter un jugement comparatif sur les expositions d'origine artificielle.

4. Besoins du corps médical en cas d'urgence radiologique

Pour les cas d'urgence radiologique, des connaissances générales supplémentaires sont indispensables pour comprendre la situation radiologique et
donner un avis pertinent sur les risques pour la
santé. Elles recouvrent les domaines suivants:

- types d'accidents radiologiques possibles;
- organisation d'intervention et mesures de
  protection possibles;
- échelle de grandeurs de la relation dose-effets;
- irradiation/du corps entier/partielle/contamina-
  tion/incorporation, examens et soins médicaux
  correspondants, radiopathologie, traitement;
- prophylaxie à l'iode;
- irradiation et grossesse;
- irradiation et enfants;
- aspects psychologiques dans la relation des membres du corps médical avec les patients et le
  public en général en cas d'urgence radiologique;
  angoisse individuelle et collective; responsabilité du corps médical.

5. Remarques finales

Le degré d'approfondissement des connaissances dépendra bien évidemment de la catégorie du corps médical que l'on considère. Le rôle prépondérant revient au médecin qui jouit aussi de la plus grande autorité et de la meilleure audience auprès du public. Les pharmacies sont également des lieux privilégiés de communication avec le public. Le physicien médical (radiophysicien) peut également jouer un rôle important, car de par sa formation il est plus proche des questions touchant les rayonnements ionisants et la radioprotection. Le nombre restreint de physiciens médicaux par rapport aux autres catégories du corps médical est cependant un facteur limitatif.

Une formation générale sur les rayonnements ionisants, la radioactivité et leurs effets sur la santé est la condition nécessaire pour que le corps médical puisse contribuer de manière pertinente, comme relais, à l'information du public sur tout événement lié de près ou de loin à ces questions.

Mais cette formation générale, condition préalable essentielle, ne suffit pas à atteindre l'objectif fixé. Des informations aussi précises et complètes que possible, émanant de sources autorisées, sur les événements d'actualité, en situation normale et davantage encore en cas d'urgence radiologique, doivent parvenir rapidement et régulièrement au corps médical. Les informations transmises en cas d'urgence radiologique doivent permettre au corps médical d'apprécier correctement la situation radiologique, en particulier les risques pour la santé. Si nous attendons un rôle de la part du corps médical comme relais vers le public d'une information objective sur les rayonnements ionisants, les informations transmises devront contenir tout ce que le public est en droit d'attendre. A ce sujet, je vous renvoie à la "Directive du Conseil du 27 novembre 1989 concernant l'information de la population sur les mesures de protection sanitaire applicables et sur le comportement à adopter en cas d'urgence radiologique (89/618/Euratom)", à la "Communication de la Commission au sujet de la mise en oeuvre de... ladite directive...(91/C 103/03)" et au "Projet de recommandation du Conseil de l'OCDE sur l'information du public concernant les situations d'urgence radiologique" (non publié).

Quels moyens mettre en oeuvre pour améliorer la formation et l'information du corps médical dans le domaine des rayonnements ionisants? C'est à ce séminaire d'apporter des éléments de réponse à cette question.

Part 2

PANEL
Main lessons to be learned
from experience and improvements needed
regarding training and the dissemination of information

Partie 2

TABLE RONDE
Principaux apports de l'expérience présentée
et progrès à entreprendre
en matière de formation et d'information

INTRODUCTION

Dr. G. Heinemann
PreussenElektra AG

As a member of the German medical community let me give you some remarks on the special situation in Germany. It may be in some sense paradigmatic even for a nation like France, which so far had little problems with the emotions of people in regard of ionizing radiation.

1.   The so-called medical community in Germany is by no means an entity with common opinions in regard of ionizing radiation. There are especially the younger doctors of medicine and among them the general physicians with low scientific graduation who have an almost pure emotional positions against ionizing radiation even in the field of diagnostic and therapeutic use in medicine.

When discussing with them you will become aware of an agressive vocabulary with pseudoscientific touch. This happens especially if the discussion deals with ionizing radiation in connection with nuclear energy.

2.   The position of this group of the medical community in Germany is over-represented in the German media. This is a consequence of the fact, that the so-called experts of these alternative medical groups are very interested and well-trained in "meeting the press". For example: there is a cluster of leucemia in the children near the Krümmel nuclear power plant. One of these so-called experts published results of the chromosome analysis of 5 persons. As we know, Miss Schmitz-Feuherhake - originally educated in health physics but since some years

working with cytogenetics - has learned the method of cytogenetics in a non-professional manner. She told that neither the number of persons nor the number of dicentrics has statistic significance. But nevertheless she called her results an indicator of radiation damage of the cells by the ionizing plant of Krümmel. As far as I know, there is no person in the seriously working cytogenetic laboratories, who shares this interpretation. But nobody has rejected this misleading interpretation of Schmitz-Feuerhake in an official manner. And of course no German television station or newspaper has criticized this style of publishing so poorly proven results.

3.   Most of the seriously working scientists carefully avoid any contact with nuclear energy problems in the public. So they will not try to reject a completely wrong interpretation of radiation risk in the media and there is little effect if they do it in an assembly like this here. On the other hand we must admit that it is very difficult to find one of the large television companies which will publish a more realistic view of radiation risk.

4.   From our experiences in Germany we need a new strategic policy for the information of the medical community and the public. One example is the late reaction of our scientists and even of the nuclear energy companies to the Chernobyl accident. Chernobyl is not a pure Soviet or Russian problem, we were waiting until the so-called alternative radio-protection groups went to Minsk and Kiew and built their own organization with the possibility to explain the facts in their own way, while only weak reactions were possible from our groups because we had no medical organization at the site. This is changing now but very, very late. What is necessary, is to know the problems first and to discuss them earlier and in a more competent way in the public than the prophets of the micro-Sievert hazard do. We all have to learn to act and not to react to the problems.

Doctors and Radiation Protection :
Overview of National Experiences of Training
and Information Provision

Dr. Andrew Bulman
Department of Health, London
(United Kingdom)

Presentations were made from France, UK, Italy, Germany, Belgium, USA, Switzerland and Sweden. Three levels of training were apparent:

* At undergraduate level mainly in the form of lectures
* For doctors personally directing medical exposures to patients such as orthopaedic surgeons, cardiologists and dentists as required by Euratom Directive, 84/466.
* For specialists in diagnostic imaging, nuclear medicine and radiotherapy.

1. Effectiveness and Limits

i) Doubt was cast on the ability of undergraduates to retain sufficient relevant information to confidently and helpfully advise the public after qualification. Questionnaire surveys in France showed that most doctors felt under-informed. The Chernobyl experience in Germany showed many non-specialists giving doctors advice.

ii) Many short books have been published by different institutions such as Government influenced bodies (e.g. National Radiological Protection Board in the UK, Electricite de France in France), Universities (e.g. Montpelier) and international agencies (e.g. IAEA) No international co-operation is yet in place on publications. Distribution has been on a local sub-national basis.

iii) The limits to these initiatives.

a. There appeared to be a lack of motivation among non-specialist doctors to acquire and retain radio protection knowledge. This may be because they are trained and paid to advise and treat patients who are already ill. They may not feel that prevention of anxiety regarding low dose environmental radiation is their proper role.

b. There was a feeling that the current programmes are not really working and that the problem is how to change the approach rather than how to increase the volume of current activity.

2. Improvements Needed

i) Recognition that sources of funding affect credibility and that expensive publicity from Governmental sources may be less effective than information generated by individuals and local groups.

ii) Knowledge of radio protection does not mean that the correct intended message is conveyed to a listener, either at an individual level or if mass media are involved. Doctors may not be good communicators and little attention has been given to training in this area.

iii)   Evaluation of the effect of postgraduate training programmes in general, and those in radio protection in particular, are very limited. If any changes in procedure are made as a result of this meeting more systematic measurement of outcomes will be needed as a matter of urgency if the cost/benefit is to be assessed.

3.   Type of Information

i)   The risks of environmental radiation should be discussed in the context of other environmental risks such as chemical and road safety risks.

ii)   Distinction should be made as to whether the training objective is:

a. practical advice in the event of an incident to address questions such as :

Can I drink milk -
Can I eat vegetables from my garden -
Should I have an abortion -
Will it effect my animals

b. more theoretical training in radiopathology and physics to enable participation at some level in debates of radio protection issues.

iii)   Pedagogic methods of teaching, such as lectures, may be less effective than interactive, hands-on "workshop" methods involving the solution or response to actual problems.   Encouragement was given to the use of newer systems such as Minitel and CD-ROM.

4.   Interface between Doctors and Institutions

i)   The question of motivation to prevent illness rather than merely to treat it requires cultural change which may be helped by statements from national doctors institutions and universities.

ii)   The suggestion was made that the medical curriculum should be driven from the bottom up by the desires of students rather than from the top down by the issue of new laws. For this to be a reality the level of public knowledge on what are relevant health issues would also need to be improved- but this is beyond the scope of the current paper.

AMELIORER LA FORMATION, L'INFORMATION ET LES MOYENS DE DIFFUSION

Dr Jean-Claude Artus
Professeur à la Faculté de Médecine
Médecine Nucléaire CRLC Val d'Aurelle
Montpellier, France

Des principaux rapports des expériences présentées en matière de formation et d'information du corps médical, il ressort des éléments tout-à-fait comparables d'un pays à l'autre:

- partout les professions de santé sont sollicitées par le public;

- la demande de formation devenue pressante depuis la catastrophe de Tchernobyl est clairement formulée, en tout cas dans son intention et sa forme, documents, Formation Continue mais le contenu n'est pas aussi bien défini;

- dans tous les pays les professions de santé sont considérées comme de bons relais de l'information du public sur le risque lié aux R.I.;

- il existe dans la plupart des pays une difficulté à intégrer un enseignement convenable des bases physiques, de radiopathologie, de radioécologie et de radioprotection dans le cursus des études médicales du praticien généraliste;

- lorsqu'il existe cet enseignement n'associe que très rarement l'examen de situations pratiques de radioprotection pour lesquelles le médecin pourrait être sollicité;

- la formation de radiobiologiste et radiopathologiste est enseignée dans les cours de spécialisation;

- dans certains pays une formation spécifique de radioprotectionniste en vue de répondre aux besoins du public semble s'être développée;

- malgré la demande il existe les mêmes difficultés de sensibilisation à la Formation Continue sur le thème relatif à la nuisance potentielle des R.I.;

- dans beaucoup de pays de multiples documents à visée informative ont été produits, leur diffusion ne paraît pas systématisée;

- enfin dans tous les pays, et l'expérience suédoise est apparue assez exemplaire, aux difficultés liées à la nature de l'enseignement d'une discipline dont l'intérêt n'est pas jugé prioritaire, s'ajoute l'effet négatif passionnel du contexte socio-médiatique systématiquement associé à l'information sur le nucléaire

Quelles réflexions peut-on formuler sur les progrès à entreprendre en matière de formation et d'information ?

Tout d'abord il semble nécessaire de distinguer, la formation durant le cursus habituel des études médicales, de l'information à poursuivre à travers la Formation Continue ainsi que de la qualification spécifique liée à la radiologie, la radiothérapie, la médecine nucléaire ou autres formations de radioprotectionnistes (médecine du travail, médecine des catastrophes etc ...).

Les remarques suivantes se limitent à la formation qui pourrait être dispensée au cours du cursus habituel des études Médicales.:

- comme il existera toujours une contrainte liée au nombre limité d'heures d'enseignement sur ce programme, il convient de leur associer : Enseignements Dirigés et Travaux Pratiques;
- en plus des connaissances de bases il faudrait inscrire des objectifs spécifiques ciblés sur les demandes les plus souvent exprimées ;
- il faut proposer des fiches et arbres décisionnels en vue de conduite à tenir en cas d'incidents ou d'accidents nucléaires (Cf. la plaquette "Médecins et Risque Nucléaire");
- utiliser les documents existants, l'outil informatique;
- prévoir, en relation avec les industriels locaux, des visites d'installations nucléaires ou tout simplement la manipulation de dispositifs de radioprotection;
- la partie de l'enseignement portant sur les conséquences pathologiques et sur les dispositions relatives à la radioprotection devrait être développée vers la fin du 2ème cycle (5ème année, études médicales).

La préoccupation du public sur le risque nucléaire comme celle relative à l'écologie en général, et quelles qu'en soient les raisons, traduit probablement un "mal être ", un déséquilibre entre l'Homme et tout ce qui l'entoure! Cette désadaptation de l'Homme à son milieu peut le conduire à des attitudes aberrantes (largement amplifiées par les médias) et à l'origine de problèmes de santé.

Il conviendrait donc d'intégrer le risque nucléaire dans une vue plus globale regroupant l'ensemble des nuisances dues aux relations entre l'Environnement et la Santé. Cet ensemble de relations caractérisées par la faible valeur de leur risque, le plus souvent à caractère aléatoire, pourrait du reste être élargi à certains aspects bénéfiques, positifs, des relations environnementales!

Ainsi donc sans vouloir faire du médecin un spécialiste en tout ne serait-il pas opportun de :
- lui donner quelques connaissances de bases pour estimer, apprécier les différentes relations entre l'Homme et son Environnement afin

d'établir l'importance relative de leur incidence positive ou négative (en tout cas la plupart du temps faible!)

   - le préparer à une réflexion sur son rôle indispensable de prévention qui la plupart du temps est l'Information;
   - le former pour celà à un minimum de Communication;
   - le rendre critique sur l'origine et la qualité des sources d'information.

   Sans souci excessif de le minimiser, c'est en intégrant le risque nucléaire dans l'ensemble des nuisances environnementales que l'on ramènera à une plus juste valeur son importance!

Comment améliorer l'information du corps médical sur les rayonnements ionisants : le point de vue d'un organisme de recherche nucléaire

Françoise Rousseau
Chargé de la communication envers le corps médical
à la Direction de la Communication du CEA

D'abord évaluer le besoin d'information ?

En janvier 1992, les médecins du service médical du travail du centre CEA de Saclay ont envoyé un questionnaire à tous les généralistes des villes avoisinantes (49 envois/ 27 réponses). Ils leur demandaient le type d'information qui les intéressait : relation médecin traitant/ médecins du travail, informations sur le centre d'études, informations sur le risque nucléaire ? dans quel cadre ? et avec quels intervenants ? etc (voir annexe). Le résultat est que les médecins-généralistes préfèrent des informations qui leur sont spécifiques. Ils sont préoccupés par leur rôle en cas d'accident et souhaitent donc acquérir les notions suffisantes dans le cadre d'EPU (Enseignement Post Universitaire), principalement. Ils privilégient la relation avec les médecins du travail. En effet, est apparue une réserve sur l'objectivité des techniciens de la radioprotection et des experts (IPSN, SCPRI...). Les médecins insistent aussi sur le peu de temps libre dont dispose un généraliste.

De ce bilan, même local, nous pouvons déduire que le besoin d'information sur les rayonnements ionisants existe mais que le temps disponible est limité d'autant plus que cette information n'est pas prioritaire pour la majorité d'entre eux dans une situation normale. De plus, les médecins sont aussi plus ou moins réceptifs à une information sur les rayonnements ionisants selon qu'ils sont médecins nucléaires, médecins du travail ou bien médecins généralistes exerçant à proximité d'une centrale ou non. Ces différentes considérations sont à prendre en compte pour une information de masse du corps médical.

Mais vouloir informer à tout prix n'a pas de sens. Non seulement l'information n'est pas reçue si elle n'est pas demandée mais de plus elle risque d'être ressentie comme une pression des autorités. Alors comment motiver une démarche positive des médecins et des pharmaciens vis-à-vis d'une information sur les rayonnements ionisants ? D'abord, une première remarque pourrait être que les médecins sont eux-mêmes prescripteurs d'actes radiologiques qui sont pénalisants du point de vue dosimétrique. L'information sur l'effet des faibles doses et de leur cumul est donc nécessaire pour l'exercice quotidien de leur métier. De plus, connaissant la confiance qu'accorde la population au milieu médical, il faut faire prendre conscience aux médecins et même aux pharmaciens du rôle psychologique qu'ils peuvent avoir vis-à-vis des gens, rôle qu'ils n'ont pas joué lors de Tchernobyl. Face à un incident, un accident ou même à une rumeur, ils doivent être capables de répondre objectivement à une question sur les risques réels encourus par les populations. Il est trop tard pour s'informer en temps de crise où les communications sont soumises à de multiples pressions (temporel, économique, politique, désir du sensationnel ...).

Un autre point est à considérer : le médecin est avant tout un citoyen. Sa sensibilité pour ou contre le nucléaire influence certainement son souci de s'informer dans ce domaine. D'ailleurs, la forme de l'information diffusée a beaucoup d'importance. Une conférence avec un sujet style journalistique est souvent plus fréquentée qu'une conférence plus scientifique. C'est ainsi que des sujets comme "Tchernobyl" ou bien " les morts par irradiation" font plus d'amateurs.

Comment informer quand on est un organisme de recherche nucléaire ?

Il est souvent difficile d'informer quand on est une institution nucléaire. Cependant, à défaut d'être indépendant de l'activité nucléaire, notre état d'organisme public de recherche nous donne une notoriété scientifique, en particulier en ce qui concerne les rayonnements ionisants. Et les médecins du travail qui sont, d'après le résultat du questionnaire, dignes de confiance sont de bons intermédiaires entre les centres de recherche et les médecins. D'ailleurs, les médecins des centres CEA ainsi que les professionnels de la radioprotection (IPSN, Direction des Sciences du Vivant, responsables de la radioprotection sur les centres CEA,...) participent largement à des enseignements universitaires ou post-universitaires ainsi qu'à des conférences spécialisées organisées par la SFEN ou autres associations. Les médecins peuvent, aussi prendre part à la publications d'ouvrages. Ainsi des médecins du CEA ont participé à l'écriture de la publication de la FNSEA "Agriculture, environnement et nucléaire" et des médecins de travail du centre CEA de Grenoble ont collaboré à l'élaboration de la plaquette "Médecins et risque nucléaire", plaquette d'ailleurs très appréciée du monde médical.

Le contact avec les médecins peut être aussi favorisé par l'intermédiaire de publications régulières du CEA. Plus de 500 médecins et pharmaciens, principalement des médecins nucléaires ayant suivi une formation à l'INSTN ainsi que des médecins proches des centres sont abonnés gratuitement au mensuel "Défis du CEA". Ce journal, tout en maintenant un contact régulier avec les médecins valorise nos compétences scientifiques.

La presse médicale est aussi un excellent relais pour une information régulière des professions médicales. D'ailleurs, la création en septembre 1990 d'un poste de chargé de la communication envers le corps médical au CEA indique bien la volonté de cet organisme de ne pas rester inactif pour l'information du public en augmentant ses contacts avec cette presse spécialisée. De nombreux sujets de publication peuvent être aisement trouvés parmi nos activités scientifiques, en particulier dans le domaine des sciences du vivant. Nous pouvons également participer à l'aide à la diffusion de certains supports informatifs comme la bande vidéo "l'homme face aux rayonnement nucléaire" qui a fait l'objet de quelques émissions sur une chaîne cablée, "Canal Santé".

Mais en plus de ces informations régulières, il est nécessaire de disposer d'un système souple pour répondre à des demandes ponctuelles (informations par téléphone, etc.). La rapidité de la réponse ainsi que la disponibilité des personnes compétentes est essentielle pour donner une impression de sérieux scientifique. Il serait peut-être utile de faire davantage savoir que la plupart des spécialistes de la radioprotection (médecins du travail, médecins-chercheurs, personnels de la sécurité, IPSN...) sont disponibles pour des renseignements ou des enseignements du corps médical.

Pour mieux informer, pourquoi ne pas commencer par communiquer ?

Une nouvelle forme de communication, moins protocolaire que les conférences ou les distributions de plaquettes, consiste à écouter les autres avant de les submerger d'information et à les rendre actifs vis-à-vis de celle-ci. Elle est souvent plus coûteuse en temps car elle demande une bonne préparation et des échanges entre celui qui informe et celui qui reçoit mais elle a l'avantage d'être efficace dans le contenu.

C'est ainsi qu'à la demande de médecins de la région de Cadarache, en collaboration avec des responsables d'un EPU, les médecins du travail du centre CEA de Cadarache ont reçu en 1991 une vingtaine de médecins pendant une journée. Ensemble, ils ont effectué des jeux de rôle pour apprécier mutuellement leur connaissance sur les rayonnements ionisants et sur leurs effets. Loin du débat nucléaire, l'information donnée lors de cette expérience répond aux préoccupations des médecins qui sont mis dans des situations où on leur poserait des questions précises sur l'effet des rayonnements. Ils est important que de telles expériences soient réalisées par des médecins qui comprennent les préoccupations de leurs confrères et dont le principal soucis est de transmettre une compétence médicale. Cette journée a aussi permis d'établir un contact direct entre des médecins du travail et des médecins généralistes. Cet échange peut être poursuivi dans le temps. Lors d'un besoin particulier d'information sur les rayonnements ionisants, le médecin généraliste peut très bien appeler son confrère médecin du travail dont il a pu apprécier la compétence.

D'autres expériences du même type, ne visant pas uniquement le milieu médical ont été mené autour du centre CEA de Saclay. La première expérience est une vidéo "Micro-trottoir" où des médecins et personnes vivant à proximité du centre sont interrogés sur le CEA, sa communication ...Les réponses montrent qu'il faut savoir écouter tout autant que communiquer pour réellement communiquer. La deuxième expérience a profité de l'actualisation du Plan Particulier d'Intervention (PPI). Le centre de Saclay a fait appel à des enfants d'une école primaire de Saclay pour "écrire" et interpréter un film sur le PPI, "Mystère et boules d'atomes". Ce film servira de support de communication dans les réunions du centre avec ses voisins.

QUESTIONNAIRE

Quels sont les items que vous souhaitez voir abordés ?

- Relations Médecin-traitant/Médecins du travail.......... ☐ *
- Informations sur les activités du SMT .... ☐
- Informations sur les activités du CENTRE D'ETUDES .... ☐
  - en particulier du secteur recherche bio-médicale .... ☐
- Information-formation sur le risque nucléaire :

  - en général
    - Notions de base .... ☐
    - Radioprotection humaine .... ☐
    - Radioprotection de l'environnement .... ☐
  - Organisation en cas d'accident, dont le rôle du
    Médecin de ville .... ☐

Quels intervenants souhaitez-vous ?

- Médecins du travail .... ☐
- Techniciens de la radioprotection .... ☐
- Experts de l'IPSN, du SCPRI, de l'INSTITUT CURIE, etc.... ☐

Dans quelles conditions souhaitez-vous ces rencontres ?

- Courrier d'information :

  - Tous les mois .... ☐
  - Tous les 3 mois .... ☐
  - Tous les 6 mois .... ☐

- Réunions d'information sur le CENTRE D'ETUDES .... ☐
- Visites d'installations du CENTRE D'ETUDES .... ☐
- Réunions à l'extérieur du CENTRE D'ETUDES .... ☐
- Information dans le cadre d'EPU existants .... ☐
- Organisation de quelque chose de spécifique (club etc...) ☐

- En semaine : - matin .... ☐
  - après-midi .... ☐
  - soir .... ☐
- Week-end .... ☐

♦♦♦

SUGGESTIONS

Les attentes des médecins généralistes en matière d'information sur les rayonnements ionisants

Claudette Pitois-El Aziz
Le Généraliste, Paris, France.

Au moment de Tchernobyl, de nombreux lecteurs du Généraliste nous ont écrit ou même téléphoné leur désarroi face aux informations contradictoires qui leur parvenaient. En particulier les médecins de l'est de la France avaient des données relativement alarmistes du côté allemand et totalement rassurantes du côté français. Ce qui suscitait de nombreuses questions de leurs patients auxquelles ils étaient bien en peine de répondre. Nous avons organisé une table ronde au cours de laquelle des opinions diverses ont pu être exprimées.

Nous avons commencé à publier de nombreuses informations sur le sujet "Nucléaire et santé". En nous aventurant dans ce domaine, nous découvrions peu à peu le manque de transparence, les difficultés à obtenir des réponses précises de la part des responsables, les positions crispées et dénuées d'objectivité des interlocuteurs.

Un an après Tchernobyl, nous avons lancé un questionnaire auprès des généralistes, intitulé: "Nucléaire: que répondre à vos patients?". Dans leur grande majorité, les lecteurs avouaient leur ignorance sur la conduite à tenir en cas d'accident et étaient très demandeurs de séances d'information et de formation aux problèmes sanitaires posés par le nucléaire. Nous avons alors organisé une journée de formation centrée sur les faibles doses de rayonnement en mars 1989 puis une seconde en 1990. Chaque fois, nous reprenions sous forme d'articles, l'essentiel des différentes interventions.

Ponctuellement, bien entendu, nous traitons des faits d'actualité en rapport avec le nucléaire essentiellement dans l'optique des répercussions sur la santé. C'est par exemple le témoignage d'un médecin généraliste qui rapporte des observations d'un voyage dans les environs de Tchernobyl. C'est l'annonce de nouvelles recommandations de la CIPR, la parution de nouveaux ouvrages destinés aux médecins sur le risque nucléaire. C'est encore l'accident de Forbach et le problème plus général de la dispersion d'accélérateurs, de tomographes, de produits radioactifs dans les secteurs industriels les plus divers et leurs manipulation par des gens insuffisamment formés.

Quand l'OCDE m'a demandé d'intervenir à cette table ronde, nous avons lancé un qestionnaire auprès des membres d'un réseau sentinelle que nous avons créé il y a un an dans le domaine "santé-environnement". Questionnaire destiné à connaître leurs besoins d'information dans le domaine des rayonnements ionisants. A la question "Vous estimez-vous bien informé sur le risque nucléaire?", la majorité répond non. De même à la question: "pensez-vous être suffisamment informé pour répondre à l'urgence, vous intégrer dans l'organisation des secours, répondre aux questions des patients?". Sur ce dernier point cependant, les réponses s'équilibrent davantage et ils seraient presque aussi nombreux à savoir répondre aux questions des patients qu'à ne pas savoir.

Sur les sources d'information que les médecins préfèrent dans ce domaine, est-ce un peu pour nous faire plaisir, l'immense majorité cite la presse médicale. Puis viennent, cités par presque les deux tiers, les organismes spécialisés (SCPRI, CEA, EDF). Juste après, les médecins de médecine nucléaire, médecins du travail EDF, médecins des armées, Samu. Ensuite les ouvrages spécialisés (50% des réponses), et enfin la presse grand public, les ouvrages de vulgarisation et les séances de FMC. La quasi-totalité des "répondeurs" n'a pas connaissance d'un enseignement sur le sujet à proximité de chez lui (Fac ou autre).

A la question ouverte demandant aux médecins ce qu'ils attendent de la presse médicale en matière d'information sur les rayonnements ionisants et le risque nucléaire, la conduite à tenir pratique en cas d'accident vient au premier plan, sous forme d'information claire et pratique en termes simples, avec une actualisation régulière. De même, nombreux sont ceux qui aimeraient avoir un état des lieux, région par région, des sites nucléaires et des risques en France, une cartographie des taux d'irradiation, des schémas d'organisation des secours à l'échelon départemental précisant la place du médecin généraliste. Le manque de confiance dans l'information officielle sur les risques est souligné à de nombreuses reprises et le souhait d'objectivité est clairement exprimé.

Enfin, une information qui fera plaisir aux responsables de la brochure de Grenoble: elle a été reçue "5 sur 5". De nombreux médecins nous en parlent spontanément en soulignant leur satisfaction.

Informer : un temps de réflexion.

Dominique Van Nuffelen; Muriel Balieu.
Service de Protection contre les Radiations ionisantes.
Ministère de la Santé publique et de l'Environnement.
Bruxelles, Belgique.

Le texte qui suit a pour unique ambition d'alimenter une réflexion à propos de l'information.

A ce titre, j'aimerais attirer votre attention sur l'implication d'une proposition à la mode et semblant aller de soi : *on doit informer*.

Il me semble qu'une telle proposition soulève quelques questions à la fois simples et fondamentales qui, dans la pratique, n'apparaissent cependant pas toujours...

Ainsi, on peut se demander pourquoi *on doit informer*.

Plusieurs réponses peuvent exister. Par exemple, une obligation légale; des raisons d'ordre éthique; une perspective politique; des motivations de concurrence...

Prendre le temps de réfléchir aux différentes raisons qui peuvent motiver un individu ou une institution à faire de l'information permet déjà de soulever quelques enjeux, voire quelques écueils, qu'on a parfois un peu tendance à escamoter.

On peut également se demander comment *on doit informer.*

Je propose d'étudier intuitivement cette question par le biais d'un schéma élémentaire de communication.

Lorsque je *dois informer*, je suis dans la situation d'un émetteur qui transmet un message (c'est-à-dire de l'information) à un récepteur. Le tout dans un système : celui de la communication.

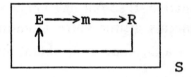

Beaucoup d'entre nous savent qu'un système est composé d'éléments interdépendants qui entretiennent entre eux des relations déterminées.

Intéressons-nous à ces différents éléments.

L'émetteur, celui qui *doit informer*, peut être un individu ou une institution. Pour éclaircir mon propos, considérons qu'il soit un individu d'une institution.

Cet individu possède une série de caractéristiques propres qui, comme on dit en théorie de la communication, constituent pour lui un <u>cadre de référence</u>. Cette notion signifie que tout émetteur, de façon consciente ou non, se réfère nécessairement à un tas d'éléments qui forment son univers. Ces éléments exercent donc sur lui une influence considérable quant à la manière dont il perçoit les choses et dont il réagit. En fait, ce cadre de référence fournit à l'émetteur le <u>sens</u> qu'il donne aux choses et à ses actes.

Ainsi, notre émetteur parle au nom d'une institution. Il a un certain type de personnalité et une expérience de vie qui lui sont spécifiques. Il exerce une profession déterminée pour laquelle il a dû recevoir une formation particulière. Il se rallie volontiers à certaines idées plutôt qu'à d'autres. Il appartient à une culture donnée. Il peut adhérer à une religion précise. De plus, dans sa situation d'informateur, il se fait une image a priori de celui ou ceux à qui il veut s'adresser.

Si nous prenons le temps de réfléchir à notre situation d'émetteur *devant informer*, nous nous apercevons que nous dépendons en fait d'un cadre de référence particulier. Nous voyons aussi qu'en essayant de le connaître mieux, nous situons plus clairement notre rôle d'informateur et ses implications. Il apparaît à l'esprit, je crois, qu'un tel éclaircissement est profondément bénéfique à la communication...

L'autre élément fondamental de notre schéma de base est le récepteur, celui à qui on veut communiquer l'information.

Comme l'émetteur, le récepteur peut être un individu, une institution ou encore un groupe d'individus, voire la population d'une société entière... Il est évident que lui aussi fonctionne à l'intérieur d'un cadre de référence particulier. Mais, et c'est là où j'attire votre attention, ce cadre de référence qu'il a en tant que récepteur ne peut être identique à celui que j'ai en tant qu'émetteur. En effet, l'autre, mon récepteur, ne peut bien entendu pas avoir la même expérience de vie que moi, ni le même type de personnalité, ni les mêmes références culturelles, théoriques, religieuses, etc... Cela signifie que lui et moi ne donnons pas forcément le même sens aux choses dont nous parlons et aux mots que nous utilisons. S'il y a dans cette assemblée des spécialistes en communication, ils savent très bien de quoi je parle ici...

Ainsi, s'il est nécessaire de mieux se connaître soi lorsque l'on veut informer, il est tout autant indispensable d'essayer de comprendre l'autre. En effet, si je suis parvenu à éclaircir ma situation et si j'ai obtenu une connaissance suffisante de celle de l'autre, alors là seulement peut s'instaurer entre lui et moi une communication fructueuse.

Cette communication fructueuse, j'insiste sur ce point, est celle où l'on utilise un <u>langage commun</u>, où le sens que l'on donne aux mots est le même pour tous les interlocuteurs. Ainsi, le message doit être un consensus entre l'émetteur et le récepteur, c'est-à-dire, intelligible à chacun, clair et concis.

Un tel message n'est possible que lorsqu'on a atteint un certain degré de connaissance de soi (émetteur) et de l'autre (récepteur).

Qu'il me soit permis de vous rappeler ici que c'est simplement par une réflexion sur l'information que nous en sommes arrivés là. Cela veut donc dire que vous, en tant qu'informateurs, vous devez prendre le temps d'une telle réflexion !

La connaissance de soi et de l'autre est donc intuitivement réalisable si l'on prend le temps d'une réflexion sur l'information.

Un moyen qui peut nous permettre d'arriver à une meilleure connaissance intuitive de soi est de s'interroger sur son rôle d'informateur dans une institution, sa subjectivité, ses compétences et sa perception de l'autre.

Une façon possible d'arriver à mieux connaître intuitivement l'autre est d'observer ses gestes, ses habitudes; d'écouter ses préoccupations, ses appréhensions et de le questionner sur ses connaissances, son rôle social.

La connaissance de soi et de l'autre est objectivement réalisable si l'on aborde l'information d'une manière pluridisciplinaire.

Il est évident que pour atteindre une connaissance plus rigoureuse de soi et de l'autre en tant qu'individu ou groupe d'individus faisant partie d'une société, une approche multidisciplinaire avec les sciences concernées est seulement envisageable...

Tout ce que je viens de dire ici semble aller de soi. Pourtant, je constate qu'il en va parfois tout autrement dans la pratique...

Récemment encore, dans certaines publications relatives à la communication dans le domaine nucléaire, j'ai pu constater qu'aucune réflexion sur des questions aussi fondamentales que le pourquoi et le comment *on doit informer* n'était présente.

Je n'ai pas davantage trouvé d'approfondissement de la notion de *public*. Au mieux, parle-t-on de lui en se référant à quelques résultats de sondage d'opinion. Or, je ne pense pas que la technique du sondage soit la seule, ni même la meilleure façon de connaître une population.

C'est que la connaissance d'une population ne se réduit pas à celle de *l'homme moyen* dont parlent les statistiques. Je crois au contraire qu'il est plus urgent de comprendre les réactions du public, de faire apparaître le sens que les individus d'un groupe social donnent à la problématique nucléaire, d'analyser les enjeux éthiques, politiques, économiques d'une telle problématique.

Quand je lis que x % d'*homme moyen* sont *pour* ou *contre* le nucléaire, je n'ai toujours rien compris. En effet, qu'est-ce que cela m'apprend sur le sens que les individus d'une société donnent au nucléaire ? Qu'est-ce que cela m'enseigne sur les mécanismes psychologiques et sociologiques qui conduisent aux représentations mentales et collectives ?

L'interdisciplinarité semble, ici plus que jamais, aller de soi. Or, là aussi, j'ai l'impression que dans la plupart des cas les spécialistes des sciences humaines ne sont utilisés que ponctuellement, dans le cadre de projets d'information d'une certaine ampleur.

Il me semble qu'il est tout à fait nécessaire qu'ils trouvent leur juste place dans le travail quotidien de l'information.

Il est temps que, par une approche réellement multidisciplinaire, nous jetions un regard nouveau sur l'information publique en matière nucléaire; ce qui implique notamment la création de nouveaux espaces de *liberté de parole*, où chaque partie prenante au débat (techniciens, psychologues, sociologues, philosophes, juristes, économistes, médecins...) puisse être entendue...

Session IV

**SOURCES OF INFORMATION
TO THE MEDICAL PROFESSION**

Séance IV

LES SOURCES DE l'INFORMATION DU CORPS MEDICAL

**Chairman - Président
Dr. G.R. Gebus
(United States)**

Part 1

Sources of Information

Partie 1

Les sources de l'information

Sources Of Information To The Medical Profession On Protective Measures In Routine And Emergency Situations In The United States

George R. Gebus, M.D., M.P.H.
United States Department of Energy

Physicians are often the first to address the public's health-related concerns. Questions on ionizing radiation are no exception. Physicians must have access to information to answer questions and eliminate any fears they encounter. Members of the medical profession must have an understanding of the potential beneficial as well as the detrimental effects of ionizing radiation. Physicians trained in ionizing related specialties need to select and apply the many modalities of ionizing radiation and to mitigate the harmful effects of exposure. This paper is an overview of the sources of information on ionizing radiation available to physicians in the United States.

Medical Training

Formal training of medical students in the biological effects of ionizing radiation begins with the undergraduate curriculum and continues through a residency program and perhaps a fellowship program for those who specialize in this field. Universities and their associated schools of medicine provide on-going education through seminars, publications, and by hosting scientific meetings on these topics.

Federal Government

Medical professionals also rely upon federal sources for continuing education and to keep appraised of advances in technology. Federal agencies with responsibilities or interest in ionizing radiation disseminate information through continuing education training, publications, presentations at medical meetings and by hosting specialized scientific symposia.

The Office of Science and Technology Policy (OSTP) coordinates research on ionizing radiation among federal agencies and on radiation policies through the Committee on Interagency Radiation Research and Policy Coordination (CIRRPC).

In addition to policy coordination and research, numerous federal agencies are involved in health care research and training. Forming the foundation for health care and research, the Department of Health and Human Services (DHHS) trains and provides information to state radiological health units through the Center for Devices and Radiological Health. The National Institutes of Health (NIH) conducts research and supports peer reviewed studies in the United States.

Long-term epidemiological studies of health effects resulting from ionizing radiation are conducted by the Center for Environmental Health and Injury Control (CEHIC), the National Institute for Occupational Safety and Health (NIOSH), and the Agency for Toxic Substances and Disease Registry (ATSDR). These studies are conducted through the DHHS's Centers for Disease Control, and involve the general population as well as selected occupational groups.

A primary information source, the National Library of Medicine publishes a number of reference works, including Index Medicus, and the National Library of Medicine Current Catalog. It also participates in MEDLINE, a computerized, on-line bibliographic citation index. These bibliographic tools include citations on ionizing radiation and its health effects.

Regulations are another vital component to this industry. The Nuclear Regulation Commission (NRC) regulates the use of radiation sources in medical diagnostic and treatment facilities and in industrial applications such as food preservation and the nuclear power industry. These agencies provide information to the individuals they regulate.

The Department of Defense (DOD) provides specialized radiobiology training for military physicians. Through the Armed Forces Radiobiology Research Institute (AFRRI), DOD conducts research in methods of treatment using ionizing radiation and on protection methods.

The Department of Energy (DOE) also plays a multifaceted role in this industry. The Office of Occupational Medicine (OOM) establishes policy and oversees medical services for contractor employees involved in research, development, testing, and in energy production involving ionizing radiation. The occupational medical staffs are trained in the health effects of ionizing radiation and serve as primary information contacts at their respective sites.

The Federal Emergency Management Agency (FEMA) provides information and training for various emergency situations, including radiation incidents. The states have a corresponding state level subsidiary of FEMA.

Health surveillance and epidemiological studies are conducted by DOE's Office of Epidemiology. These studies are conducted using the health and exposure records of DOE contractor employees, both past and present, who work or worked with ionizing radiation, toxic substances and other workplace hazards. Results are made available to health care professionals through medical publications and to the general public through the media.

Radiological Assistance Teams are established by the DOE in districts throughout the United States. Composed of health physicists, safety professionals and professionals trained in assessing and treating radiation injuries, these teams can mobilize very rapidly to provide information and assistance to local emergency and medical personnel.

Radiation dose assessment is another service provided by the DOE. The service is co-sponsored by the Food and Drug Administration and the Nuclear Regulatory Commission. The Radiation Internal Dose Information Center (RIDIC) is located at Oak Ridge, Tennessee. Internationally recognized as an information and expert resource on internal dose, RIDIC is used extensively by physicians and professionals involved in nuclear medicine, radiology and radiopharmaceutical development and manufacturing. A valuable source in dose estimation associated with accidental exposures, RIDIC responded to more than 500 requests in 1991. While most requests are from the United States or Canada, RIDIC also responds to requests from European nations.

State Government

Medical licensure and quality assurance activities pertaining to medical care in the United States are primary responsibilities of state governments. Radiological health units exist within each state's department of health and provide information and assistance to health professionals. Many states have direct responsibility and oversight of NRC licenses. They provide assistance in the event of a local or regional emergency involving ionizing radiation.

Private Sources/Trade Media

A frequently used information source by private practitioners are commercial computer or Compact Disc - Read Only Memory (CD-ROM) information bases maintained by regional poison control centers. An example is the Toxicology, Occupational Medicine and Environmental Series (TOMES) database, an online information system on the health and environmental effects of chemicals.

The Electric Power Research Institute (EPRI) is another source available to private practitioners. Supported by electric utilities throughout the United States, it conducts research and provides information on the industry's health-related concerns, including radiation.

Medical and Professional Societies

Numerous professional and medical societies exist within the United States. Open to members of both the private and government sectors, they serve as an important information source through their scientific journals, meetings, and working groups. These groups include: The American College of Radiology and its related and component organizations, The Society of Nuclear Medicine (SNM), The American College of Medical Physicists (ACMP), The American College of Nuclear Physicians (ACNP), The Health Physics Society, The American Society for Therapeutic Radiology and Oncology (ASTRO), the American College of Emergency Physicians (ACEP), and the American College of Occupational and Environmental Medicine (ACOEM).

Scientific and Political Organizations

Combining the efforts of medical and scientific personnel from both the government and private industry is the primary purpose of a few unique organizations in the United States. The National Council on Radiation Protection and Measurements (NCRP) provides reports on the various aspects of ionizing radiation. Developed by expert committees, these reports are of great interest to health professionals in the United States.

Also working through expert scientific committees, the National Academy of Sciences, National Research Council (NAS/NRC), addresses important topics on ionizing radiation and publishes reports that are distributed throughout the United States such as "Health Effects of Exposure to Low Levels of Ionizing Radiation" from their committee on the Biological Effects of Ionizing Radiations (BEIR).

Industry standards provide guidance and are considered an important information source. The National Institute of Standards and Technology (NIST) drafts standards that have gained wide acceptance and have been adopted by many regulating authorities.

Newspapers, Magazines, and Professional Journals

There are three major newspapers published for distribution throughout the United States. The New York Times, The Wall Street Journal, and The Washington Post are readily available and include topics that are of interest to professionals in many fields.

Magazines and professional journals are also considered important information sources. While magazines such as Science, Science News, and Scientific American are easily acquired; however, unlike the New England Journal of Medicine, some professional journals such as the Journal of the American Medical Association and the Journal of the American College of Occupational and Environmental Medicine require the physician to be a member to subscribe.

Summary

This overview focuses on the sources of information on ionizing radiation that are available to physicians in the United States. While there is no single entity in the United States charged with the responsibility of disseminating information on ionizing radiation to the medical community and the general public, vast and diverse sources of information are available to both the public and the private sector. For current information on scientific developments and as a basis for decision making, the medical community commonly relies on scientific publications, on commercial information sources and on the major metropolitan newspapers. Although fragmented, this system seems to serve the information needs of the American physicians.

Pédagogie de la sécurité nucléaire auprès des médecins généralistes français

Jean-François LACRONIQUE
Délégué Général
du Comité Français d'Education pour la Santé

La sécurité de l'usage des radiations ionisantes présente des aspects qui s'apparentent à ce que l'on a désormais l'habitude d'appeler des grandes "questions de santé publique", parcequ'elles mêlent des aspects techniques touchant la santé des individus et des population, des aspects règlementaires et administratifs, des aspects philosophiques et éthiques, à des considérations économiques et sociales.
Il y a lieu de remarquer là qu'un tel mélange pourrait simplement prendre le nom de "politique", mais ce dernier terme est excessivement teinté de partisanisme pour paraître actuellement utilisable.

Un observateur honnête et sérieux (par exemple un journaliste consciencieux) qui chercherait à définir les contours actuels d'une telle question, et qui interrogerait des médecins d'exercice libéral, en leur demandant s'ils estiment leur information sur le sujet suffisament complète, arriverait inévitablement à la conclusion d'une très grave carence: Une vaste enquête menée dans les Départements de la région PACA, Languedoc-Roussillon et Rhône-Alpes par les Conseils départementaux de l'Ordre des Médecins montre sans équivoque que 80 % des médecins expriment un avis sévère, disant qu'ils sont sous-informés, mal informés, et qu'ils devraient être informés.

Mais le même observateur, s'il commence son enquête par une bibliographie même sommaire des publications consacrées à ce sujet depuis 20 ans, y trouvera sans difficulté une très abondante littérature, diversifiée et accessible, parfaitement tenue à jour, et de plus souvent adaptée à tous les publics possibles.

Enfin, si cet observateur attentif commence son investigation en tenant compte du reproche le plus souvent formulé à l'encontre de cette bibliographie, c'est à dire qu'elle est suspecte de propagande, car souvent éditée avec l'aide de l'E.D.F., et qu'il suive les efforts de groupes indépendants de formation médicale continue, il sera surpris de la quasi-absence d'intérêt de la part des médecins pour cette question, qui contraste entièrement avec la situation précedemment décrite.

Ainsi, un séminaire sur "les médecins et la sécurité nucléaire", mis au point dans le cadre de l'organisme de formation médicale continue "UNAFORMEC", en 1990, n'a été organisé qu'une seule fois après sa validation nationale pourtant très positive, faute de demande.

225

Analyse de la demande

Les médecins français ne sont pas spécifiquement formés à l'abord des disciplines physiques: leurs connaissances sur ce domaine datent de leur première année de faculté de médecine, et n'est plus ensuite actualisée.
Le sujet n'entre heureusement pas dans leur préoccupation quotidienne, et le risque est en réalité perçu comme très faible.

A ces considérations s'ajoutent un certain fatalisme: le risque très faible d'une grande catastrophe est en effet bien plus présent à l'esprit que le risque plus fréquent d'une "petit accident".Or, la grosse catastrophe est perçue comme dépassant toute intervention humaine efficace, notamment médicale.

Troisième facteur: le sujet est l'illustration même d'un problème de combinaison de probabilités, épidémiologiquement parlant, et nécessite un effort de conceptualisation difficile.

Enfin, il parait très difficile de faire dissocier l'information de la propagande électro-nucléaire. Le seul fait de vouloir informer est parfois déjà interprété comme une prise de parti ou une publicité en faveur du nucléaire.

Il faut ajouter que les questions de prévention, en général, suscitent une certaine répulsion auprès des généralistes, qui n'estiment pas devoir se comporter comme des auxiliaires de santé santé publique sans être spécifiquement rétribués pour cela.

Malgré cette analyse, nous avons développé, à la demande de l'UNAFORMEC, un outil pédagogique dont les objectifs principaux étaient les suivants:

1- Faire acquérir par les médecins praticiens la mesure du risque lié à toutes les radiations ionisantes

2- Amener le médecin de famille à jouer un rôle d'informateur responsable sur toutes les questions touchant à l'environnement d'un site de production électro-nucléaire

3- Faire acquérir aux médecins la connaissance de tous les aspects de son rôle dans le dispositif de soins et de secours face aux risques d'incidents ou d'accidents mettant en cause des radiations ionisantes, notamment dans son rôle de conseil à la population en cas d'alerte.

Il s'articule autour de 16 situations "cliniques" qui servent à la fois de fil conducteur, d'"argument" au déroulement de la séance, et de test des connaissances pour les participants. Ces situations cliniques ne sont pas fictives, mais résultent de l'expérience des membres du groupe du travail qui en est à l'origine. Ces situations sont réunies en un "livret participant".

Une **documentation scientifique** adaptée à la formation et à l'exercice du généraliste. En principe, le "livret documentaire" se parcourt en premier : il permet d'avoir quelques rappels des notions sur lesquels porteront les questions. Mais il n'est pas fait pour être retenu ; en revanche, il restera une référence permanente. Les **"cas**

cliniques", qui couvrent en principe tout le champ du domaine qui sera discuté, servent à donner aux participants un rôle actif, plutôt que de les laisser écouter passivement un expert. Lors de la session, les participants derniers doivent aborder, soit en groupe, soit en séance plénière, chacun des cas cliniques. Ces discussions sont guidées par un "animateur", à qui est destiné une édition particulière du livret participant, comportant des suggestions de réponses, et des conseils pour l'organisation et l'animation des séances.

Les **experts** doivent faire un usage critique des documents : il est attendu d'eux des compléments, des explications, des précisions, plus qu'une conférence. Il s'agit de vérifier que les démarches et les raisonnements sont adaptés aux situations, d'insister sur les points les plus importants, de repérer les insuffisances et d'apporter leur propre expérience.

L'expert est en effet bien mieux valorisé par un tel rôle que par celui d'un conférencier, puisqu'il mesure précisément les besoins de ses auditeurs, et tire bénéfice du retour d'information immédiat.

Par exemple, on trouvera ci-contre des extraits du livret "participant" et "animateur":

Situation N° 7 - Livret participant

> Monsieur MERCANTOUR, adjoint au maire d'une petite ville, située à 50 km d'une centrale éléctro-nucléaire, s'apprête à faire rédiger un guide "que faire en cas d'accident...?", distribué à tous les habitants.
> Il doit rédiger le chapître consacré à la sécurité nucléaire. Il possède bien les documents distribués dans le voisinage immédiat de la centrale, mais craint que ces informations ne soient pas appropriées.
> On vous demande de participer à la rédaction de ce document, notamment pour expliquer le rôle des médecins locaux dans le dispositif ?
> Comment concevez-vous ce rôle ?

Situation N° 7 - Livret animateur

Cas Mr Mercantour

Sensibilisation :

- plan de secours en situation accidentelle
- conduite à tenir en cas d'accident
- rôle des médecins dans l'urgence nucléaire
- informations et formation des populations
- communication en situation d'urgence

---

1 - plan de secours en situation accidentelle *Références N° 13 - 14*

Deux démarches complémentaires sont suivies pour réduire le risque d'accident et de leurs conséquences éventuelles:
- s'efforcer de réduire au minimum la probabilité des dysfonctionnements

dans les installations nucléaires.
- prévoir une organisation complète des secours dans tous les cas d'accidents, y compris les plus graves et les moins prévisibles

2 - conduite à tenir en cas d'accident *Références N° 13 - 27 - 28*

Lors d'un accident nucléaire, la protection de la population est placée **sous la responsabilité des pouvoirs publics** (et non de l'exploitant de la centrale).

Les dispositions prises diffèrent selon la proximité de la population :
- pour la population vivant près de la centrale accidentée on appliquera le **Plan Particulier d'Intervention (PPI)** élaboré par le Préfet en fonction des informations qui lui sont communiquées.
- la population éloignée ne serait concernée que par des dispositions plus tardives.

Le PPI s'étend en principe sur une zone formant un rayon de 10 km autour de la centrale. Ce PPI de 10 km relativement étroit s'explique par la différence de conception des centrales nucléaires françaises (américaines et européennes en général) par rapport à celle d'Union Soviétique (type Tchernobyl) :
L'essentiel du parc nucléaire français est composé de réacteurs à eau sous pression entourés d'une enceinte de confinement, ce qui permet de limiter les rejets radioactifs non contrôlés et non filtrés dans l'environnement en cas d'accident grave (pour éviter que la pression ne monte d'une façon trop élevée à l'intérieur de l'enceinte après un accident éventuel, il existe un système de soupape muni d'un filtre à sable qui piègerait les radioisotopes tout en laissant passer la vapeur d'eau).
Les dispositions prises ont pour but de limiter les rejets à environ 1/1000 de la quantité des produits de fission présents dans le réacteur au moment d'un accident (5 à 20 % de l'activité présente dans le coeur au moment de l'accident de Tchernobyl a été rejetée).

C'est pourquoi avec une telle valeur (rejet d'environ 1/1000 de la quantité de produits de fission), la zone intéressée serait de quelques kilomètres autour d'une centrale.

Mais le Préfet a toute autorité pour étendre le PPI en fonction des circonstances. Dans les cas les plus graves, le confinement dans les habitations serait envisagé dans un rayon de 10 km, et éventuellement l'évacuation dans un rayon de 5 km.

Hors de cette zone de proximité, le seul risque est l'irradiation interne par ingestion de produits contaminés. Mais ce risque se développe de manière progressive et lente. Il n'y a donc pas d'urgence, et le rôle du médecin sera avant tout d'inciter à garder son calme: à Three Mile Island, les seuls victimes (blessés) de l'accident nucléaire étaient des automobilistes qui ont cédé à la panique.

3 - rôle des médecins praticiens dans le cas d'un accident nucléaire
Référence N° 48 - 49 - 53

Sur réquisition du Préfet, tout médecin peut être amené à prêter son concours dans les cadres suivants :

Protection sanitaire
Intervention sur le terrain
-Dans les centres de regroupement des populations : Soins, lutte contre la panique, prise en charge des malades...
-Dans l'éventualité d'une évacuation de certaines populations, médicalisation des transports (par exemple, évacuation d'une maison de retraite...)

Intervention ponctuelle :
-soins aux blessés
-organisation du transport en vue de l'accueil dans l'établissement hospitalier le plus proche, même non-spécialisé, en cas d'urgence vitale
-information des autorités en vue d'établir le suivi médical particulier des blessés
-surveillance sanitaire des intervenants de ce sauvetage

4 - Information des populations   Référence N° 22

Du fait de sa situation, tout médecin est un relai privilégié d'information de la population en ce qui concerne la compréhension des risques et l'intérêt des mesures prises.
Tous les exercices de simulation récents ont montré que les problèmes les plus délicats restaient ceux du respect des circuits d'information. Même si le standard de la Préfecture est saturé, il faut attendre et patienter, expliquer patiemment à la population de rester dans les maisons, de ne pas chercher à s'éloigner.
Le médecin peut évidemment intervenir auprès des personnes les plus anxieuses par tous les moyens médicaux qui lui sembleront appropriés.

5 - communication en situation d'urgence Référence N° 22 - 24

En matière de sécurité nucléaire comme dans toute situation d'urgence, les effets les plus désastreux peuvent être produits par les contradictions entre sources d'information et la circulation de rumeurs. La règle doit être de ne rien dire qui puisse générer l'inquiétude ou l'impression de mauvaise organisation. C'est dans ce dernier cas que les initiatives intempestives peuvent s'observer.

Sources d'information :
Le rôle de la presse spécialisée

Jérome VINCENT
Chef des Informations médicales
Impact médecin hebdo
Paris, France

Les médecins expriment deux besoins: la formation continue et l'information. 75% des médecins estiments avoir un rôle à jouer dans l'information du public sur le risque nucléaire, mais 87% d'entre eux s'estiment mal informés. Un journaliste médical d'actualité se heurte à l'unicité des sources d'information. A travers Impact Médecin Hebdo, premier news médical français, 90.000 médecins sont informés chaque semaine ainsi que 900.000 patients.

Plus de transparence.

Avant d'aborder les sources d'informations d'un journal médical dans le domaine des rayonnements ionisants, je voudrais vous expliquer comment les 160.000 médecins français, à l'instar de leurs confrères européens, s'informent. Au-delà de la diversité de leur statut, ils ont un point commun: leur appétit de lecture. Plus de 250 titres professionnels sont dénombrés dans l'Hexagone et, selon une enquête récente, les praticiens y consacrent majoritairement un quart d'heure de leur emploi du temps. Une démarche d'abord dictée par un souci d'autoinformation continue, qui fonde une large part du sommaire des journaux médicaux. D'information aussi, puisque la majorité des journaux médicaux proposent des rubriques d'actualité.

Dans cet espace, le Groupe Impact Médecin détient plusieurs spécificités. Après le lancement, en 1979, du premier news magazine des médecins, notre groupe est aujourd'hui avec Impact médecin quotidien (diffusé à 60.000 médecins généralistes du lundi au jeudi), Impact médecin hebdo (le premier news médical en audience sur l'ensemble des médecins, diffusé tous les vendredis à 90.000 médecins généralistes, spécialistes et hospitaliers), Impact médecin internat (mensuel de préparation au concours de l'internat, doté de 12.000 abonnés) et Info santé (mensuel distribué à 700.000 Français via les pharmacies). présent sept jours sur sept.

Quelle est la demande des médecins français en matière d'information sur le nucléaire? Un sondage d'opinion révèle qu'elle est très forte: 75% des généralistes pensent avoir un rôle un jouer dans l'information du public face au risque nucléaire, en cas d'accident, 90% des médecins pensent devoir donner des conseils et rassurer la population, mais 87% des praticiens se sentent mal informés en général, 85% s'étant particulièrement mal informés sur l'évolution et les conséquences de la catastrophe de Tchernobyl sur la population française.

Pour satisfaire ces besoins, Impact médecin hebdo joue sur deux plans. Premièrement, ses rubriques d'actualités traitent, à chaud et dans l'urgence, les sujets ayant trait aux rayonnements ionisants. Elles se heurtent alors à de mauvaises sources d'information. Le nuage atomique de Tchernobyl, qui s'est brusquement «dissipé» avant de passer le Rhin, représente un cas de désinformation typique, dû à une position monopolistique des sources. Je voudrais à cette occasion faire le procès du Service central de protection contre les rayonnements ionisants, qui communique aux journaux demandeurs une note d'informations hebdomadaire absolument lénifiante. Deuxièmement, ses rubriques de formation médicale continue traitent du nucléaire à froid, et aborde des sujets moins polémiques comme l'utilisation à titre diagnostic ou thérapeutique des rayonnements ionisants ou la conduite pratique à tenir en cas d'accident. Dans ce cas, les sources d'information auprès des spécialistes de l'industrie du nucléaire, dans lesquels le corps médical a une grande confiance, paraissent bien meilleures.

Finalement, je vois une raison majeure d'améliorer la communication entre les professionnels du nucléaire et la presse médicale d'information. Le médecin est un formidable relai d'opinion. Dans sa salle d'attente passent chaque jour en moyenne 20 Français, soit 100 personnes par semaine; une information publiée dans Impact médecin hebdo, diffusée à 90.000 exemplaires, peut ainsi être transmise chaque semaine à 900.000 Français. Notre rigueur journalistique, le besoin d'information de mes confrères praticiens et de leurs patients exigent une plus grande transparence des sources d'information traitant de l'actualité à chaud.

Sources d'Information -
Le Rôle d'Electricité de France

Michel Bertin
Jeannine Lallemand
Comité de Radioprotection d'EDF
Paris, France

Pourquoi EDF est concerné ?

EDF est évidemment concerné à cause des centrales nucléaires qui sont le symbole du risque nucléaire. L'accident de Tchernobyl a renforcé cette opinion et un deuxième Tchernobyl où que ce soit dans le monde remettrait évidemment en cause l'avenir de l'électronucléaire.

Depuis quand EDF est concerné ?

La construction des premières centrales nucléaires en France n'a pas entraîné de réaction générale d'opposition pas plus qu'auparavant l'édification des installations du CEA.

L'opposition de l'opinion publique a vraiment pris de l'ampleur avec l'accélération du programme nucléaire dans les années 70. La nécessité de multiplier les réunions d'information pour les médecins n'est apparue qu'à ce moment.

L'opposition a surtout été locale ou régionale ; la construction d'un centre de production nucléaire entraîne sur place des bouleversements économiques, sociologiques, démographiques, voire politiques, etc. Les inconvénients sont immédiats et les retombées économiques plus tardives. Cette opposition disparaît ou s'atténue après la mise en route des installations, quand les retombées économiques sont évidentes et on parle de moins en moins de risque sanitaire. Lorsque les installations nucléaires d'un site sont arrêtées définitivement, les responsables locaux ont souvent réclamé que de nouvelles installations soient mises en place.

L'opposition au nucléaire a été aussi nationale mais sur ce plan EDF n'est plus le seul à être concerné.

Est-ce qu'il faut rapprocher cette opposition croissante avec le temps, de l'influence de la "guerre froide", comme on l'a beaucoup dit : ce n'est pas certain, tout au moins en France, puisque les partis politiques les plus farouchement opposés les uns aux autres étaient favorables au nucléaire. Par contre le nucléaire a sûrement servi de catalyseur au démarrage du mouvement écologique. Les oppositions aux autoroutes, aux tracés possibles du TGV, aux lignes à haute tension et les tentatives de définition d'une politique par les différentes composantes de ce mouvement ne sont venues qu'après.

Enfin Tchernobyl a évidemment augmenté l'opposition au nucléaire, dans toutes les couches de la population et dans tous les groupes politiques et ceci nous semble essentiel dans le cas du corps médical ; l'accident qui ne devait jamais survenir est quand même arrivé. La nature des arguments développés contre le nucléaire a changé et il faut que les réponses évoluent évidemment aussi.

Pourquoi informer plus particulièrement les médecins ?

Deux raisons sont en général invoquées : les risques sanitaires liés à l'accident, le rôle de relais d'information des professions de santé.

C'est évidemment très important mais ce n'est peut-être pas suffisant.

En fait beaucoup de réunions d'information ont été organisées par EDF à l'intention des médecins puisqu'il y avait à EDF des médecins capables d'informer et qui avaient envie de le faire même si l'ensemble des structures médicales d'EDF ne s'y est pas intéressé, comme il y a à l'extérieur des radiologues, des radiothérapeutes, des spécialistes de médecine nucléaire qui se sentent concernés et d'autres non. Il y a eu conjonction de l'action de deux groupes de médecins concernés par les mêmes rayonnements ionisants : les médecins spécialistes utilisant les rayonnements ionisants et les médecins de l'industrie électronucléaire.

EDF fait bien et facilement de l'information auprès des ingénieurs puisqu'EDF est une entreprise d'ingénieurs et la technique est leur domaine.

EDF le fait assez bien maintenant vers les élus locaux puisque de nombreux problèmes sont à traiter en commun.

Par contre vis-à-vis des enseignants le résultat est souvent décevant, ceci pour de multiples raisons, qui ne sont pas l'objet de ce colloque ; il s'agit de deux groupes très différents à de multiples égards.

EDF s'investit donc depuis très longtemps auprès des médecins. Par contre l'entreprise n'a pas porté la même attention à l'information qui aurait dû être faite vis-à-vis de l'ensemble des professions sanitaires (pharmaciens, dentistes, infirmières) et en particulier vis-à-vis des vétérinaires et des agronomes qui pourtant auraient un rôle essentiel à jouer au plan sanitaire en cas d'accident avec rejets importants de radionucléides en dehors des centrales.

Demande d'information des médecins

Elle est décrite dans d'autres communications, celles du Professeur ARTUS et du Docteur GALLIN MARTEL, par exemple.
Je voudrais rajouter deux informations à ce propos :

- La demande des médecins est toujours la même depuis 15 ans ; en effet toutes les enquêtes faites auprès d'eux, depuis 1975, apportent les mêmes réponses qu'elles soient organisées par la SOFRES, les journaux médicaux (Quotidien du Médecin, Concours Médical, etc.), les structures antinucléaires (GSIEN, CRIRAD, etc.) ou des organismes favorables au nucléaire. **Il y a donc une constance dans les demandes des médecins, ce qui veut dire qu'ils n'ont pas obtenu les réponses souhaitées.** Ceci devrait être un des principaux thèmes de ce colloque.
- La demande a toujours été importante ; les analyses des enquêtes récentes PACA et GRRINS le montrent ; en 1978 le Service des Relations Publiques et le Comité Médical d'EDF/GDF avaient proposé des documents aux médecins libéraux en France ; 27 000 d'entre eux avaient pris la peine de répondre par lettre pour en demander l'envoi.

Quels sont les moyens d'information utilisés ?

Ils sont divers :

- Il y a ceux qui sont spécifiques à EDF, nous en parlerons plus loin,
- Il y a ceux qui ne sont pas spécifiques :
. documents,
. conférences,
. enseignement post-universitaire,
. moyens audiovisuels.

. Nous n'avons pas grand chose à dire des moyens audiovisuels. Nous avons financé la préparation de certains mais nous n'en avons pas fait nous-mêmes pour le corps médical. Les moyens audiovisuels, traitant des questions techniques et de la radioactivité en général, sont par contre nombreux au niveau des centrales.

. L'enseignement post-universitaire a de multiples facettes. Les médecins d'EDF y participent comme conférenciers.

Nous avons pris une part active à la préparation du dossier UNAFORMEC, dont les méthodes actives de formation, sont sans doute plus efficaces que les exposés où le médecin se contente de subir passivement l'information.

. Les conférences sont très diverses ; nous touchons par ce biais 4 000 membres des professions de santé chaque année ; nous intervenons en particulier lorsqu'elles sont couplées à des visites d'installations. En 3 ans EDF a organisé pour les médecins, environ 200 réunions. Le nombre des participants est variable : le maximum a été de 700 quelques temps après Tchernobyl.... et nous avons eu aussi des réunions avec dix médecins.

. Enfin les documents représentent la part la plus importante de l'information. C'est d'ailleurs ce que les médecins réclament le plus. Il s'agit :

- de brochures telles que celle de l'Isère dont le Docteur GALLIN MARTEL a parlé dans sa communication et qui est maintenant envoyée à une importante partie du corps médical. Ce document ainsi que ceux du Blayais, de Golfech et de Fessenheim, tous faits en commun par des universitaires, des représentants de structures ordinales et syndicales, des médecins des centrales et éventuellement des médecins généralistes et ceux des secours d'urgence sont partout accueillis très favorablement car ils répondent aux besoins du corps médical. Il s'agit encore :
- de livres : l'un pour les médecins a déjà été tiré à 22 000 exemplaires ; il a été fait pour répondre à des questions posées et n'a été publié qu'après qu'une dizaine de médecins et pharmaciens l'aient relu afin de s'assurer qu'il répondait bien à ce qu'ils attendaient.
- de brochures pour le corps médical. L'une avait été tirée, il y a dix ans à 130 000 exemplaires en 4 éditions ; celle de l'Isère l'est déjà à 90 000 exemplaires. D'autres brochures, traitant de problème spécifiques (iode radioactif, irradiation de la femme enceinte, etc...) ont été aussi préparées. Elles ont été reproduites intégralement par plusieurs journaux médicaux,
- des numéros spéciaux de journaux médicaux : 4 numéros spéciaux du Concours Médical, en dix ans, représentent un tirage global de 350 000 exemplaires ; les deux parus après Tchernobyl ont provoqué de nombreuses demandes d'informations complémentaires.
- de multiples articles dans les journaux médicaux, pharmaceutiques et des professions paramédicales,
- un document établi avec les pharmaciens a été tiré à 700 000 exemplaires.

Nous pourrions multiplier les exemples.

Les règles du jeu sont simples.

. Il est souvent utile de faire une enquête préalable pour connaître les sujets qui intéressent réellement un public donné, seule façon de choisir ensuite les bons auteurs.

. Il faut choisir les auteurs en raison de leurs compétences, dans le domaine choisi et de leurs qualités didactiques, et non de leurs responsabilités et de leurs activités.

. Il faut les laisser dire ce qu'ils veulent.

. Il est parfois nécessaire de pratiquer un rewriting des textes pour tenir compte du lecteur auquel l'article est destiné ; le radiologue n'est pas le même lecteur que le médecin généraliste et celui-ci n'est pas le même lecteur que le vétérinaire, l'infirmière ou le professeur d'université. Quand un médecin dit qu'il n'a lu que les conclusions d'un article, c'est peut-être parce qu'il n'a pas eu le temps, c'est peut-être aussi parce que l'article est difficilement compréhensible ou que le sujet l'intéresse peu : nous y reviendrons.

. Enfin il faut prévoir la nature et les moyens de la diffusion.

Spécificité de l'information des centrales

Pour les membres des professions de santé l'information venant des centrales et la visite des installations ont plusieurs intérêts.
Le premier est évidemment la visite des installations qui par elle-même est sécurisante ; nous n'en détaillerons pas les raisons qui ont déjà été analysées ailleurs.
Le second est l'information sur les accidents possibles, et bien entendu, est constamment posé le problème de la sûreté nucléaire qu'il est souvent d'ailleurs difficile d'expliquer simplement.
Le corps médical est très intéressé par les moyens dont on dispose pour détecter l'irradiation et la contamination ; il veut connaître les techniques qui permettent d'y faire face et l'organisation des secours. Les médecins des centrales font très bien passer ce message.
C'est aussi par les médecins des centrales qu'il sera informé sur la façon de surveiller le personnel, l'environnement, etc.
La visite de la centrale et des services médicaux, les réponses sans fard aux questions posées, les échanges et discussions entre médecins démystifient beaucoup de problèmes. Beaucoup de questions, auxquelles on peut répondre en centrale, correspondent à des sujets que personne ne traite ailleurs ; beaucoup de matériels ne peuvent être montrés ailleurs. C'est une information qui ne peut être faite en dehors des installations industrielles qu'elles soient d'EDF ou du groupe CEA. Les enquêtes faites montrent que ces visites sont très bien perçues par les médecins.

Pourquoi cet échec relatif ?

Malgré l'importance des efforts, pourquoi a-t-on l'impression d'un semi échec et qui en est responsable.
En dehors des oppositions politiques et même de principe au nucléaire, pourquoi l'information passe mal et pourquoi les médecins estiment toujours qu'ils ne sont pas informés. Certaines raisons ont été décrites par ailleurs. Il est cependant certain que l'information sur le nucléaire n'est pas un sujet prioritaire, loin de là, pour les médecins et dans le fond cela se comprend. Les médecins ont d'autres priorités (le sida, les nouveautés en explorations médicales, les produits pharmaceutiques nouveaux, etc...). Ils gardent sans aucun doute certains documents sur le nucléaire qu'on leur envoie mais n'ont pas le temps de les lire de façon approfondie ; ils s'estiment donc non informés malgré la masse de documents reçue...! mais l'explication est ainsi plus simple qu'on ne le pense habituellement.

Nous voudrions cependant insister sur les difficultés de certains sujets et la mauvaise qualité de la façon dont nous les traitons.

- Sûreté nucléaire

Les exposés sur les probabilités d'accident sont mal compris : dire au médecin que tel ou tel accident n'est pas pris en compte parce qu'il a une probabilité de survenue de 10^{-6}, 10^{-7} ou 10^{-8}, c'est-à-dire qu'il est pratiquement impossible, ne passe pas. Le médecin répond en parodiant Galilée : "et pourtant les accidents ont bien lieu" comme à Tchernobyl.

- Nature des accidents

Le seul accident dont on a tendance à parler est l'accident de centrale ; si Tchernobyl avait eu lieu dans un centre de retraitement comme La Hague, on ne parlerait que de cela et EDF... ne parlerait aussi que de cela tout en disant que les centrales sont particulièrement sûres. L'accident de Tchernobyl sert donc de référence.
Dans un tel cas le médecin voisin de la centrale et sa famille font partie des victimes potentielles. Le rôle des médecins, en dehors de quelques spécialistes, est réduit à très peu de choses : écoute des informations sans qu'il y ait un moyen spécifique d'information des médecins (ceci est bien sûr regrettable), confinement, lavage pour une éventuelle contamination externe, précautions alimentaires ; on lui demande de conseiller et de tranquilliser la population ! Ce n'est même pas lui qui fera l'éventuelle numération formule sanguine dont on sait, a priori, qu'elle sera inutile.

Il y a en fait de nombreux médecins concernés par les 5 000 établissements industriels et scientifiques qui ont l'autorisation permanente de disposer de sources radioactives. Le développement de l'utilisation des appareils émetteurs de rayons X ou γ est important et rapide dans les industries mécaniques, chimiques, agro-alimentaires et sanitaires. Il y a en France environ 1500 gammagraphes et il y a quelques années il y avait déjà 500 000 transports de matières radioactives par an. Environ 150 000 personnes travaillent en permanence exposées aux rayonnements ionisants (17 000 à EDF). Il y a donc un grand nombre de médecins qui peuvent être concernés et ceci pour des accidents, d'une ampleur et d'une gravité bien moindre et pour lesquels les médecins ont :

- des mesures de prévention à prendre,
- des moyens de secours à organiser,
- des renseignements à demander,
- des décisions à prendre.

Ceci justifie, sans doute, plus que le grand accident de centrale, la demande d'information et de formation des médecins mais... on n'en parle pas ou peu. L'épidémiologie des irradiations aiguës montre que les accidents d'irradiation surviennent le plus souvent en dehors des centrales.

- Le message sur les faibles doses

Il n'est pas compris qu'il s'agisse de l'irradiation médicale, des chaînes alimentaires ou des doses populations, calculées autour des centrales parce qu'elles ne sont pas mesurables.

Au moment de Tchernobyl il était difficile de comprendre pourquoi les salades allemandes contaminées à 2 000 Bq/kg n'étaient pas consommables alors que les épinards alsaciens à 2 400 Bq/kg l'étaient encore ou l'inverse. Chacun sait (...?) que les activités délivrées lors des examens diagnostic, en médecine nucléaire, sont bien plus importantes et que même en mangeant un ou plusieurs kilos d'épinards l'activité ingérée est très en dessous des limites à respecter.

Le médecin est très surpris qu'un parlementaire enquêtant sur la sûreté nucléaire écrive qu'un examen radiologique complet de la dentition d'un garçon de 10 ans entraîne un risque de cancer de 1 sur 600 à échéance de dix ans.

Cependant en tant que prescripteur d'examens radiologiques et plus particulièrement chez les femmes enceintes, le médecin est particulièrement concerné par ce problème.

Il se pose donc à propos de tout ceci non seulement un problème d'information mais aussi un problème d'explication et de réflexion sur tout le système construit par la CIPR pour essayer d'imaginer les effets vraisemblables des faibles doses. Ce message passe très mal auprès des médecins, mais le remettre en cause remet également en cause tout le système sur lequel sont basées les règles de radioprotection proposées par la CIPR !!!

Notre conclusion n'est cependant pas pessimiste, puisque la France est un pays où la majorité du corps médical est favorable au nucléaire, contrairement à ce qui se passe dans les pays voisins ; la raison en est, au moins partiellement, le très important effort d'information fait par certains ingénieurs et par certains médecins auprès du corps médical.

L'Information du Corps Médical dans le Domaine des Rayonnements Ionisants

Rôle du Conseil de l'Ordre
Expérience du département de l'Isère

Docteur Daniel GRUNWALD
Président du Conseil de l'Ordre des Médecins de l'Isère
Grenoble, FRANCE

L'information du corps médical dans le domaine des rayonnements ionisants soulève un certain nombre de questions particulières, voire très spécifiques, se situant à l'intersection de différentes préoccupations générales concernant la santé, tels :

- la formation et l'information permanente des médecins en exercice sur la science médicale et son utilisation au bénéfice des patients,

- le rôle individuel du médecin, conjointement aux différentes structures officielles existantes, dans l'approche et le règlement des problèmes de santé publique,

- les relations entre les médecins et leurs patients,

- et plus généralement encore, la place du médecin dans notre société.

Les sources et les moyens de l'information des médecins sur les questions touchant aux rayonnements ionisants sont obligatoirement multiples ; notre propos sera de nous interroger sur le rôle que peut avoir en ce domaine l'Ordre des Médecins en France.

Après avoir défini, pour les non-médecins, ce qu'est l'Ordre des Médecins, nous relaterons la participation de l'Ordre du département de l'Isère à la réalisation, ces années dernières, d'une information du corps médical sur les risques nucléaires, ce qui nous permettra d'avancer quelques réflexions en réponse à l'interrogation posée.

I - LE CONSEIL DE l'ORDRE DES MEDECINS EN FRANCE.

Le Conseil de l'Ordre des Médecins français est un Organisme privé chargé d'une mission de service publique. Son rôle, sa composition, ses modes de fonctionnement sont fixés par des textes législatifs.

Pour la compréhension de notre sujet, nous rappellerons uniquement quelques unes des caractéristiques de l'Ordre des Médecins français :

I-1 : **le rôle de l'Ordre des Médecins** est, entre autre, :

- d'ordre administratif, en assurant la conformité de l'exercice médical aux dispositions légales le concernant.

- D'ordre déontologique et juridictionnel, en veillant au respect par les médecins du Code de Déontologie médicale (publié et périodiquement actualisé sous forme de décrets : Code de Déontologie médicale : décret du 28 Juin 1979).

I-2 : Dans **chaque département** existe **un Conseil Départemental de l'Ordre** dont les membres sont des praticiens élus par l'ensemble des médecins du département. Pour exercer la Médecine, les Docteurs en Médecine doivent en effet être inscrits au Tableau de l'Ordre du département où ils exercent. Le Conseil Départemental assume localement les missions confiées à l'Ordre des Médecins.

I-3 : Il existe, par ailleurs, **un Conseil National de l'Ordre des Médecins** chargé notamment de la coordination du fonctionnement des Conseils départementaux, de la réalisation de différentes études ayant trait aux missions et fonctionnement de l'Ordre des Médecins ; le Conseil National ayant également à donner des avis au Ministère de la Santé, sur sa demande, à propos de questions intéressant la Santé Publique.

II - ORDRE DES MEDECINS ET INFORMATIONS MEDICALES : EXPERIENCE DU DEPARTEMENT DE L'ISERE.

Dans le cadre d'une vaste opération "ISERE DEPARTEMENT PILOTE EN MATIERE DE PREVENTION DES RISQUES MAJEURS" a été éditée, en 1987, une plaquette "MEDECINS ET RISQUES NUCLEAIRES - CONDUITE PRATIQUE EN CAS D'ACCIDENTS". Cet ouvrage, destiné aux professions de santé (*) a été diffusé systématiquement à l'ensemble des médecins du département de l'Isère sous l'égide du Conseil Général et de la Préfecture de l'Isère. Pour répondre aux demandes des médecins, plusieurs éditions successives en ont été réalisées avec, tout récemment, une diffusion nationale à différentes catégories de médecins (médecins généralistes, médecins du travail, médecins de Santé Publique, radiothérapeutes et médecins de médecine nucléaire, médecins des services d'urgences des SAMU).

Le Conseil Départemental de l'Ordre des Médecins de l'Isère a été amené à participer à cette réalisation à différents niveaux :

II-1 : **élaboration de la plaquette** : présence d'un membre du Conseil Départemental dans le Comité de rédaction pluridisciplinaire réuni comportant : médecins spécialistes en radiothérapie, médecins du travail concernés, médecins chargés de la mise en place de secours d'urgence, médecins généralistes, ainsi que responsables préfectoraux et de différents Organismes publiques intéressés.

II-2 : **Diffusion départementale** : à partir du listing du Tableau de l'Ordre des Médecins de l'Isère, la diffusion de la plaquette a été assurée dès sa première édition en 1987 auprès de tous les praticiens du département avec une préface du Président du Conseil Départemental. Il en a été de même pour les éditions suivantes.

II-3 : **Diffusion nationale** : une étude d'impact a été réalisée en 1990 auprès d'un échantillon représentatif de 400 médecins de l'Isère. Cette étude a montré tout l'intérêt porté à cet ouvrage par ses destinataires

(*) *Réalisé à l'initiative du Prof. C. VROUSOS, Chef de Service de Radiothérapie du C.H.R.U. de Grenoble et du Docteur C. GALLIN-MARTEL des Services Médicaux du Travail d'E.D.F..*

(notamment intérêt scientifique, compréhension facile, accessibilité aisée, souhait d'une réactualisation). La quatrième édition de la plaquette, destinée à une diffusion nationale auprès de différentes catégories de médecins concernés comporte un message d'introduction du Président du Conseil National de l'Ordre des Médecins (Docteur Louis RENE) soulignant l'importance de l'information des médecins dans le domaine des risques technologiques.

III - ROLE DE L'ORDRE DES MEDECINS.

A la lumière de ces réalisations, le rôle de l'Ordre des Médecins dans l'information du corps médical sur les rayonnements ionisants nous semble devoir tenir compte :

- d'une part des particularités liées à l'objet de cette information (en l'occurrence le sujet complexe et "sensible" des radiations ionisantes).

- D'autre part de la spécificité propre du Conseil de l'Ordre au sein des différentes institutions médicales et technologiques concernées.

- III-1 : **Particularités de l'information médicale en matière de rayonnements ionisants**.

Comparés aux nombreux sujets composant la formation et l'information des praticiens en exercice, les rayonnements ionisants présentent des caractéristiques très particulières :

- III-1.1 : **polymorphisme du sujet** : pour les médecins, les rayonnements ionisants concernent d'abord la maîtrise du nucléaire médical. Mais, ils concernent aussi les risques liés aux différentes formes d'utilisations industrielles de ces rayonnements, sur les populations.

- III-1.2 : **polymorphisme du rôle du médecin** : face aux problèmes liés à l'utilisation des rayonnements ionisants, le médecin pourra avoir plusieurs rôles :

- proprement médical, diagnostic et thérapeutique dans la conduite à tenir devant des incidents ou accidents liés aux risques nucléaires.

- Mais aussi être susceptible de s'intégrer dans la chaîne d'intervention, obligatoirement coordonnée, qui se mettrait en place en cas d'irradiation nucléaire intéressant un nombre élevé de victimes.

- Enfin, le médecin pourra être un relais d'information pour le public concernant le nucléaire et ses risques éventuels, aussi bien dans des conditions normales que dans des situations d'incidents ou d'accidents. Le médecin, par les contacts directs, personnels, qu'il entretient avec ses patients pouvant utilement compléter les informations générales données par les structures publiques, surtout dans un domaine aussi sensible que le nucléaire, où une information "adaptée" aux questions posées par les personnes concernées apparait très souhaitable.

- III-2 : **Rôles "administratifs" ou "structurels" de l'Ordre des Médecins.**

Par sa composition, l'Ordre des Médecins représente l'ensemble du corps médical, très varié dans ses spécialités et modes d'exercice. Le Conseil de l'Ordre peut ainsi concourir, associé aux autres structures intéressées :

- à l'**élaboration** et à la **synthèse** des moyens d'informations médicales, en particulier en participant à la formation d'un groupe médical pluridisciplinaire, le plus à même de présenter de façon aisément accessible des informations scientifiques de haut niveau aux différentes catégories de médecins concernés.

- A la **diffusion**, de ces informations aux différents praticiens, par l'utilisation à des fins professionnelles médicales du Tableau de l'Ordre des Médecins où sont répertoriées mensuellement toutes les modifications intervenant dans la liste des praticiens en exercice d'un département (départ, installations nouvelles...).

- III-3 : **Rôle "déontologique" ou "moral" de la participation du Conseil de l'Ordre.**

Il a été souligné dans le rôle de relais d'informations assuré par les médecins, l'importance de l'autorité morale des praticiens et des contacts personnels qu'ils entretiennent avec leurs patients.

Vis-à-vis des médecins, la co-participation du Conseil de l'Ordre à une information médicale concrétise :

- la valeur officielle, voire morale, du message,

- son importance et son impact particulier vis-à-vis d'autres informations, uniquement scientifiques, ou à caractère administratif pur ; les informations scientifiques étant diffusées par les différents ouvrages et revues médicales spécialisés..., les informations administratives, à caractère officiel, étant diffusées soit directement par la Ministère de la Santé ou les Directions Départementales des Affaires Sanitaires et Sociales de chaque département, soit par l'intermédiaire des Ordres des Médecins, voire de la presse professionnelle.

IV : CONCLUSIONS.

La participation de l'Ordre des Médecins à une information médicale dans le domaine des rayonnements ionisants apparait hautement souhaitable. Pour être efficace, elle doit s'envisager en fonction de différents paramètres :

- caractéristiques propres du type d'information concernant les rayonnements ionisants qu'il est souhaitable de diffuser : aux médecins - au public par l'intermédiaire des médecins - (outre informations directes du public).

- Rôle particulier des médecins amenés, en outre de leurs attributions strictement médicales, à être un relais d'informations appropriées, directes, personnelles, vers leurs patients, et toutes personnes les interrogeant.

- Dans cet ensemble, le Conseil de l'Ordre n'est pas une source d'informations mais un **moyen de diffusion** d'une information médicale particulière.

- A côté des autres structures concernées, la participation du Conseil de l'Ordre permet, dans ce cadre, de confirmer vis-à-vis des médecins

- l'aspect non seulement thérapeutique mais également sanitaire et de protection générale de la santé des informations médicales qu'ils reçoivent,

- le rôle moral du médecin dans la diffusion des informations utiles aux patients qu'ils prennent en charge et au public susceptible de les interroger,

- application particulière et très démonstrative des dispositions de l'article 2 du Code de Déontologie médicale "*Le médecin, au service de l'individu et de la santé publique, exerce sa mission dans le respect de la vie et de la personne humaine*".

La médecine nucléaire
carrefour du dialogue entre le corps médical et les professionnels du nucléaire

Pr. B. BOK

Coordonnateur National des
Enseignements de Médecine Nucléaire
France

Il y a quelques années, les Médecins Nucléaires se sentaient peu concernés par les problèmes d'utilisation industrielle de l'énergie nucléaire et ne ressentaient pas le lien pourtant évident, qui les rattache aux utilisations pacifiques de l'atome.

En France, un déclic s'est produit, il y a une quinzaine d'années lorsque les congressistes du colloque annuel francophone de Médecine Nucléaire trouvèrent en arrivant murs et affiches constellés de graffiti antinucléaires. Les manifestants avaient confondu les "Médecins Nucléaires" avec une catégorie plus ou moins maléfique à leurs yeux de "Médecins du Nucléaire" gravitant autour des centrales.

Il est donc utile de rappeler d'abord ce qu'est la Médecine Nucléaire et de donner quelques éléments démographiques, pour montrer en quoi elle est et surtout peut être un correspondant privilégié entre le Corps Médical et les Professionnels du Nucléaire, notamment dans le domaine de la Radioprotection. Nous verrons enfin comment la formation des Médecins Nucléaires doit pouvoir répondre à ces besoins.

La Médecine Nucléaire

Dès la découverte de la Radioactivité artificielle, l'application éventuelle à des fins biologiques et médicales fut envisagée, notamment par Von Hevesy qui décrit la notion de "traceur". Dès 1940 aux Etats-Unis, et dès la fin de la guerre en Europe, commencèrent à se développer l'emploi d'isotopes radioactifs administrés non seulement à l'animal mais à l'homme, et on commença à parler de "Médecins Isotopistes".

Les termes de "Médecine Nucléaire" et "Médecin Nucléaire", traduits littéralement de l'Américain, se sont peu à peu imposés, pour désigner l'ensemble des applications diagnostiques et thérapeutiques des radioéléments artificiels. Nous n'envisagerons pas ici les applications "in vitro" où le radioélément est ajouté à un échantillon biologique (par exemple : sérum sanguin) en vue d'une analyse. Nous aurons surtout en vue les applications "in vivo" où la molécule marquée est administrée à l'Homme, le plus souvent par voie veineuse. L'emploi de telles molécules, ou "radiopharmaceutiques" est évidemment réglementé de manière très stricte dans tous les pays : aux mesures de sécurité concernant tous les médicaments s'ajoutent des règles de radioprotection, que doit connaître et appliquer le Médecin Nucléaire.

La mise au point, l'évaluation, puis l'utilisation des radiopharmaceutiques constituent un premier domaine de coopération entre les Médecins Nucléaires et l'Industrie du Nucléaire.

Les applications diagnostiques sont aujourd'hui les plus nombreuses. La molécule marquée ou traceur est concentrée activement et électivement par certains organes ou lésions. Il s'agit donc d'une imagerie fonctionnelle physiologique ou métabolique plutôt que purement morphologique. Elle est en cela absolument distincte et complémentaire de la radiologie conventionnelle, du scanner, et des ultrasons. Le radioélément le plus utilisé est le Technetium 99m qui émet un rayonnement gamma "pur" de 140 keV avec une 1/2 vie de 6 heures. Il peut facilement être stocké en milieu hospitalier, sous la forme de son élément "père" le molybdène 99 dont on le sépare juste avant l'emploi.

Le détecteur "de base" en Médecine Nucléaire est la gamma caméra, qui utilise un grand cristal scintillant plat et un système de repérage de la position des scintillations.

Les applications thérapeutiques sont restées relativement rares jusqu'à présent. Pourtant la radiothérapie métabolique représente une idée séduisante : si le radioélément se concentre dans un tissu malade, seul celui-ci sera irradié de manière importante, et une sélectivité satisfaisante sera obtenue **spontanément**. Les applications concernent avant tout l'Iode 131 et la glande thyroïde, non seulement pour les cancers, mais aussi pour le traitement des hyperthyroïdies comme l'a montré un récent exemple illustre. Ainsi les Médecins Nucléaires connaissent parfaitement les problèmes physiologiques et partant les problèmes de radiotoxicité des divers iodes radioactifs.

De grands espoirs de développement concernent les traitements de certaines métastases osseuses par le Strontium 89 ou des analogues, ou le traitement de certaines tumeurs par les anticorps monoclonaux radioactifs.

La Médecine Nucléaire n'est plus aujourd'hui confinée au domaine de la recherche, mais est devenue une Spécialité Médicale à part entière et autonome, aux Etats-Unis et dans tous les pays de la CEE. Il y a aujourd'hui environ 8000 gamma caméras installées aux Etats-Unis, un peu plus de 3000 en Europe.

Le nombre de centres autorisés en France est aujourd'hui voisin de 150, avec environ 280 gamma caméras. Paradoxalement, malgré l'accent mis en France sur le développement des applications civiles du Nucléaire, notre pays ne compte pas plus de gamma caméras que la Belgique, et cinq fois moins que l'Allemagne.

Le nombre d'examens diagnostiques réalisés est d'environ 800 000 par an, c'est-à-dire qu'un Français a en moyenne environ un examen dans sa vie, soit trois fois moins qu'un Allemand ou cinq fois moins qu'un Américain.

Il y a environ 350 à 400 médecins nucléaires diplômés exerçant effectivement la spécialité, soit moins de 1% des spécialistes. Selon les pays, la Médecine Nucléaire représente 5 à 10% du "marché" de l'Imagerie Médicale, ce qui est à la fois peu et beaucoup

Rôle d'"interface" de la Médecine Nucléaire

Au-delà des problèmes quotidiens de radioprotection qu'a à résoudre, le Médecin Nucléaire dans son activité professionnelle vis-à-vis des patients, du personnel, et de l'environnement, il est utile de préciser le rôle que joue et surtout que peut jouer la Médecine Nucléaire comme "point de rencontre" entre le Corps Hospitalier (Médecins mais aussi Directeurs d'Hôpitaux ou de cliniques) et les milieux du Nucléaire, en situation courante comme en situation d'incident ou d'urgence.

Dans un hôpital, le Spécialiste de Médecine Nucléaire est, et est perçu par l'ensemble de ses collègues comme la personne la plus compétente sur place en matière d'évaluation d'un risque, d'attitude à adopter face à un problème ponctuel, de personne à contacter ou de démarches à entreprendre. C'est à elle que l'on va tout naturellement demander conseil.

Les questions posées, le plus souvent dans un contexte d'inquiétude, au téléphone, sont de natures extrêmement diverses et débordent largement de la pratique de la Médecine Nucléaire elle-même.

Nous n'aborderons pas ici l'impact de Tchernobyl, mais citerons simplement quelques exemples personnels :

. Appel d'un médecin généraliste : une patiente maintenant enceinte de quatre mois s'est rappelée avoir subi une radiographie, probablement en début de grossesse et est très inquiète. Que doit-il faire ?

. Appel des urgences de l'hôpital : un blessé vient d'être amené par une ambulance d'urgence à la suite d'une chute avec une fracture ouverte de jambe. Il aurait manipulé des substances radioactives (??) et le personnel n'ose pas s'en approcher...

. Appel d'un vétérinaire de retour de mission : il a vu aux Etats-Unis l'intérêt de la scintigraphie osseuse chez les chevaux de course : comment faire pour installer un laboratoire d'explorations isotopiques au voisinage d'un hippodrome célèbre ?

. Appel d'un médecin généraliste, correspondant habituel de notre laboratoire : son fils doit partir deux semaines en Ukraine. N'y-a-t-il vraiment aucun risque radioactif ?

A des questions aussi diverses et hétéroclites, le Spécialiste de Médecine Nucléaire peut souvent apporter une réponse. En tout cas, il peut aider l'interlocuteur à préciser son interrogation en posant les bonnes questions, notamment sur les circonstances factuelles : dans le premier exemple, de quel examen radiologique s'agissait-il ? où et par qui a-t-il été pratiqué ? Peut-on reconstituer la chronologie des évènements ? Quel élément a amené la patiente à s'inquiéter ? Un rendez-vous et un entretien direct avec la patiente permettent le plus souvent de relativiser le risque et de rassurer celle-ci.

Dans le deuxième exemple, il a été facile en se rendant directement aux urgences en compagnie du radiophysicien du service de constater que si le blessé, laborantin, avait bien manipulé du phosphore 32 peu de temps auparavant, il n'était nullement contaminé et qu'il s'agissait d'un accident tout-à-fait "ordinaire" (chute à travers une verrière). Une mesure avec un contaminomètre de surface a achevé de rassurer les personnels.

Mais ces interventions ponctuelles, plus importantes encore dans les petites villes que dans les grandes capitales ne résument pas le rôle du Médecin Nucléaire.

Dans un certain nombre de cas, mais malheureusement pas toujours, il est consulté et/ou impliqué dans l'organisation des plans de sécurité ou des interventions d'urgence. Nous n'insisterons pas sur cet aspect largement connu des participants à ce colloque, sinon pour signaler que l'implication des Médecins Nucléaires devrait être sans doute plus systématique.

Son rôle de relais est également essentiel lors de l'organisation de séances d'information ou d'enseignement post-universitaire aux Médecins Praticiens, mais pas toujours assez pris en compte.

Formation du Médecin Nucléaire

Bien entendu, le Médecin Nucléaire, pour assumer ce rôle, doit faire preuve d'une compétence réelle dans les domaines de la Radiobiologie, de la Radioprotection, de la Radiotoxicologie et aussi de la réglementation.

Il est donc indispensable que la formation du Médecin Nucléaire lui donne effectivement les connaissances, mais aussi la pratique nécessaire.

Ceci allait presque de soi, il y a quelques années : en effet les pionniers de la Médecine Nucléaire étaient presque tous des Biophysiciens, Universitaires, ayant une bonne culture scientifique dans ces domaines.

Le développement même de cette spécialité a conduit à lui donner une orientation de plus en plus clinique, mais il demeure plus que jamais nécessaire de veiller à ce que l'Enseignement de la Médecine Nucléaire fasse une place suffisante à ces domaines, qui représentent une facette essentielle de notre discipline, pour éviter d'aboutir à une sous-information des spécialistes qui tend malheureusement à se produire en Radiologie.

Ainsi, aux Etats-Unis, le programme du "Board Examination" fait une part importante aux questions de radiobiologie et radioprotection. En France, l'essentiel de l'Enseignement théorique des futurs spécialistes est assuré par l'Institut National des Sciences et Techniques Nucléaires (INSTN) de Saclay en liaison étroite avec les Facultés de Médecine. Il comporte environ trois mois à temps plein à Saclay (répartis sur les quatre ans de la formation), notamment sur la physique de base et la méthodologie. Deux modules spécifiques, représentant en tout une cinquantaine d'heures de cours théoriques, permettent d'étudier la radiobiologie et notamment l'effet des faibles doses, la dosimétrie, les notions générales de radioprotection et de radiopathologie, ainsi que les bases de la radiothérapie métabolique. Ces enseignements sont validés par un examen écrit national. Il faut y ajouter des modules optionnels (25 heures chacun) de radiothérapie métabolique et de radioprotection approfondie. Surtout, cet enseignement de base, ne représente qu'une partie de la formation, assurée en outre sur place par les Facultés de Médecine. La formation pratique est assurée par les fonctions d'Interne de Spécialité (4 ans). Au cours de celles-ci, les internes doivent traiter un certain nombre de cas concrets de radioprotection en milieu hospitalier et rédiger un rapport sous forme de "check-list" sur la radioprotection.

Au niveau européen, la situation est variable d'un pays à l'autre. L'Association Européenne de Médecine Nucléaire (EANM) et en particulier son "Task Group for Education" s'efforcent d'harmoniser les formations et de définir des standards minimaux dans le cadre d'un "European Board" qui reste cependant à mettre en place.

Il est en outre évident qu'une bonne partie des Médecins Nucléaires, enseignants, sont amenés à intervenir dans la formation de l'ensemble des Médecins, notamment des généralistes, dans le domaine de la radioprotection. Mais ce thème a déjà été largement abordé au cours du colloque et nous n'y reviendrons pas.

En définitive, les Médecins Nucléaires représentent des interlocuteurs privilégiés au carrefour du dialogue entre les Professionnels du Nucléaire et les Médecins Praticiens qu'ils souhaitent informer :

. Ils peuvent parler le langage et comprendre les problèmes des industriels et des autorités de contrôle. Les relations avec les producteurs de radiopharmaceutiques ne se réduisent pas à des rapports client-fournisseur mais comportent souvent une coopération scientifique poussée.

. Ils peuvent également parler le langage des Médecins d'autres disciplines, auprès desquels ils ont très généralement une image de compétence et un rôle de consultant dans ce domaine. Leurs relations avec ces derniers se passent dans un climat de confiance puisqu'ils sont déjà en relation avec eux en tant que médecins correspondants.

. Un autre point paraît fondamental dans un dialogue aujourd'hui vicié par la suspicion. Les Médecins Nucléaires sont indépendants, et sont ressentis comme tels par leurs collègues, tant du pouvoir politique que d'un "lobby nucléaire". Beaucoup, d'entre eux appartiennent au secteur libéral et privé, plus encore aux Etats-Unis ou en Allemagne qu'en France. Même lorsqu'ils appartiennent au secteur public hospitalier et/ou universitaire, leur indépendance reste entière pour peu qu'ils entendent la préserver.

Dans ces conditions, leur participation à l'information des Médecins pourrait être notablement accrue dans deux domaines :

. le premier est celui de la participation aux plans de prévention ou d'intervention concernant l'irradiation du personnel et/ou du public. Leur présence à titre quasi-systématique contribuerait à effacer, y compris auprès des médecins eux-mêmes, l'impression que ces plans sont secrets, établis entre des autorités administratives et des spécialistes de radioprotection dépendant directement d'elles sans la participation des intervenants "sur le terrain".

. le second est celui de l'information des médecins sur les risques d'irradiation, au cours de colloques, symposiums, ou enseignements post-universitaires, souvent élaborés par des spécialistes étroits de la radioprotection qui n'ont pas toujours une image professionnelle médicale suffisante, et peu de contacts directs avec les médecins praticiens.

Les Médecins Nucléaires sont de leur côté prêts à participer à de telles actions. Ils tiennent cependant, et c'est également l'intérêt bien compris des professionnels du Nucléaire, à garder leur liberté d'appréciation, c'est-à-dire l'image et la réalité de leur indépendance.

The Role of the ENEA and of the Italian Scientific Societies of radiation protection in providing information to the medical professions in the field of ionizing radiations. Existing situation and prospects.

Giuseppe De Luca, Antonio Susanna, Giorgio Trenta
ENEA-DISP
Italian Agency For The Alternative Energy
And The Environment
Directorate For Nuclear Safety and
Radiation Protection
Rome - Italy

Introduction

Among the effects that the accident to the Chernobyl nuclear plant has produced in Italy, a prominent position is held by the controversies about the communication of information and release of news to the public.

A relevant remark, made by specialists in communication, concerned the lack, immediately after the accident, of a good interface between the institutional sources (Governmental Agencies; Scientific Societies), the mass media (press, radiotelevision) and the public itself.

The scientific institutions were criticized for speaking an obscure and sophisticated language, while the mass media were censured, on the contrary, for exaggerated superficiality in the diffusion of the news.

Another important reason for the difficult communication in this field, is that basic elements of radiation physics, radiobiology and radiation protection aren't included in the essential background of knowledges of general public and, rather, common people show a generic hostility towards ionizing radiations that, of course, doesn't help in an objective judgement and acceptance of this kind of technological risk.

In conclusion, on the days of the accident, we could verify how poor was the reciprocal "permeability" within the social subjects involved in the transmission of information, with the frequent result of an uncontrolled propagation of contradictory, often incomprehensible, sometimes distorted news that caused further perplexity and anxiety in the population.

The physicians as "mediators" in transmission of information to the public

In order to guarantee a correct transmission of information to the public, is therefore needed the help of "mediators" between the Authorities, the specialists and the public itself: they must be able both to understand data and news in the field of ionizing radiations and to transmit them directly, without further mediations, to the public.

Since the health effects of ionizing radiations are perceived with great concern by the population, the physicians, and in particular the general practitioners and the family doctors, may represent the most important of these "intermediaries".

Family doctors traditionally act as filters between the health problems of their patients and the diagnostic and therapeutic opportunities offered by the scientific progress: in other words they play everyday a leading role of purveyors of science.

What's more they hold with their patients a
confidential relationship, based both on
professional ability and on thrust and moral
authority.

The doctor's advice are generally accepted as
thrustworthy: for this reason doctors may be
reliable "opinion makers" also in the field of
radiation protection.

**Training of medical professions in the field of
radiation protection. The existing situation in
Italy.**

A great care must therefore be taken over the
training of medical professions in this matter:
this need has been emphasized in the ECC Directive
about protection of the patients exposed to
ionizing radiation for medical examinations or
therapies (84/466/EURATOM). According to the
Council's recommendations, doctors authorized by
National legislations to use ionizing radiations
for diagnostic and therapeutic purposes
(radiologists, specialists in nuclear medicine,
dentists) must acquire expert knowledge in the
field of radiation protection.

In fact, in Italian Universities,
radiobiology and radiation protection are
systematically teached to the students of the
post-graduate courses in Radiology, Nuclear
Medicine, Occupational Medicine and Hygiene.

Training in radiation protection can't be
however restricted only to the future specialists:
on the contrary it should be avoided that the
graduates in medicine, at the end of their
curriculum course, lack any knowledge in this
field, except for the few notions of radiation
physics, radiobiology and radiopathology given in
the courses of Medical Physics, Radiology, Nuclear

Medicine, Occupational Medicine.

Things are changing, by virtue of a recent revision of the medical curriculum, with the inclusion of a specific teaching of medical radiation protection.

In this way all the graduates in Medicine should get the essential background in this specific field, and be prepared both to solve the everyday problems of justification in prescription of diagnostic examination with ionizing radiation and to play the difficult role of purveyors of information to the public.

The role of the ENEA and of the scientific radiation protection Societies in training of medical professions.

Training of medical professions can't be limited to the graduate studies: post-graduate and in service training is essential; scientific knowledges need, in fact, continuous updating. Both the Governmental Agency and the scientific and professional radiation protection Societies play an important role in this process.

The ENEA (Italian Agency for the Alternative Energy and the Environment) has, among others, the specific task of the dissemination of knowledge in the field of radiation protection: a lot of energies is spent for this purpose, a certain number of experiences in information of medical professions have been got in the last years:
- ENEA publishes scientific magazines, in which are systematically included contributions in the field of medical radiation protection, radiobiology and radioecology; in particular "Sicurezza e Protezione", a periodic of information on Nuclear Safety and Radiation Protection, offers space to the diffusion of

studies and researches in these fields.
ENEA edits also books on radiation protection:
either basic text books, often choosen as
textbooks for the students of the specialization
courses in Medical Radiology, Nuclear Medicine,
Occupational Medicine etc.; or specialistic
publications directed to a restricted number of
experts, or proceedings of Congresses,
Symposiums, Round tables about specific
arguments.
- Specialists of ENEA are often asked to give
lectures in various Courses and Seminars
organized by the Universities or other
Scientific Institutions, and in Specialization
Courses at Medical Schools.
- ENEA often contributes to the organization of
Courses, Congresses and Seminars on radiation
protection.

Among the Italian scientific and professional
radiation protection Societies, the AIRM (Italian
Society of Medical Radiation Protection) collects
most of the approved medical practitioners for
radiation protection of workers.
The main purpose of this Society is to help
in developing and updating knowledge about medical
radiation protection. This objective is pursued
organizing meetings on specific subjects, linked
to the professional activity of the approved
medical practitioners; among the items discussed
are: medical surveillance of exposed workers,
assessment of general fitness for radiation work,
regulatory aspects of occupational radioinduced
diseases, medical aspects of nuclear accidents.
On periodic Congresses, the members of the
Society, together with expert scientists, examine
carefully selected themes of radiopathology,
radiotoxicology, therapy of overexposures etc.
The main topics of the recent National

Congresses of the AIRM have been: Radiations and Cancer; Radiations and Environment; Medical aspects of Radiation Protection in Europe.

The society takes care of the training of approved practitioners also organizing specialization courses, among which the annual advanced course on Medical Radiation Protection organized together with the National Institute of Nuclear Physics and the University of Padova.

Future Prospects

All these scientific activities show a common feature: they are directed only to a selected public of specialists. This is also their essential limit.

In fact if this, on one hand, contributes to the improvement of the scientific knowledge of a restricted number of experts, on the other hand it increases their separation from the rest of medical professions, which on the contrary should be involved in the diffusion of knowledge in this field.

Some changes in strategies and techniques of disseminating information are therefore needed.

Courses on radiobiology and radiation protection should be included in the periodic training of general practitioners organized by the National Health Service and by the professional associations.

The diffusion of scientific publications on medical radiation protection should be improved, using periodicals of wide diffusion among general practitioners, such those edited and delivered by the professional associations.

Also handbooks and basic textbooks of radiation protection could be diffused through the same ways, so that every physician may have a reference book immediately available.

The ENEA/DISP made in 1986 one of the few attempts to enlarge the knowledge in the field of radiation protection distributing the Italian translation of the IAEA handbook "What the general practitioner (MD) should know about medical handling of overexposed individuals".

The ENEA and the scientific and professional radiation protection societies can take part to the post-graduate and in service training of physicians also supplying scientific equipment and teaching materials and with the direct participation of specialists as teachers.

To provide to the most part of physicians with basic knowledge on the biological effects of ionizing radiations, on the related risk and possible radiation damage to man, could in the first place help in avoiding the unjustified fear or, on the contrary, the exaggerated indulgence of the general practitioners in prescribing radiological examinations and then could give them the means to perform the task of purveyors of the radiation protection science to the population.

Part 2.

PANEL
Sources, goals and co-operation
in the field of information and training
of the medical profession

Partie 2

TABLE RONDE
Sources, objectifs et coopération
en matière de formation et d'information
du corps médical

Moderator-Modérateur
M. de Choudens
(France)

263

Formation et information du monde médical sur les dangers des rayonnements ionisants: Une nécessaire clarification de la situation en France.

Pierre GALLE

Professeur de Biophysique - Faculté de Médecine
8, rue du Général Sarrail 94010 Créteil

Depuis 1986, la formation et l'information du corps médical sur le danger des rayonnements ionisants ainsi que sa crédibilité a été l'objet de multiples réunions et rapports émanant des sociétés les plus diverses et dont certaines n'étaient pas toujours bien informées des réalités. Il en résulte que les remèdes proposés ont été souvent mal ciblés.

On se limitera ici à décrire la situation en France et son évolution depuis 1986. Il est important dans ce domaine de bien distinguer information et formation, lesquelles ne relèvent pas des mêmes structures.

L'information

S'agissant de l'information en cas de crise, les critiques ont été sévères dans la plupart des pays occidentaux, en 1986, à l'occasion de l'accident de Tchernobyl; il est clair que l'information donnée sur la radioactivité qui pouvait être mesurée dans ces pays n'a pas atteint son but et qu'elle a été assez mal perçue des médecins spécialistes ou généralistes. Un manque de crédibilité est ainsi apparu au niveau du public: les médecins n'aiment pas être informés par les médias dont les déclarations sont souvent contradictoires. Interlocuteurs privilégiés des populations lorsqu'un problème de santé est en cause, les médecins ont besoins d'informations, provenant d'organismes responsables et dont l'accès doit être rapide et aisé.

S'agissant de la France, le Ministre de l'Industrie, Mr. Alain Madelin et le Ministre de la Santé, Mme Michèle Barzach ont rapidement pris 2 initiatives importantes. 1) La mise en place d'un Conseil Supérieur de Sûreté et d'Information Nucléaire constitué de personnalités de différentes origines (académiciens, journalistes, syndicalistes...) et 2) le lancement d'un magazine d'information nucléaire sur minitel intitulé MAGNUC.

La deuxième initiative intéresse plus particulièrement les médecins, elle comble une lacune et permet à la fois de familiariser le public avec une information permanente et d'informer les médecins sur la situation existante. Ce système télématique, donnant une information en temps réel à toute personne disposant d'un minitel est apparu remarquablement adapté pour répondre aux difficultés de l'information de masse en cas de crise.

Avec ce système, complété ultèrieurement par le système TELERAY, chacun peut donc connaître aujourd'hui les niveaux d'activité existant à tout moment sur le territoire. Ainsi en cas de crise, le public peut être informé suivant les modalités qu'il utilise habituellement, soit en consultant le médecin généraliste auquel il accorde sa confiance. Celui-ci ayant souvent oublié l'enseignement qui lui a été fourni dans ce domaine en Faculté aura la possibilité de s'informer auprès de son collègue spécialiste d'un Centre Hospitalo-universitaire qui, lui même, pourra interpréter les données fournies par son minitel. Sans être très nombreux, ces spécialistes existent au sein de tout CHU. Parmi eux les médecins nucléaires utilisant dans leur service une moyenne de un Curie par semaine de substances radioactives, et ayant une bonne connaissance du language et des dangers liés aux rayonnements, sont sans doute les plus aptes à répondre, mais il en existe d'autres.

Outre sa rapidité, ce système à la grand avantage d'assurer l'information du public et des médecins suivant les modalités qu'ils privilégient. Les interlocuteurs se connaissent entre eux ce qui assure une bonne crédibilité de l'information. Contrairement à ce

qui est trop souvent dit, ces interlocuteurs ont en France une formation largement suffisante pour faire face aux situations.
Il semble donc aujourd'hui que le problème de l'information puisse être considéré comme adapté aux besoins en cas de crise.

La formation
Comme dans toute discipline, on doit distinguer ici la formation du généraliste et celle du spécialiste.

1) La formation des généralistes
Il est inexact de dire que les médecins généralistes n'ont reçu qu'un enseignement insuffisant voire aucun enseignement sur le danger des radiations. En France l'enseignement, confié traditionnellement aux biophysiciens et aux médecins nucléaire, est inscrit depuis des décennies dans les programmes de toutes les Facultés de médecine, il est délivré dès le premier cycle et soumis à un contrôle des connaissances dans le cadre d'un concours difficile. Sans doute inégale d'un CHU à l'autre, la qualité de cet enseignement est rarement contestée, et on peut rappeler ici que dans certains CHU, cet enseignement est assuré par les plus hautes autorités françaises en matière de radioprotection.

Malgré cet enseignement, on constate que les médecins, préoccupés ultèrieurement par d'autres tâches dans leur pratique quotidienne, auront bien souvent oublié après quelques années de pratique le contenu du programme délivré très tôt dans leur cursus médical. Ceci est tout à fait normal et on peut faire les mêmes constatations pour tout problème de santé même majeur mais dont les manifestations ne sont qu'exceptionnelles en France telles les maladies exotiques. Dans ce domaine aussi, le généraliste a généralement oublié la quasi totalité de l'enseignement qui lui a été dispensé, et il doit faire appel aux spécialistes.

2) La formation des spécialistes
L'enseignement est ici assuré à deux niveaux, celui des spécialités

médicales d'une part et celui de la recherche d'autre part.

Les spécialités médicales concernées sont celles de la radiologie, de la radiothérapie et de la médecine nucléaire. S'agissant de la médecine nucléaire, l'enseignement sur les radiations et leurs effets est assuré à l'Institut National des Sciences et Techniques Nucléaires et 87 heures de cours sur ce sujet sont prévus actuellement dans le cursus de ces spécialistes qui ultèrieurement utiliseront régulièrement ces notions dans leur pratique quotidienne.

S'agissant de la recherche, un vide a été comblé récemment en France par la mise en place en 1988 d'un Diplôme d'Etudes Approfondies de Radiobiologie et Radiopathologie auquel est associé un groupe de formation doctorale. L'enseignement est organisé ici par 3 Universités, Paris XII, Paris XI et Paris V et par l'Institut National des Sciences et Techniques Nucléaires. Cette structure permet la formation des chercheurs et une quinzaine de biologistes ou médecins sont actuellement en cours de thèse.

S'agissant enfin des documents de référence dont s'inspirent les enseignants de premier ou troisième cycle, ceux-i ne manquent pas. La plupart des enseignants s'appuient en général sur les ouvrages rédigés en français comme le traité de Radiobiologie de Mrs. Tubiana, Dutreix et Wambersie (1) et l'abrégé de Radiobiologie et Radiopathologie, rédigé à l'usage des étudiants de premier cycle et des généralistes, et publié aux éditions Masson (2).

Bref, contrairement à ce qui est souvent dit, la formation des médecins peut être considéré comme satisfaisante. Même si, ici ou là, des améliorations sont évidemment souhaitables, notamment dans certaines facultés, Il ne semble pas que ce soit à ce niveau que les actions les plus utiles doivent être menées.

- Le contenu de l'enseignement et son acceptabilité
Dans ce domaine, il existe des difficultés qui sont souvent sous estimées: les médecins acceptent assez mal en effet les concepts

trop subtils et les hypothèses fragiles fréquemment utilisés par les professionnels de la radioprotection. Beaucoup reste à faire en effet pour clarifier le language de la radioprotection et les remarques faites par Mr. Le député C. Gatiniol, président de la Commission Locale d'Information de Flamanville, à propos des multiples unités utilisées, doivent retenir toute notre attention car elles témoignent du même malaise au niveau du public: un langage clair ne se conçoit bien que lorsqu'il s'appuie sur un vocabulaire clair lui aussi.

Dans son rapport publié en 1981, la Commission Internationale de Protection contre les Radiations a fait récemment un effort de clarification de la définition des unités qu'elle propose d'utiliser en Radioprotection. Cependant cette clarification est encore très insuffisante.

Tout d'abord, utiliser le même nom, le Sievert, pour apprécier deux notions aussi différentes que celle de dose équivalente et celle de dose efficace est une source de confusion permanente. Si l'on souhaite véritablement que ces unités soient utilisées par des médecins généralistes voire par les médias et le public, il serait nécessaire de supprimer au plus tôt cette première source de confusion. Sinon il faudra se résoudre à réserver l'usage de ces unités aux seuls spécialistes.

Par ailleurs, la notion de dose dite "efficace" n'est pas bien perçue des médecins utilisant les radiations. Utiliser cette notion dans le domaine des plus faibles doses, soit dans un domaine où chacun s'accorde pour reconnaître que l'"efficacité" des rayonnements est encore inconnue est une autre source de confusion. Là encore cette notion, dans sa forme actuelle ne devrait être utilisée que par les seules personnes connaissant sa subtilité, et l'imperfection des modèles utilisés pour la définir, modèles tous fondés sur des hypothèses dont certaines sont discutables: l'adjectif "efficace" n'est pas adapté à une notion fondée sur des hypothèses.

Mais la notion la plus mal perçue est surtout celle de dose collective, notion peu prudente car il lui est associé un risque chiffré comme le nombre de morts par cancer dans une population irradiée. Certes les professionnels de la radioprotection savent les importantes réserves qui doivent être assorties à ces conclusions, mais, on ne peut demander aux médecins généralistes de retenir ces réserves trop subtiles et, l'utilisation de cette notion par les médias déconcerte le milieu médical. Annoncer, que dans une population donnée soumise à une irradiation, le nombre prévisible de morts par radiocancer serait situé entre zéro et 20.000 a pour seul effet de mettre en lumière la faiblesse des prédictions possibles. Certes ces prédictions dites prudentes risquent bien peu d'être prises en défaut, cependant leur incertitude est disproportionnée avec l'intérêt pratique recherché, ce qui a pour effet de discréditer aux yeux des médecins, à la fois les méthodes utilisées, la notion de dose collective et les concepts actuels de radioprotection.

Devant ces difficultés, la position prise par de nombreux enseignants de médecine a été de supprimer de leur programme la notion discutable de dose collective, mais on peut regretter alors que cette notion soit encore présente dans des documents dont certains sont considérés comme référence.

L'enseignement de la radiopathologie et son assimilation n'est pas très difficile mais il faut prendre garde à ne pas aller trop au delà des connaissances. Ainsi le problème des faibles doses doit-il être abordé avec prudence dans l'enseignement de base. Des travaux considérables ont été faits depuis des décennies pour tenter d'apprécier leurs possibles effets, mais sans grand résultat. Certains ont cependant pensé pouvoir apprécier quantitativement ces effets hypothétiques en utilisant des modèles mathématiques mais ces modèles sont anciens, et peu en accord avec les données de la biologie moderne. Il en résulte de sérieuses difficultés au niveau de l'enseignement des étudiants dont on ne doit pas sous estimer la qualité et l'esprit critique. Devant ces difficultés l'attitude adoptée par les enseignants diverge fortement. Certains n'hésitent pas à fournir des chiffres sur les risques hypothétiques encourus jusqu'aux plus faibles doses après avoir décrit les hypothèses et modèles utilisés, et que l'on a tendance alors à considérer comme scientifiquement valides, tandis que d'autres, peu convaincus de la validité de ces hypothèses ou modèles préfèrent ne pas s'engager.

La critique que l'on fait aux premiers est de laisser supposer comme scientifiquement démontré un risque qui ne l'est pas, et celle faite aux seconds est de dévoiler une ignorance sur un sujet sensible, ignorance qu'en aucun cas il ne faudrait laisser apparaitre.

Le choix à faire entre ces deux attitudes opposées n'est pas nouveau en pratique médicale, et les médecins y sont habitués car ils doivent le faire couramment dans bien d'autres domaines de la médecine. Confrontés quotidiennent à ce problème, les toxicologues, par exemple, conscients du caractère illusoire des tentatives d'appréciation quantitatives des risques potentiels de doses infinitesimales ont toujours adopté la deuxième attitude, se contentant d'enseigner ce qu'ils connaissent, soit les doses seuil au dessous desquelles aucune action n'est décelable. Leurs collègues biophysiciens, radiothérapeutes, radiologues ou cancérologues, ont aujourd'hui tendance à faire de même pour les rayonnements ionisants, considérant qu'aucune raison sérieuse ne s'oppose à cette attitude. L'expérience montre en outre que cette façon d'informer sur les risques potentiels, outre son avantage de clarté, a aussi celui d'être mieux acceptée par le public.

L'attitude des médecins est donc bien souvent différente de celle des professionnels de la radioprotection, et cette divergence est à l'origine de beaucoup d'incompréhension et de critiques mal ciblées. Devant cette situation, il serait utile pour tous que des relations plus étroites soient établies entre les experts de la radioprotection d'une part, et les autorités médicales de l'autre.

Référence

1) M. Tubiana, J. Dutreix et A. Wambersie. Radiobiologie, 1 Vol. 1986,
   Hermann ed. Paris.
2) P. Galle et R. Paulin. Radiobiologie-Radiopathologie, 1 Vol. 1991, Masson ed. Paris.

Electricité de France
et l'information nucléaire des professions de santé

Michel DÜRR
EdF

Le milieu médical, médecins, pharmaciens, vétérinaires, infirmières et personnel des services de radiologie retient tout particulièrement l'attention des responsables de l'information nucléaire, tant en raison de sa sensibilité propre que par son rôle de relais de l'information, de conseil interrogé par le grand public. Pour toutes ces raisons, il est indispensable de mettre à sa disposition une information objective : celle-ci doit mettre correctement en perspective les problèmes posés par l'utilisation de l'énergie nucléaire, montrer le niveau relatif des risques entrainés par les rayonnements ionisants, les comparer aux autres risques que connaissent bien les médecins et montrer tout l'intérêt de recourir à l'énergie nucléaire pour la production d'électricité.

Une remarque préalable fondamentale doit être faite. L'information biologique ou médicale des professions de santé ne peut être faite que par un médecin ou un spécialiste du domaine concerné. L'intervention des ingénieurs ou des techniciens n'est acceptable que pour les questions techniques ou économiques, pour également résoudre les problèmes matériels d'organisation.

L'information peut être efficace, doit être très décentralisée avec, cela va de soi, une coordination centrale qui favorise les échanges d'expériences et qui met à disposition les éléments de base de l'information, textes, articles, séminaires spécialisés.

Sur le terrain, les médecins du travail des centrales nucléaires d'EDF et des installations industrielles de COGEMA jouent le rôle principal dans l'information, très aidés par les universitaires régionaux. Ceux-ci sont particulièrement actifs dans plusieurs des grandes métropoles régionales (Grenoble, Montpellier, Toulouse, Bordeaux, Clermont-Ferrand, Caen, etc...). Ils animent de nombreuses conférences en liaison avec EDF ou avec la SFEN, la Société Française de l'Energie Nucléaire, très efficace là où l'implantation des installations nucléaires est moindre.

Un aperçu des actions décentralisées menées de 1989 à 1991 est donné en annexe.

I - Les publics visés

1)   Les médecins

Rappelons tout d'abord qu'en France, au cours du premier cycle de leurs études médicales, les médecins reçoivent tous une formation en radiologie et radiobiologie. Quels qu'en soient les modalités et les mérites, elle ne suffit pas et doit être rafraichie et complétée par la suite. Tchernobyl a mis en évidence un besoin potentiel d'information complémentaire liée aux risques de l'énergie nucléaire et pour les plus âgés en exercice qui n'ont pas eu la formation initiale précédente, un besoin de première information dans le domaine des rayonnements. Cela peut être fait au cours de séances d'information, de visites d'installations ou par la mise à disposition d'une documentation appropriée.

Etant donné la sensibilité particulière du milieu médical, il est nécessaire de passer par le canal des organisations professionnelles et plus particulièrement par l'Ordre des Médecins pour toute information systématique ; dans certains cas, il est possible de s'appuyer sur une personnalité médicale incontestable, universitaire par exemple. Il va de soi que seuls des médecins peuvent traiter de questions médicales. Le concours des médecins du travail et tout spécialement de ceux des centrales nucléaires est utilisé.

Autour des installations nucléaires, centrales, centres de recherches du CEA, usine de retraitement de la Hague, les contacts existent depuis longtemps. Les médecins du voisinages ont pour la plupart visité nos installations. Des liens étroits existent dans certains cas avec les établissements hospitaliers voisins et avec les médecins des services d'urgence. Les contacts sont plus difficiles dans les régions où nous n'avons pas d'implantation. Pour coordonner l'ensemble de ces actions, EdF a créé autour de plusieurs sommités médicales comme le Professeur TUBIANA, un Comité d'Information présidé par son Directeur Général Adjoint, Monsieur Rémy CARLE.

Malgré nos efforts, nous sommes loin d'avoir fait le tour des besoins et d'avoir noué des contacts efficaces avec l'ensemble des 160.000 médecins exerçant en France, en médecine libérale ou dans les établissements hospitalo-universitaires. Certaines de nos actions débutent et complèteront celles précédemment menées.

On peut estimer qu'entre 3000 et 5000 médecins font l'objet, tous les ans, d'un contact personnalisé, soit au travers d'une conférence, soit lors d'une visite d'installation nucléaire (centrale ou usine). Bien que cette action dure depuis une quinzaine d'années, il s'en faut de beaucoup que nous ayons pris contact avec la majorité des médecins, tant en raison du renouvellement de ceux-ci que parce que la plupart de ceux qui ont visité une centrale souhaitent revenir quelques années plus tard.

Les médecins exerçant au voisinage d'une centrale ou d'une usine nucléaire sont tout spécialement concernés par nos actions et l'insertion des médecins des centrales dans le tissu associatif régional démultiplié leur rôle avec une grande efficience. Les médecins des grandes villes, et a fortiori les médecins de la région parisienne, se sentent beaucoup moins concernés et manifestent un intérêt moindre pour l'information que les voisins des centrales. Il en va de même sur tout le territoire pour les médecins spécialistes à l'exception évidente des radiologues et radiothérapeutes.

2)   Les vétérinaires

Les vétérinaires tiennent une place capitale en raison de leur rôle dans les milieux ruraux et des fonctions d'experts qu'ils exercent dans le domaine de la Santé Publique. Nous avons pris contact avec l'Ordre des Vétérinaires et avec les représentants des Syndicats de la profession.

Une enquête a été lancée auprès des instances professionnelles régionales et départementales pour préciser l'attente et les souhaits d'information des vétérinaires. Au vu des résultats de cette enquête, une série d'articles a été rédigée par un membre de l'Académie Vétérinaire, ancien professeur à l'Ecole Vétérinaire d'Alfort. Ces articles ont été publiés dans un des organes les plus lus de la presse syndicale, "La Dépêche Vétérinaire". Des tirés à part sont à disposition de tout vétérinaire qui en fait la demande, tout comme la documentation préparée à l'intention des médecins.

Au niveau départemental, des contacts sont pris pour organiser des visites de centrales nucléaires et des séances d'information en liaison étroite avec les représentants de l'Ordre et les syndicats professionnels.

3)   Les pharmaciens - le problème de l'iode

Comme pour les médecins et vétérinaires, nous nous rapprochons des instances ordinales pour toute action systématique d'information.

La demande d'information se focalise sur le rôle des pharmaciens en cas d'accident et les modalités de distribution de l'iode en cas d'accident.

4)   Les infirmières

Plusieurs centres de production nucléaire sont en relations avec les écoles d'infirmières de leur région et ont organisé des visites. Ainsi, mais ce n'est pas le seul, le CPN de Paluel a beaucoup oeuvré en ce domaine. Nous souhaiterions étendre cette action qui vise une population particulièrement écoutée du public et qui a parfois le sentiment d'être oubliée dans nos actions d'information.

II - Les moyens : Conférences - journées d'études - visites

1)   Conférences-débats :

Les médecins en exercice ont peu de temps libre et il n'est pas aisé de les rassembler. Les séances d'information sont généralement des conférences débats organisées en soirée ; elles peuvent aussi être faites lors de la visite d'une centrale nucléaire. Selon les cas, elles mobilisent un ou plusieurs conférenciers, par exemple le médecin du travail d'une centrale, ou une personnalité compétente universitaire ; un ingénieur d'EdF est présent pour répondre aux questions relatives à la sûreté des installations et lorsque cela est possible, un représentant de l'administration présente les dispositions des plans particuliers d'intervention. Bien entendu, un temps suffisant est réservé pour répondre aux questions de l'auditoire. Les sujets à traiter sont sélectionnés au mieux des compétences des intervenants et des souhaits exprimés par l'assistance : action biologique des rayonnements ionisants, notions de radiobiologie et de radiopathologie, radioprotection, radioécologie, Tchernobyl et ses conséquences, rôle du médecin en cas d'incident ou d'accident, plans d'urgence et d'intervention. Les invitations sont lancées par EdF en association étroite avec l'Ordre des Médecins.

2) Enseignement post-universitaire

Lorsque cela est possible, ces séances s'intègrent dans le cadre des enseignements post-universitaires (EPU). Cependant, la brièveté de la séance limite les possibilités de dispenser un véritable enseignement. Par ailleurs, il n'est pas toujours facile de nouer les contacts avec les responsables des EPU. C'est pourquoi, en liaison avec le Président de l'Ordre des Médecins, nous mettons en place la possibilité de s'associer avec l'Union des Fédérations d'Enseignement Continu, l'UNAFORMEC qui accepte d'insérer dans le cadre de ses conférences d'EPU le sujet du "nucléaire".

EDF a passé une convention d'association avec l'UNAFORMEC. Cette organisation regroupe de nombreuses associations de formation et d'enseignement continu des médecins. Une première phase a consisté à préparer le dossier pédagogique de formation continue et à le valider par prise en compte des remarques de divers responsables aux responsables de son utilisation ultérieure.

Une première séance test a été organisée pour les médecins exerçant au voisinage d'une de nos centrales. Il s'agit d'une formation interactive, faisant appel aux techniques de "dynamique de groupe" ; les participants y sont encadrés par des animateurs, un pour 10 participants environ, appuyés sur des experts dont certains viendront d'EdF ou de l'Administration. On y traite des cas concrets de situations que les médecins pourraient rencontrer : que faire en présence d'un irradié ou d'un contaminé ? Que répondre à un client qui demande ce qu'il faut penser d'un article alarmiste publié dans la presse au sujet de la contamination des aliments, ou d'un excès de leucémies constaté à tel ou tel endroit ? etc... L'action s'est déroulée sur une journée et a satisfait les participants.

La principale difficulté rencontrée pour généraliser ce type d'action réside, d'une part, dans le fait qu'elle prend une journée complète au médecin qui participe et qui hésitera à venir s'il n'est pas indemnisé, d'autre part, dans le coût pour EDF qui est supérieur à 2.000 F par participant et par séance.

3)   Journées médicales spécialisées :

Depuis plusieurs années, le Comité de Radioprotection d'EdF organise à Paris des journées d'information sur des sujets médicaux très spécifiques traités par les spécialistes les plus compétents :

-   journée d'études sur les caryotypes ;

-   mécanismes de la cancérogénèse - progrès   récents et idées nouvelles ;

-   actualités sur le traitement des irradiés ;

-   greffe de moëlle osseuse ;

-   cancérogénèse par les faibles doses de radiations ionisantes et normes de sécurité ;

-   actualités sur les substances radioactives ;

-
    effets génétiques des rayonnements ionisants ;

-   effets tératogènes des rayonnements ionisants ;

-   irradiation par l'iode radioactif.

Ces journées sont destinées en priorité aux médecins des centrales, mais nous invitons aussi tous les médecins qui ont manifesté un intérêt à ce sujet. Nous lançons environ 600 à 800 invitations et les journées rassemblent environ 200 participants.

4)   Visites des centrales et des Aménagements nucléaires

Les visites sont organisées en liaison avec les médecins du travail des Centrales. Elles sont   souvent l'occasion d'une séance d'information sur les thèmes nucléaires. On peut estimer que plus de 10.000 médecins ont déjà bénéficié d'une telle visite.

5)   Visites au Vésinet des installations du S.C.P.R.I.

Le Service Central de Protection contre les Rayonnements Ionisants accueille des groupes d'une vingtaine de médecins auxquels le Professeur PELLERIN Directeur du Service et ses collaborateurs présentent les laboratoires et les installations mobiles de contrôle et d'intervention du Service. Ces visites ont un très grand succès. De nombreuses personnalités médicales (responsables de l'Ordre des Médecins, personnalités de l'Administration, Universitaires, etc...) ont déjà bénéficié de cette offre. Le nombre de visiteurs étant forcément limité, cette visite est réservée en priorité à des responsables de haut niveau. Elle est le point de départ d'actions d'information ultérieures.

III - Les Moyens : Documentation et publications

1)   Envoi de documentation

Sous le titre "Rayonnements ionisants et Santé", nous proposons un ensemble de documents susceptibles d'intéresser les médecins, et une cassette vidéo.

Une carte réponse permet d'obtenir gratuitement l'ensemble des documents suivants :

- information générale :
  • un jeu de fiches et une brochure "Energie Environnement et Santé édités par la SFEN Languedoc Roussillon (Professeurs Artus, Rossi et Robbe)
  • une brochure Mémento du risque nucléaire éditée par l'Association d'Information pour la Prévention des Risques Majeurs et rédigée par Monsieur de Choudens du CENG
  • un jeu de fiches sur l'énergie nucléaire (aspects techniques et économiques) établi par EDF

- conduite pratique :
  • brochure Médecins et Risque Nucléaire (voir infra)
  • Numéro spécial du Concours Médical de 1991 : Risques d'irradiation préparé sous la direction du Dr Bertin du Comité de Radioprotection d'EDF

- pathologie et biologie :
  - Nucléaire et Psychiatrie numéro spécial d'Actualités Psychiatriques, septembre 1990 ;
  - La génétique et les rayonnements ionisants par le Professeur Dutrillaux
  - Problèmes posés en cas d'accidents nucléaires par les rejets radioactifs (voir infra)
  - Effets des rayonnements ionisants sur le développement in utero (voir infra)
  - Quatre ans après Tchernobyl : les retombées médicales (voir infra).

Sur demande particulière, trois ouvrages de référence peuvent être obtenus :

- Risques des rayonnements ionisants et normes de radioprotection (rapport n°23 de l'Académie des Sciences, novembre 1989) ;

- Les effets biologiques des rayonnements ionisants (363 pages) par le Dr Bertin, Vice-Président du Comité de Radioprotection d'EDF, 1991 ;

- Radiologie-Radioprotection par le Professeur Tubiana et le Dr Bertin "Que Sais-je" (128 pages), 1989 ;

La carte réponse a été insérée deux fois en 1991 dans le journal "le Concours Médical" qui atteint 60.000 médecins. Au total, nous avons reçu 2500 demandes de documents.

L'avantage d'un tel mailing est sa facilité d'exécution. L'inconvénient est que dans la plupart des cas, la documentation reçue risque de n'être pas lue, même ayant fait l'objet d'une demande. C'est pourquoi, nous estimons préférable, chaque fois que cela est possible, de remettre cette documentation lors d'actions où un contact personnel s'établit (visites de centrales, séances d'information).

2) Documentation à l'usage des pharmaciens

La documentation destinée aux médecins semble appropriée pour ce public. Toutefois, elle n'est pas suffisante et deux documents sont plus spécialement destinés aux pharmaciens. Ainsi, un dépliant de

4 pages "La radioactivité et la vie" publié par le Club Pharmaceutique d'Education pour la Santé a été diffusé à plusieurs centaines de milliers d'exemplaires dans les officines.

3) Périodique "Médecins et Rayonnements ionisants"

Depuis l'automne 1991, un périodique d'information "Médecins et Rayonnements Ionisants" est envoyé à tous les médecins des régions Rhone Alpes - Bourgogne - Auvergne (entre 12.000 généralistes et 1.000 spécialistes des domaines utilisant les rayonnements ionisants). Cette publication parait trois fois par an. Elle rassemble des articles écrits par des universitaires spécialistes, des informations sur l'utilisation médicale des rayonnements ionisants et sur le nucléaire. Un comité scientifique rassemble d'éminents spécialistes qui garantissent la qualité de la publication.

Quatre numéros sont parus et l'accueil favorable que leurs lecteurs leur ont réservé conduit à envisager d'élargir la diffusion à l'ensemble des généralistes français.

Une édition adaptée aux pharmaciens est à l'étude.

4) Brochure "Médecins et Risque Nucléaire" et brochures similaires

Cette brochure a été rédigée dans le département de l'Isère par l'Université de Grenoble (Professeur Vrousos) en liaison avec le Docteur Gallin-Martel, médecin de la centrale de Creys Malville et les Services de la Sécurité Civile. Elle a d'abord été adressée à tous les médecins de l'Isère, puis dans d'autres départements, par exemple le Rhône, l'Ain, le Calvados, la Manche et l'Orne avec une lettre d'envoi signée conjointement par un responsable administratif, le préfet par exemple, un élu local comme le Président du Génie Civil ainsi que par une personnalité médicale régionale, comme le Président du Conseil Départemental de l'Ordre des Médecins. Sa quatrième édition vient d'être envoyée à tous les généralistes français avec une lettre d'accompagnement du Président National de l'Ordre des Médecins.

En région Aquitaine, l'Université de Bordeaux II (Professeur Ducassou) et la Centrale du Blayais ont rédigé une brochure "Le médecin face au risque nucléaire". En région Midi

Pyrénées, l'Université de Toulouse (Professeur Guiraud), l'hôpital d'Agen et la centrale de Golfech ont élaboré une plaquette "Les Professions de Santé et l'exposition de l'homme aux rayonnements ionisants". En Alsace, le Conseil de l'Ordre des Médecins du Haut Rhin et la centrale de Fessenheim ont diffusé une brochure "Le médecin face au risque nucléaire". Une version en allemand a été mise à disposition du voisinage badois de la centrale. D'autres brochures sont en préparation. Le contenu est pratiquement le même que dans l'Isère, mais la présentation prend en compte la sensibilité régionale du milieu médical.

5)   Publication d'articles et de suppléments dans les revues médicales et vétérinaires

Il y a là un moyen puissant de diffusion des connaissances. Chaque fois que l'occasion se présente, nous suscitons des articles dans la presse médicale. Cîtons par exemple les synthèses établies par les médecins du Comité de Radioprotection d'EDF :

-   Problèmes posés en cas d'accidents nucléaires par les rejets d'iode radioactif par le Docteur Hubert, 8 pages, Revue "Lyon Pharmaceutique" 1989,

-   Effets des rayonnements ionisants sur le développement in utero par le Dr Lallemand, 8 pages, Revue "Lyon Pharmaceutique" 1990,

-   Quatre ans après Tchernobyl : les retombées médicales par le Dr Hubert, 10 pages, "Bulletin du cancer" 1990.

En outre nous préparons avec diverses publications des numéros spéciaux ou des suppléments. C'est un travail très long. Il faut convaincre la rédaction du journal et obtenir que des spécialistes compétents rédigent des articles accessibles au public des généralistes.

Notre vecteur privilégié est le "Concours Médical" qui est lu par 70.000 médecins en France et avec lequel nous publions des suppléments tous les quatre ans environ. Le dernier d'entre eux consacré aux "Risques d'irradiation" est paru en 1991. Il a été préparé par le Docteur Bertin Vice Président du Comité de Radioprotection d'EDF. Il expose :

- le mécanisme d'action et effets possibles des rayonnements ionisants,

- les problèmes posés en pratique médicale par les rayonnements,

- la conduite du médecin face à un irradié ou une personne supposée irradiée ou seulement professionnellement exposé.

Nous avons aussi publié un numéro hors série de la revue Actualités Psychiatriques en septembre 1990. Ce numéro spécial traite des sujets aussi variés que :

- la rumeur ou média du non-dit,

- le panorama énergétique et nucléaire français,

- nucléaire et attitudes à l'égard de la science,

- la personnalité et le risque,

- pensée et magie,

- le savoir et après,

- les résultats d'une enquête à l'Institut Gustave-Roussy sur les attitudes vis-à-vis des radiations ionisantes du personnel de cet hôpital,

- délire-t-on plus, ou autrement, auprès d'une centrale nucléaire ?

- Tchernobyl.

En 1993, nous comptons préparer un numéro hors série avec une autre publication "La Revue du Praticien", numéro coordonné par le Docteur Bertin et le Docteur Garcier médecin du travail de la Centrale de Saint Alban.

Comme indiqué plus haut, nous avons publié sous forme de suppléments à la "Dépêche Vétérinaire" une série d'articles spécifiques pour les vétérinaires rédigés par Monsieur Michon :

- Effets des irradiations aigües sur les animaux domestiques, n°17 du 9 février 1991 ;

- Les pollutions radioactives : conséquences pour le cheptel, n°22 du 26 octobre 1991 ;

- Pollutions radioactives de denrées alimentaires d'origine animale : prévisions quantitatives, n°25 du 25 avril 1992.

6)   Participation au Congrès Euromédecine

Les journées "Euromédecine" organisées par le Professeur Artus se tiennent tous les ans à Montpellier. Elles rassemblent 50 à 60000 congressistes. EDF soutient la Société Française de l'Energie Nucléaire pour y présenter un stand d'exposition. Les panneaux exposés traitent de thèmes comme Energie et Santé ou Environnement et Santé. Le jeu de fiches "Energie, Environnement et Santé" y est abondamment distribué.

IV - Les enquêtes

Des enquêtes ont été entreprises pour définir la demande d'information du milieu médical et mieux répondre à l'attente de ce public et adapter notre politique. On trouvera ci-après les conclusions de quelques enquêtes récentes.

1)   Enquête faite auprès des médecins de l'Orne - 1990

Pour mettre au point l'ensemble de documents actuels, nous avons étudié comment avait été perçu l'envoi systématique du dépliant "Energie Santé" qui proposait précédemment un ensemble de 23 documents. Le département de l'Orne où ne se trouve aucune installation nucléaire avait été choisi pour cette expérience. Les 600 médecins de ce département ont reçu ce dépliant ; 120 ont répondu et fait une demande de documentation. L'enquête a concerné 229 des 600 médecins de l'Orne contactés.

L'opération est apparue comme une initiative appréciée par 87 % des médecins qui se sentent insuffisamment informés, peu compétents pour intervenir et qui estiment manquer d'éléments sur les risques de développement cancéreux après irradiation. Les généralistes se sentent les plus intéressés : le médecin généraliste est "réquisitionnable" en cas d'évènement important, il doit savoir répondre à ses patients, il a besoin d'informations claires, facilement assimilables et restituables, de consignes pratiques. Les radiologues recherchent une information pointue. Les autres spécialistes sont moins concernés.

L'ensemble du dossier a été jugé bon et son niveau accessible. Certains médecins en mettent les éléments à disposition dans leur salle d'attente. Les documents les plus demandés étaient les suivants : présentation de l'énergie nucléaire ; médecins et risque nucléaire ; risques d'irradiation ; l'enseignement de Tchernobyl.

Les moins demandés étaient : implications biologiques de l'optimisation des irradiations ; l'ANDRA, un Service Public pour une gestion sûre des déchets radioactifs. Le titre de ces documents a certainement joué un rôle dissuasif : le premier n'est pas attrayant en raison de l'usage du terme optimisation ; le second apparaît comme un manifeste de propagande.

Il fallait donc réduire le nombre des documents proposés, les rendre synthétiques, uniformiser leur présentation et leur format. C'est ce qui a été fait dans le recueil "Rayonnements ionisants et Santé" que nous proposons à présent.

2)   Enquête faite en Champagne-Ardennes

Le Professeur Kochman, Doyen de la faculté de médecine de Reims, a donné pour sujet de thèse à plusieurs de ses étudiants, l'évaluation du niveau des connaissances des médecins dans le domaine nucléaire. L'enquête, faite en 1990, porte sur 48 médecins exerçant dans un rayon de 10 km autour de centrales nucléaires en service (Chooz, Nogent-sur-Seine) ou au voisinage du dépôt de déchets de faible activité de Soulaines et sur 96 médecins résidant au-delà. L'enquête montre la difficulté de conserver présentes à l'esprit les notions de becquerel, gray, curie, etc...qui ne se rencontrent pas dans la vie quotidienne. Elle met en évidence le besoin de faire aux médecins généralistes dans le dernier cycle de leurs études, un rappel des notions de biologie enseignées lors du premier cycle.

a) les médecins et leurs patients

Le tableau suivant résume les conclusions et montre combien les médecins se sentent concernés, plus encore lorsqu'ils sont voisins d'un site nucléaire :

	Proximité sites	zone témoin
Le médecin se considère-t-il comme un bon vecteur pour diffuser la connaissance	40/48	68/92
pour transmettre les doléances	34/48	52/92
Vos patients vous ont-ils déjà fait part de leurs préoccupations concernant l'environnement	41/48	65/92

b) les médecins et la pollution :

L'enquête a été faite au moment de "l'affaire Perrier" (pollution par des traces de phénol) et la pollution de l'eau arrive arrive de loin en tête des préoccupations. Le fait d'être dans une zone de grande agriculture renforce cette sensibilité.

c) les médecins et la biophysique :

Les questions relatives à la biophysique montrent qu'un peu moins de la moitié des médecins a des notions dans ce domaine, sans que le voisinage des sites nucléaires ait une influence. Les réponses les plus pertinentes obtenues viennent des médecins qui ont reçu une formation militaire dans le domaine de la protection contre les armes biologiques et chimiques.

d) les médecins et le nucléaire :

Les diagrammes suivants classent successivement les risques spontanément cités, la réponse à la question "le nucléaire fait-il partie des risques qui vous paraissent importants ?" ; la réponse à la question " ; partagez-vous ces inquiétudes au sujet du nucléaire ?"

3) Thèses sur la perception du nucléaire par le milieu médical

Dans le cadre d'un diplôme de médecine générale, le Doyen KOCHMAN a demandé à deux de ses étudiants d'évaluer la perception du nucléaire qu'ont les membres des professions de santé installés au voisinage de Nogent sur Seine et de Belleville (médecins, pharmaciens, vétérinaires, infirmières libérales). Les médecins du travail de ces centrales ont apporté leur concours.

Le questionnaire comportait les thèmes principaux suivants :

- comment s'informent les médecins ?

- comment perçoivent-ils l'implantation d'une centrale (dérangeante, dangereuse, avantageuse) ?

- à qui font-ils confiance pour s'informer ?

- quels sont les besoins ressentis en information ?

Les premières conclusions qualitatives sont que la centrale est perçue comme dérangeante mais non dangereuse par les vétérinaires et les infirmières et par un pharmacien sur deux alors que les médecins sont indifférents à sa présence. Les vétérinaires pensent que la centrale entraîne une modification du cadre écologique. Les infirmières perçoivent mal la centrale et ont l'impression d'être "snobées" et tenues à l'écart.

En réponse à la question "en qui avez-vous confiance", les universitaires viennent en tête. Les médecins du travail des centrales sont bien perçus mais leurs confrères estiment "qu'ils savent mais ne disent pas tout", du fait de leurs liens avec EDF.

Tous expriment le besoin d'une information brève mais régulière. Ils sont défavorablement impressionnés par l'aspect somptuaire de certaines dépenses ou publications.

Les résultats de cette étude sont à rapprocher de ceux d'une enquête menée par le Conseil Général de l'Isère en 1986-1987. En cas d'accident majeur, la confiance du public se porte dans l'ordre sur les pompiers puis sur les généralistes. Les spécialistes sont suspects, mais on a plus confiance en leurs dires que dans les déclarations des autorités, les journalistes étant jugés les moins crédibles.

4)   Enquête auprès des médecins de Provence Cote d'Azur

De janvier à juillet 1991, une enquête a été menée auprès des médecins de la région Provence Côte d'Azur (PACA). Il n'y a pas de centrale nucléaire dans cette région. Le centre de recherches du CEA de Cadarache y est implanté et le centre de Marcoule ainsi que la centrale de Tricastin et l'usine de séparation isotopique de Pierrelatte sont contigus à la région.

L'objectif de cette enquête, destinée aux médecins de la région PACA, était de mesurer la sensibilité de l'ensemble des médecins d'une région au thème nucléaire et de souligner les points pour lesquels une formation ou des informations complémentaires seraient souhaitables.

Le caractère très directif de ce questionnaire avait l'intérêt de favoriser la précision du dépouillement, mais diminuait la spontanéité des réponses.

Ce questionnaire avait été soumis au Président National du Conseil de l'Ordre et diffusé par les Conseils Départementaux de la région PACA (Vaucluse excepté) et de la Corse à 15 400 médecins.

Près de 7000 médecins ont répondu. Près de 1800 médecins se sont exprimés sur la question ouverte en expression libre posant environ 2200 questions. Selon les départements, le taux de réponses se situe entre 45% et 58%.

L'homogénéité des réponses des médecins d'un département à l'autre est à noter :

- 80% se déclarent mal informés,

- 75% estiment devoir jouer un rôle en temps normal (relais d'informations),

- 85% estiment devoir jouer un rôle en cas d'accident,

- 95% estiment devoir donner les conseils de protection,

- 80% estiment devoir jouer un rôle pour éviter la panique,

- 90% ne savent où s'adresser pour avoir des renseignements,

- les répondants insistent sur :
    - la conduite à tenir en cas d'accident,
    - la nécessité d'une information transparente et objective,
    - la nécessité d'études épidémiologiques,
    - le besoin d'informations sur les effets sur la chaîne alimentaire.

5) Enquête faite auprès des vétérinaires

Nous avons cherché à mieux connaître les besoins d'information des vétérinaires auprès d'un échantillon de la profession. L'enquête a été faite par Monsieur MICHON de l'Académie Vétérinaire qui avait accepté de nous aider à informer ses confrères.

Sur 180 lettres envoyées, 41 ont reçu une réponse provenant de 38 départements.

Un examen rapide de quelques réponses fait apparaître les points suivants :

- doutes sur l'objectivité de l'information ;

- précisions sur les modalités de récupération du bétail, en cas d'accident sur les aliments contaminés ;

- action des vétérinaires en zone contaminée ;

- rôle des vétérinaires sapeurs pompiers.

Après analyse des réponses, Monsieur Michon de l'Académie Vétérinaire a rédigé trois articles parus dans la Dépêche Vétérinaire.

6) Enquête faite auprès des pharmaciens

Le Docteur GALLIN-MARTEL, médecin de la Centrale de Creys Malville a fait fin 1988 une enquête auprès de 350 pharmaciens de l'Isère avec l'aide du Syndicat des pharmaciens de ce département. Il a reçu 135 réponses. L'enquête a montré que la demande d'information était très vive sur deux points :

- rôle des pharmaciens en cas d'accident ;

- modalités de distribution de l'iode.

ANNEXE

Point des actions menées
région par région pour l'information des médecins

BILAN RECAPITULATIF

REGION	1989	1990	1991	1992 Prévisions	CPN ou Centrales
ALSACE	4 visites à F	4 visites à F	Actions vers les pharmaciens		Fessenheim F
AQUITAINE	réunion à Bordeaux avril 1989 médecins du Travail DR 25 médecins	1 conférence à Pau oct 90 (60 médecins)	conférence à Bayonne EPU Bordeaux (15) Visite médecins Tarbes (13) Visite SAMU Bordeaux (15)	Visite CPN médecin région Saintes et ROYAN Info personnel hôpital de Blaye	Blayais BL
AUVERGNE	conférence à Clermont mars 89 150 personnes dont 50 médecins diffusion liste documents		Visite Belleville en Octobre		
BOURGOGNE	réunion Nevers 30-11-89 avec le Professeur Pellerin · 100 personnes dont 30 médecins			Projets de conférences et visites	
BRETAGNE					
CENTRE		conférence à SL prévue fin 90 visite à BB prévue fin 90 DA 11 séances d'information (220 médecins) Conférence Orléans 25-10-90 130 médecins Conférence Pr Schwartzenberg 7-6-90 400 personnes dont 100 médecins	8 exposés dans le Loiret (250) 1 visite au SCPRI (25) envoi Energie et santé à 600 méd. 2 conférences Indre et Loire (170) 1 conférence et visite à Chinon par 60 médecins de Vendée 2 visites à Belleville, médecins du Cher (50)	Info des CHU et des médecins région de Chinon Conférence à Blois Info à Tours vétérinaires	Saint-Laurent SL Belleville BE Dampierre DA
CHAMPAGNE-ARDENNES	2 conférences 200 médecins	1 conférence 20 médecins	Journée info 40 médecins Réunions avec SAMU et CHU	Info prévue en liaison avec le Pr Kochman	

REGION	1989	1990	1991	1992 Prévisions	CPN ou Centrales
FRANCHE COMTE			1 conférence débat prévue fin 91 1 visite de centrale 2ème semes. 91	2 actions prévues	
LANGUEDOC-ROUSSILLON	Euromédecine visite SCPRI de 10 médecins enquête auprès des médecins	Euromédecine Réunions : Bagnols/Cèze (50) Mende Octobre 90 (50) Lascours décembre 90 (60)	Euromédecine en novembre Réunion Avignon 50 pharmaciens Montpellier (50) Lascours juillet et octobre Réunions prévues à Prades, Carcassonne, Narbonne	Projet de lettre du GRRINS Actions vers Observatoire régional de la santé et toutes professions de santé	
LIMOUSIN	réunion 28-9-89 Limoges 100 médecins	réunion info FMC à Limoges septembre 1990 200 médecins distribution Ere Nucléaire à des médecins de Montluçon 20 médecins		Action à définir	
LORRAINE	15 visites à CA personnel hospitalier 240 médecins et personnel hospitalier conférence Thionville 28-4-89 40 médecins	4 sessions info milieu hospitalier CA 3 visites personnel hospitalier programme info médecins militaires, 12 séances en 1990 réunion info 5-10-90 Croix Rouge 10 Dec 90 Total estimé: 400 médecins	Info médecins milit. - 10 séances Médecin, personnel soignant et SAMU Thionville, Metz, Saverne - 10 séances faites, 3 prévues Conférence endocrinologues (Dr Bertin - Dr Hubert) Metz		Cattenom CA
MIDI PYRENEES	réunion à Castres 8-11-89 100 médecins visites du SCPRI 10 médecins plaquette information Nucléaire et Santé	21 visites à Go 450 médecins et infirmiers et service hospitalier 3 séances information 80 personnes journée info 21-10-90 à Go 200 médecins réunion à Foix fev 90 réunion à Rodez mars 90 réunion à Auch réunion à Tarbes Total estimé 300 médecins	Formation intervenants à Toulouse et Agen Brochure destinée aux médecins de Midi Pyrénées, envoi prévu : octobre - novembre 1991		Golfech Go

BILAN RECAPITULATIF

REGION	1989	1990	1991	1992 prévisions	CPN ou Centrales	
NORD PAS DE CALAIS	bilan non parvenu	bilan non parvenu	réunion GRA 27/3/91 (90) réunion prévue à Montreuil/Mer avec SPEN (250) en octobre visites prévues à GRA suite à réunion de mars	3 réunions prévues pour médecins et autres professions de santé	Gravelines	GRA
BASSE NORMANDIE	visites de FLA 103 médecins Conf. mai 89 - 200 médecins envoi du dépliant Energie et Santé aux 600 médecins de l'Orne Diffusion de documentation Visite SCPRI juin 89 - 18 méd.	visites médecins Cherbourg 13 médecins Diffusion brochure médecins et Risque Nucléaire (2000) Enquête sur Orne	action en direction des vétérinaires et des pharmaciens autour de Fla en octobre conférence médecins Orne fin 91	Journée pour SAMU Caen Info Protection Civile des Directeurs d'hôpitaux Manche Contacts avec ordre des médecins Manche	CPN Flamanville	FLA
HAUTE NORMANDIE	8 journées ou 1/2 journée info PA - CHU SAMU Rouen 200 personnes 3 journées info infirmières Fécamp - 50 personnes Visites PE - 200 personnes 2 journées accueil médecins divers PA 100 médecins	1 journée info infirmières Fécamp 15 personnes 2 visites - 12 médecins diffusion 32 exemplaires Ere Nucléaire Formations à Dieppe et Rouen par PE	Diffusion Paluel-actualités aux médecins dans un rayon de 20 km visite de 150 médecins PA Formation personnel hospitalier CHU Rouen et Dieppe - 4 visites (130) Ecole Infirmières Dieppe (25) Visites médecins Dieppe (50) Formation médecins du travail (12)	Journée info 300 médecins - Le Havre Journée info 300 médecins - Evreux Visites de généralistes	Paluel Penly	PA PE
PICARDIE	réunion Amiens 2-3-89 180 médecins EPU à Eu - 15 médecins 6 visites ou réunions PE 120 médecins	EPU Dieppe - 25 infirmières 8 visites PE - 250 médecins et infirmières Journée info PE 18-10-90 100 médecins Info journées médecin du Travail 100 médecins	EPU dans l'Oise visites	Formation continue, Somme avec visite à Penly Contacts avec EPU Oise		
PAYS DE LOIRE			Conférence école infirmières Nantes Conférence à Cholet		Chinon	CHI

292

BILAN RECAPITULATIF

REGION	1989	1990	1991	1992 Prévisions	CPN ou Centrales	
POITOU CHARENTE	Information Rochefort 50 médecins	Conférence SFEN octobre 90 - La Rochelle avec M. Tanguy (220)	Conférence SFEN Niort 22/1/90 (60) Journée au Futuroscope de Poitiers avec le Pr Tubiana (170)		Civaux	CI
PROVENCE COTE D'AZUR	Colloque Avignon Visite SCPRI présidents Conseil Ordre - 6 médecins réunion information pharmaciens	Enquête auprès de 15400 médecins	Journées médicales de Marseille 16/3/91 (100) Journée prévue en octobre à la Fac de Médecine de Marseille	Deux séances UNAPORMEC Action vers pharmaciens Réunion à Marseille avec Observatoire régional de la Santé		
RHONE ALPES	Lyon 22-6-89 Médecins Ain à Ferney-Voltaire 10-5-89 40 médecins Médecins Haute Savoie Annecy 5-10-89 - 100 médecins Professions de santé Val de Saône - 20-10-89 200 médecins St Etienne 19-12-89 30 pharmaciens Roanne 20-12-89 - 12 médecins 9 visites à BU (70 personnes) 3 visites à SA (140 personnes) 3 visites à TRI (100 personnes)	7 visites à BU 190 personnes 7 visites et Info CRE 328 personnes conférences et visites CRU écoles infirmières 100 infirmières vétérinaires Ardèche visites organisée par SA à CRE 200 personnes réunion SA St Colombe 7-6-90 50 médecins 2 séances à SA 1-10-90 et fin novembre 250 personnes 4 visites à TRI 133 personnes	Visites Bugey 51 médecins - 57 moniteurs secouristes Creys : EPU 50 médecins 2ème semestre : hôpital de Grenoble (100) Cruas : visite école infirmières Aubenas (110) St Alban : visite de médecins Isère, Loire, Drôme, Ardèche (200) 2ème sem. 91 : visites médecins et personnels de laboratoires médicaux Tricastin : médecins et laboratoires médicaux (40) - SAMU Valence (5) 2ème sem. 91 : personnel hôpital de Tarbe	Actions vers pharmaciens et infirmières, vétérinaires, personnel de Santé des Armées Médecins, département du Rhône	Bugey Creys Tricastin Cruas Saint Alban	BU CRE TRI CRU SA
REGION PARISIENNE		Visite SCPRI 26-1-90 des Présidents Conseil de l'Ordre 10 personnes				

293

Credibility of Information to the Medical Profession

Tapio Rytömaa

Finnish Centre for Radiation and Nuclear Safety
Helsinki, Finland

With respect to topics such as the role and credibility of the information, and the goals for training programmes, it is vitally important to decide precisely what is the essential knowledge on which the information given is based. It is not useful in practice to disseminate information which explicitely or implicitely emphasizes uncertainties in the basic biomedical principles – furthermore, some of these uncertainties, in my experience, reflect more the knowledge (or lack of it) or opinion of the informer than hard scientific facts.

Molecular biology findings tell us that, regarding stochastic effects, ionizing radiation cannot have any treshold value, i.e. that an absolutely safe radiation dose does not exist. Epidemiological findings are not equally dogmatic; when the dose is small enough, say 1 mSv or less, no realistic study material exists which would have the power to reveal a statistically significant effect. I cannot deal here with the molecular–biology evidence which 'proves' the no–treshold conclusion, but I accept it without hesitation – and I suggest that others should do the same without reservations such as "no–treshold idea has not been scientifically proven".

If and when we have accepted the no–treshold idea, it is my experience that it is relatively easy to give information which appears credible, and which does not run into a conflict with several practical recommendations and advice that we nevertheless are forced to give. I believe that the essence of the no–treshold philosophy and limit setting is readily obvious to intelligent people, such as the medical profession, when one compares radiation safety limits with speed limits in road traffic.

With this comparison in mind it should be reasonably obvious to anybody that, like a speed limit, any given activity concentration or dose limit is not an absolute guarantee of safety, but that exceeding the limit does not automatically mean health consequences either, and that limits may vary from country to country, and even from time to time, etc. Furthermore, and this is in my opinion the key issue, only the no–treshold idea gives the authority the possibility to apply the ALARA principle ("as low as reasonably achievable") without any real conflict with unrealistically strict (and probably also non–agreeable) international standards, fixed intervention levels, etc.

With this basic idea in mind I think that it is possible to give to the medical profession, and even to lay people, information which appears (and is) credible and reliable. On the other hand, if one sticks with a treshold idea, he/she is immediately faced with the unsurmountable difficulty that he/she, nevertheless, does not know what the actual treshold value is – thus he/she must indirectly admit that in terms of activity, dose rate, or accumulated dose any adopted value is simply "an educated guess".

INFORMER EN SITUATION DE CRISE

Contribution à la *Table ronde* sur
les sources d'informations, leur crédibilité et leurs objectifs

Professeur Alfred DONATH

Chef de la Division de Médecine Nucléaire de l'Hôpital Cantonal Universitaire de Genève

Vice-président de la Commission Fédérale Suisse de Surveillance de la Radioactivité (KUER)

En cas d'événements aigus dans le domaine radiologique, les responsables des médias se tournent vers des experts pour leur demander leur avis sur des phénomènes qui dépassent le niveau de connaissances habituel des journalistes, que ce soit ceux de la presse écrite ou ceux de l'information audiovisuelle. Parmi ces experts, à côté du physicien toujours en première ligne lors d'un accident nucléaire, il y aura toujours le médecin également, car la question qui, avant tout, préoccupe le grand public, c'est celle de savoir si l'accident aura des répercussions sur sa santé.

De nos jours - et la catastrophe de Tchernobyl en est bien la preuve - non seulement les répercussions d'un accident sont mesurables relativement loin autour de la centrale, mais encore même un incident localisé à des milliers de kilomètres inquiète la population. C'est là que le médecin peut et doit jouer un rôle en informant le grand public des conséquences éventuelles sur la santé. En général, ces informations sont bien accueillies, car le médecin jouit d'une crédibilité intacte : à priori on ne le soupçonne pas d'avoir des liens avec les producteurs d'électricité.

Informer les journalistes et avant tout faire passer un message à la télévision n'est toutefois pas à la portée de chaque médecin. Il est indispensable de posséder à fond les connaissances de base sur le fonctionnement d'une centrale nucléaire, sur les radioéléments qui peuvent s'en être échappés et leur dispersion en fonction des conditions météorologiques, mais il faut en outre posséder de solides notions de radiobiologie, de dosimétrie et de la clinique des irradiations. Le plus important reste toutefois d'avoir des idées claires, d'arriver à simplifier sa pensée et son mode d'expression. Le scientifique présente par rapport au politicien le gros handicap de savoir que rien n'est jamais sûr, que chaque règle, voire chaque loi peut présenter des exceptions. En s'adressant au grand public, il faut arriver à l'oublier, à présenter le phénomène comme obéissant aux règles qui, dans la majorité des cas, sont celles qui le régissent. Il faut oublier les exceptions, surtout si elles sont rares, et affirmer les vérités générales comme si elles étaient absolues. Même si l'on sera critiqué par ses pairs et accusé de trop simplifier, c'est la seule façon de faire passer un message intelligible et compréhensible, de ne pas donner l'impression d'être indécis, hésitant, peu sûr de soi : toute la crédibilité en dépend.

Les phénomènes de la radiobiologie sont parmi ceux que l'on connaît le mieux. Aucune comparaison avec le peu que l'on sait dans le domaine de la toxicologie chimique par exemple. Certes, il reste encore des zones d'ombre, particulièrement en ce qui concerne les effets à long terme des faibles irradiations, mais dans l'ensemble nos connaissances sont valables. Malgré cela, un certain nombre de médecins, engagés dans la lutte contre l'utilisation pacifique de l'énergie nucléaire, font croire que tout reste encore à découvrir et que l'on ne sait rien sur l'effet biologique des rayonnements ionisants. Il tiennent à la population le raisonnement suivant :

"Si mes patients devaient être irradiés ou contaminés, je ne pourrais rien faire pour eux, car je ne sais rien, et personne ne sait rien, et tout particulièrement les médecins ne savent rien".

Cette attitude entretient le doute et affaiblit la position de l'expert s'adressant au grand public par la voie des médias. Faire peur fait partie des armes de tout anti-nucléariste.

Une autre difficulté que rencontre l'expert s'adressant à ses concitoyens par le biais de la télévision est due au temps qui lui imparti. Avant une émission en direct, le responsable l'avertit qu'il ne disposera que de 30 ou 40 secondes pour répondre à chacune de ses questions. Dans ces cas il devient extrêmement difficile de nuancer ses propos. Il arrive même que le présentateur, s'il est engagé, place l'expert dans une situation difficile : c'est ainsi que dans les premiers jours qui ont suivi la catastrophe de Tchernobyl le présentateur avait à côté de lui l'un des meilleurs experts suisses, un physicien spécialisé dans le domaine de la radioprotection. Il lui a présenté à brûle-pourpoint une salade et, tenant à la main un compteur réglé sur la sensibilité la plus grande et émettant en conséquence un signal acoustique aux tonalités très rapprochées, il lui dit : "Voyez cette salade radioactive. Est-ce que vous en mangeriez ?..." Ce n'est plus de l'information objective, c'est jouer avec l'émotion et la sensiblerie du public.

Le peu d'informations dont dispose l'expert passant à la télévision est d'ailleurs un autre très gros handicap. Lors du récent incident de St-Petersbourg, on ne disposait au début que d'informations fragmentaires et surtout relatives : il s'est échappé de cette centrale deux cents fois la dose d' Iode-131 tolérée par année. Il est extrêmement difficile dans ces conditions de commenter à chaud un tel événement et l'expert est obligé de rester prudent et de s'en tenir à des généralités, d'autant plus que ces informations, comme ce fut le cas à d'autres occasions également, ont été corrigées par la suite et se sont avérées grandement exagérées dans leur première version, ce qui finalement est compréhensible : il vaut mieux que les premières estimations soient pessimistes, c'est le contraire qui serait grave.

De toute façon, même lorsqu'il y a des retombées dans nos pays, comme ce fut le cas lors de la catastrophe de Tchernobyl, il est absolument impossible au cours des premiers jours d'émettre le moindre pronostic. Les résultats des mesures externes auxquelles il est procédé dans tout le pays arrivent par centaines; les jours suivants ce sont des mesures effectuées sur les végétaux, un peu plus tard sur le lait et encore plus tard sur la viande qui vont affluer. Ce n'est qu'au bout de quelques jours, lorsque l'on sait si le nuage radioactif déverse encore des radioéléments ou si ce phénomène a cessé, que l'on peut calculer grossièrement la dose d'irradiation qui va en résulter pour la population et que l'on peut conseiller aux autorités de prendre certaines mesures ou, au contraire, d'y renoncer. Cette période de quelques jours, au cours de laquelle il est impossible de formuler un pronostic valable, rend évidemment la position de l'expert très difficile, car le grand public est inquiet et s'attend au pire.

Les décisions doivent être claires. Il n'est guère possible de fragmenter un pays en fonction de la radioactivité plus ou moins élevée résultant d'une répartition souvent inhomogène. En Suisse, quelques jours après l'accident de Tchernobyl, l'Office Fédéral a émis des recommandations qui toutefois n'étaient pas contraignantes : les petits enfants devraient éviter de boire du lait frais. Il en est résulté la notion de nocivité du lait frais et bien des adultes et même avant tout des personnes âgées ont tenu le raisonnement suivant : "Si le lait frais n'est pas recommandé aux nourrissons, il est certainement également nocif pour moi". Aussi nombre d'adultes se sont-ils précipités dans les drogueries, les pharmacies et les supermarchés et il a été vendu en 48 heures davantage de lait concentré ou en poudre que pendant toute une année normale. L'erreur des autorités a consisté à ne pas dire clairement si le lait était interdit ou autorisé. Il ne s'agissait nullement d'une erreur scientifique, mais d'une maladresse psychologique.

La confusion a encore été augmentée par les décisions prises individuellement par chaque pays sans aucune coordination entre les responsables. C'est ainsi que des laits ou de la viande ont été interdits à une certaine concentration dans un pays, à une concentration plus élevée dans un autre et même ont été consommés sans aucune restriction ailleurs. Lorsqu'on m'a interrogé, lors d'une émission de télévision, sur la raison de ces contradictions, j'ai répondu en posant à mes interlocuteurs la question suivante : "Si vous deviez garantir que sur une autoroute il n'y ait pas d'accident mortel, quelle est la limite de vitesse que vous imposeriez ?" Ils m'ont répondu : "40 à 50 km/h.". Je leur ai dit que c'est là une réponse raisonnable et scientifiquement valable, mais que si on la transposait dans le domaine de la radioactivité, un pays comme l'Italie avait fixé cette limite à 2 km/h., l'Allemagne à 3 km/h., la Suisse à 5 km/h. Le fait scientifique était reconnu de façon identique dans chacun de ces pays, mais le facteur de sécurité ajouté à la limite variait d'un pays à l'autre. D'ailleurs même à froid, plusieurs semaines après la catastrophe de Tchernobyl, une réunion d'experts organisée par l'Office Mondial de la Santé Publique à Genève n'a pas permis d'accorder les points de vue des différents gouvernements européens.

En conclusion, l'information du grand public en cas d'accident radiologique est difficile et le sera toujours. Ce n'est que si le public est averti, s'il a acquis à froid des connaissances dans le domaine de la radiologie et de la radiobiologie qu'il sera possible de faire passer des messages qu'il comprendra. Tant que ce ne sera pas le cas, l'information à chaud demeurera un exercice certes nécessaire, mais des plus périlleux.

SOURCES OF INFORMATION TO THE MEDICAL PROFESSION

By
Dr R J Berry
Westlakes Research Institute, Moor Row, Cumbria, CA24 3JZ

I am surprised that up to now in this discussion no mention has been made of the reactor accident at Three Mile Island. Here a combination of an inept regulator, craven politicians and a media which, once they realised that there was no real story, "talked up" the possible consequences, had no counterpoise in a sensible medical response. Hence, although there were no **radiation** casualties, there was **anxiety** which was itself a cause of illness, and the ignorance of doctors about possible radiation effects surely led to reinforcement of the anxiety in those unfortunate patients.

Doctors, like any other professionals need a "health warning" attached; they are only expert in those fields **in which they are experts,** in all other areas, they have no more right to be taken seriously than are the comments of any other member of the general public. This must be perceived by doctors themselves, if they are ignorant of radiation effects, they must seek proper information and not continue to project mis-information or prejudices. Doctors are accustomed to receiving information from sources which they regard as less than reliable; how seriously do they take the claims of the representatives of the pharmaceutical companies? Doctors probably perceive differently information which is received even from doctors employed by pharmaceutical firms. Interestingly, this distinction is not widely understood by the media in dealing with the pharmaceutical industry but **is for the nuclear industry**. During my time as British Nuclear Fuels' Director of Health and Safety, I was subjected often enough to the comment "you would say that wouldn't you".

There is a totally independent and scientifically impeccable source of information for doctors in the publications of the International Commission on Radiological Protection, but as a past member of both the Main Commission, and its committee on Protection in Medicine (Committee 3) I am aware that the vast majority of doctors, and even the majority of radiologists, do not read them. The basic information source is the reports of the United Nations scientific committee on the effects of atomic radiation (UNSCEAR). Although its "political" summary is brief, the annexes containing the real information are encyclopaedic and unlikely to be read by doctors. ICRP's Committee 1, an "input" committee, "digests" these and all published reports as a background to the Commission's recommendations. Its publications are not read by doctors. ICRP has changed its publication policy in recent years in an attempt to "popularise" its recommendations through publications specifically targeted to practitioners of radio diagnosis, radio therapy and nuclear medicine (ICRP publications 34, 44, 52, 57). Even more simplified "check lists" for practising doctors have been produced, and made remarkably inexpensive, but they have also had quite limited circulation.

National bodies such as in the United Kingdom the National Radiological Protection Board do publish readable booklets on radiation effects, but there is no evidence that doctors are aware that this advice is truly independent and it is often given no more weight than pseudo-scientific "scare mongering" by avowed pressure groups such as Friends of the Earth and Greenpeace.

Doctors employed in the nuclear industry have a valuable role in educating other doctors in their local area both general practitioners and hospital doctors by participation in professional societies and directly face to face. This has been a feature of the area in West Cumbria around the Sellafield Plant, but it does not stop individual doctors having their own "political" views and airing these to a receptive media audience even when such views are clearly not scientifically based.

Finally, no matter how full and easy the supply of information, the driving force for doctors to inform themselves is a perceived requirement **from their patients.** If you will permit me one more anecdote, from the time when I was a house physician at Yale in the USA, during my time in the out-patients we had a regular rule that a member of staff was sent to the newsagent to collect a copy of Readers Digest every month on the day it was published. The medical article in that widely-read magazine contained the "disease" of which our patients would surely be complaining that month!

References:

International Commission on Radiological Protection (ICRP), Publication 34. Protection of the patient in diagnostic radiology. Annals of the ICRP 9; 2/3.

ICRP, Publication 44. Protection of the patient in radiation therapy. Annals of the ICRP 15; 2.

ICRP, Publication 52. Protection of the patient in nuclear medicine. Annals of the ICRP 17; 4.

ICRP, Publication 57. Radiological protection of the worker in medicine and dentistry. Annals of the ICRP 20; 3.

SYNTHESIS OF SESSION IV

Dr. G.R. Gebus
(United States)

AGREED

    1. Physicians (less than 80%) want to know more about the ramification of exposure to ionization radiation.

    2. There is a need to inform the **General** Physician regarding the effects and risks associated with ionization radiation.

SPEAKERS PRESENTED

    3. Different approaches are being taken by the presenters on ways to deliver such information, including

        a. using specialists in the field as teachers

        b. providing information (re: video of physicians) to practioners for the physician and patients

        c.   providing information from industry for distribution to physicians

        d.   using the nuclear medicine physician as an intermediary

        e. providing hands-on seminars and workshops for physicians

SOURCES INCLUDED

- Professional Training
- Government Ministries and Agencies
- Private/Scientific Institutions
- Professional Societies
- Reading Materials (books, journals, magazines and newspapers)
- Computer Based Information

However, the problem remains, how do you get the physician to the well (how do you get the information to the physician)?

- The physician confronts many problems in his practice.

Maturation of the physician involves patient concerns but some suggest that the physician can be motivated to partake in Ionization Radiation (IR) information by a combination of

1. practical seminar/workshop

2. continuing Medical Education Credits

3. underwriting costs associated with the presentations

Session V

THE ROLE OF INTERNATIONAL CO-OPERATION

PANEL : IS THERE A PLACE FOR INTERNATIONAL CO-OPERATION ?

Séance V

LE ROLE DE LA COOPERATION INTERNATIONALE

TABLE RONDE : LA COOPÉRATION INTERNATIONALE A-T-ELLE UN RÔLE À JOUER ?

Moderator-Modérateur
Mr. C. J. Huyskens
(IRPA)

307

The Role of IRPA
in Communicating on Radiation Protection

Ir. Chr.J. Huyskens
Executive Officer of the International Radiation Protection Association
Eindhoven University of Technology, NL 5600 MB Eindhoven

International Radiation Protection Association

IRPA is an international non-governmental organization with now 35 Associate Societies in 40 countries and a total membership exceeding 15,000.

The primary purpose of IRPA is to serve as a means of international communication and cooperation in radiation protection with the goal of advancing sound and effective radiation protection in all parts of the world.

IRPA does not infringe upon the autonomy of the Associate Societies, leaving each society free to function effectively in radiation protection activities on local, national and regional interest.

The logo of IRPA is derived from the radiation warning symbol but it is rotated to symbolise the safe use of radiation.

The negative suppressing meaning of the warning trifoil is converted into a positive symbol for protection, health and prosperity.

Radiation protection includes all relevant aspects of such branches of knowledge as science, medicine, engineering, technology and law, in the effort to provide for the protection of man and his environment from the hazards caused by ionizing and non-ionizing radiation, and thereby to facilitate and control the medical, scientific and industrial radiological practices for the benefit of mankind.

Objectives of IRPA are:
- encourage the establishment of radiation protection societies throughout the world as a means of achieving international cooperation
- provide for and support international meetings for the discussions of all aspects of radiation protection
- encourage international publications dedicated to radiation protection
- encourage research and educational opportunities in those scientific and related disciplines which support radiation protection
- encourage the establishment and continuous review of universally acceptable radiation protection standards or recommendations through the international bodies concerned.

IRPA sponsors a wide range of meetings of which the most important is the International IRPA Congress held every four years. The first was held in Rome and the next will be held in Vienna in 1996. Regional Congresses are held in other years and societies are encouraged to hold international sessions and meetings.
IRPA keeps the Societies informed through the Bulletin and members have access to "Health Physics" which contains News and Notices from IRPA.

To encourage international cooperation the IRPA Executive Council has set up links with international organizations, particularly those working in the fields of standard setting. This international collaboration includes International Commission on Radiological Protection (ICRP), International Commission on Radiation Units (ICRU), International Atomic Energy Agency (IAEA), World Health Organization (WHO), International Labour Organization (ILO), International Council of Scientific Unions (ICSU), Nuclear Energy Agency/Organization for Economic Cooperation and Development (NEA/OECD), Commission of the European Communities (CEC).

A substantial number of individual IRPA members is active in international organizations, committees etc. More formal liaisons exist between IRPA and a number of international organizations such as observer positions on committees as well as during seminars, symposia and workshops. These relations not only allow IRPA to be constantly informed on the main actions and initiatives which might be important for the viewpoint of IRPA and its Associate Societies, but it also provides a valuable feedback from health physics expertise.

IRPA has strengthened the relationship with the ICRP, amongst others through liaison with ICRP committees as a contribution to the establishment of universally acceptable radiation protection standards and recommendations.

The effectiveness of revised ICRP recommendations [ref] on radiation protection highly depend on the broad support, both scientifically and socially. Therefore ICRP is receptive to good advice from amongst radiation protection experts. It is recognized that IRPA serves as a medium for this.

Information and communication

At the recent IRPA international congress, held in Montreal May 1992, the Associate Societies Forum, underlined the need for further action on 3 topics:
−   Professional support towards developing countries.
−   International harmonization of concepts, quantities and units for use in radiation protection
−   Public information about radiation protection.
IRPA hopes to contribute to initiatives in encouraging and supporting a more positive approach by professional societies to the task of informing the public.

The International Radiation Protection Association is growing in strength and maturity as an international scientific and professional organization. A big challenge facing our profession, is the need to provide better information to the public.

Every one working in radiation protection must be concerned about the wide-spread misunderstanding of the subject. The public have a poor image of the radiation protection specialists and radiation hazards are perceived to exceed all others. This image may actually influence the decisions of government agencies. They may apply resources unnecessarily to radiation protection at the expense of other areas or resources may be applied in an unevenly way to radiation protection problems.

Action to resolve this problem should be taken by our own profession working in close cooperation with other professional groups. For example we should work with teachers, physicians, engineers and technologists to reach the public. The school classroom may provide a suitable platform for explaining radiation to the public.

IRPA Associate Societies and many individual members have responded to the need for special teaching about radiation protection. The primary role in radiological protection education lays with the national and local professional societies and IRPA holds a significant coordinating task.

There is no doubt that all IRPA Societies will want to work with governmental and professional bodies and institutions to ensure that the public is better informed. IRPA cannot be expected to address the public directly, but IRPA assists Associate Societies by encouraging the development of suitable material which would not be seen as promoting a particular application. The societies could help by making information available in accurate and acceptable form to medical practitioners. IRPA and other international institutions, whose representatives will inform you in this panel, continue to work in close collaboration, to ensure that standards in radiological protection are understood and applied properly in all parts of the world.

The task of the radiation protection specialist is made more difficult by the phobia which surrounds the subject. We may be our own worst enemies since we strive to be, and probably succeed in being, highly quantitative and detailed in the expression of radiation risks thereby drawing attention to the idea of risk rather than safety. The profession has a duty to prevent misinformation wherever it may occur and to counteract this by effective communication with other professional groups and with the public. Radiation protection is not unique in the field of public and industrial health; there are many other hazards which demand similar precautions and are sometimes less well managed.

One of the most important tasks of our profession is to encourage all people to take a balanced view on the hazards of radiation so that the benefits of its application in science, medicine and industry can be enjoyed throughout the world, hand in hand with appropriate standards of protection for human health and environment.

[Ref]   ICRP Publication 60, 1990 Recommendations of the International Commission on Radiological Protection,
Annals of the ICRP 21; Nos 1-3 (1990)

Activities of the Commission of European Communities
in the field of information and training
in radiation protection

D. TEUNEN

The activities of the Commission of European Communities in the field of information and professional training are situated at two levels:

1) Legal framework: Council Directives

Basic Safety Standards Directive: (80/836/Euratom)
Article 40 foresees training of experts.

Article 24 foresees training in radiation protection
for exposed workers. (Also referred to in Art. 5 of outside
workers directive 90/641/Euratom).

Patient Directive (84/466 Euratom).

Article 2 foresees training and information on radiation
protection and techniques used by medical staff.

**Directive on information of the general public in the event of a
radiological emergency (89/618/Euratom)** foresees in its Article 7 a
training for those likely to be involved in an emergency
intervention such as firemen, policemen, medical staff, etc.

2) Based on the legal framework, the Commission undertakes so-called
   support actions:

for example:

(1) organisation of courses from 3 days to 1 week
    for specific professional groups, such as
    medical doctors, dentists, physicists, etc.

(2) development of support material

        manuels: - teachers from primary and secondary
                education
              - transport workers
              - dentists
              - off-site emergency workers, etc.

      videocasettes: - general practitioners in
                    radiodiagnostic
                 - general public, etc.

(3) workshops: exchange of information
    on specific subjects such as quality
    control and image control in different
    branches of diagnostic imaging, dosimetry, etc.

THE ROLE OF INTERNATIONAL CO-OPERATION AND THE INTERNATIONAL ATOMIC ENERGY AGENCY

Authors: A.J.Gonzalez, P.Ortiz
International Atomic Energy Agency
Divison of Nuclear Safety

1.-Introduction

The International Chernobyl Project has been the most dramatic experience on the subject of this Seminar. It posed a challenge of communication with the public, direct and through the medical profession. Therefore, it seems worth recalling the actions taken and the lessons learned from this unique experience co-ordinated by the Agency, since they are relevant to the policy which may be adopted in the field of international co-operation.

2.- The Chernobyl experience

In October 1989, the Government of the USSR formally requested the IAEA to carry out an "international experts' assessment of the concept which the USSR has evolved to enable the population to live safely in the areas affected by radioactive contamination following the Chernobyl accident, and an evaluation of the effectiveness of the steps taken in these areas to safeguard the health of the population".

As a result, an international project was launched, and an independent International Advisory Committee of 19 members was set up.

The most active phase of the project was carried out by a team of some 200 independent experts from 23 countries and 7 international organizations and there were 50 scientific missions to the USSR. Laboratories in several countries helped to analyse and evaluate the collected material.

The goals of the project were to examine assessments of the radiological situation, and the health situation in areas of the USSR affected by the Chernobyl accident and to evaluate measures to protect the population.

Five tasks were defined: historical portrayal, the evaluation of the environmental

315

contamination, the evaluation of the radiation exposure of the population, the assessment of the health impact from radiation exposures of the population and the evaluation of protective measures.

During the development of the project there were open and frank conversations with authorities, scientists, and particularly local citizens that added to the international experts' understanding of the situation.

It is noteworthy that some negative psychological responses were found in the populations of both "contaminated" and "uncontaminated" settlements studied by the Project. Such effects are real and understandable, particularly in a mainly rural population whose work and recreation are closely interwoven in the land where restrictions may have had to be imposed by the authorities.

As described in an IAEA's summary brochure on the project, even physicians and others who might be looked to for guidance were often confused.

An important activity of the International Chernobyl Project was to arrange specialist meetings of international and local medical doctors. The principal aim was to seek through these meetings a common level of understanding of the effects of radiation exposure, methods for assessing exposure and reducing it, and appropriate criteria for radiological protection. The need for medical seminars was identified and anticipated at the outset of the Project following an international experts' preparatory mission. A radioecology seminar was incorporated later.

One of the key groups of people to whom the public turn for information and whom they will trust is the medical community. The knowledge of medical personnel in the areas affected by the Chernobyl accident about the effects of radiation exposure was limited. Three-day seminars were thus held in the BSSR, the RSFSR and the UkrSSR as means of exchanging information on the health effects of ionizing radiation between a visiting team of four experts and local medical personnel from the affected areas.

The main objectives of the seminars were as follows:

-       To gain better understanding of the medical problems reported in the affected areas, through presentations and discussions between the invited experts and local medical personnel;

-       To familiarize the participants (mostly general practitioners) with the results of long term comprehensive studies on radiation induced and related illnesses and their diagnosis and treatment, as well as the epidemiological methods used in studies of morbidity and mortality in population groups exposed to radiation;

- To review the basic principles of radiation protection with emphasis on problems relating to unanticipated defacto situations.

Visiting experts from Hungary, Japan, Sweden, the USA and the IAEA secretariat, including specialists in clinical oncology, radiobiology, occupational hygiene and radiation protection, supported the seminars with scientific presentations.

The Seminars were held in Ovruch, UkrSSR (10-12 July 1990); Gomel, BSSR (14-16 July 1990); and Novozybkov, RSFSR (18-20 July 1990). A total of more than 1200 local doctors and health administrators participated. They included hospital doctors, general practitioners and professional staff of epidemiological centres and local health authorities from affected areas and areas adjacent to those affected.

The IAEA made available 1000 copies of reference material that were distributed at the seminars. Synopses of most of the presentations (in English) were also delivered to local organizing committees.

The programme comprised the following three modules: basic concepts; health effects of radiation exposure; and protection against harmful effects of ionizing radiation. Topics covered included basic facts on radiation and radioactivity - quantities and units; pathways of radiation exposure to man; basic cellular radiobiology; acute radiation syndrome - diagnosis, prognosis and treatment; localized early radiation injuries; effects of radiation on the thyroid gland - prophylaxis, diagnosis and treatment; other effects of radiation exposure; late effects - radiation carcinogenesis; dose-response relations; consequences of in utero exposure; hereditary effects of radiation; epidemiological methods used to study morbidity and mortality in population groups; and basic principles of radiation protection. Considerable time was given over to questions and discussions.

In discussion, several participants observed that the information provided at the seminars was valuable and beneficial for background knowledge on the health effects of radiation. They also indicated the relevance of the information to their practices and their daily contact with patients.

Remarkable interest was shown in the seminars by local medical personnel and

the general public. This was reflected in the intensive open discussion, which was evaluated by visiting experts as being at a high professional level. Another indication of the interest shown was the hundreds of questions put by the participants to the visiting specialists. The seminar in Ovruch
was tape recorded in order to be able to publish the proceedings. A simultaneous broadcast of the proceedings through loudspeakers attracted a crowd of listeners, and there was substantial coverage of the seminars in central and local media.

3.-Outlook

Based on this positive experience, the Agency believes that there is a potential for extending this approach to the whole medical community using regular channels such as universities, and medical schools. At the hospital level sessions for updating and continuous training can be provided within the framework of the usual clinical sessions. Physicians having an understanding of radiation matters (radiotherapists, nuclear medicine specialists and radiologists), as well as medical physicists, can perform a major part of the task.

The Agency has the statutory functions of fostering the exchange of scientific and technical information and encouraging the exchange and training of scientists and experts and it has specific functions and responsibilities in radiation protection. Because of its statutory obligations to its 112 Member States the Agency has a unique role in this respect.

The Agency partly discharges these functions through its programmes for education, training, fellowships, scientific visits and seminars on radiation protection and nuclear safety. Between 1981 and 1990 more than 4,000 individual from developing Members States from various forms of Agency supported education and training on radiation protection and nuclear safety.

This existing frame with its established channels provides a good potential for international co-operation on informing the medical profession on ionizing radiation.

It is worth mentioning that following a request of the Agency's General Conference in 1991, the present trend is being oriented to meet "the vital necessity... of strengthening international co-operation in the field of nuclear safety and radiation protection". In summary the following areas will be addressed:

- Education and scientific exchange leading towards national self-sufficiency for carrying out education and training programmes, compatible with national needs for radiation protection and nuclear safety. This will imply preparing professionals to be trainers in their home countries.

- Education and training to strengthen national radiation protection and nuclear safety infrastructures.

- Training to meet specific and immediate national needs in existing radiation protection and nuclear safety programmes in the Member State requesting assistance.

In a given country, the provision of education and training will be adjusted to its needs arising from various degrees of utilization of radiation and nuclear technologies, ranging from countries which only use ionizing radiation for medical X-rays to those having commitment to all nuclear technology.

Education for high level management and decision makers to increase their awareness of the needs for strengthening safety infrastructures and to address the primary role of education in this area is also being foreseen.

Working together with selected universities in developing Member States to review and upgrade their programmes in designing educational courses suitable for specific needs and to support these activities is also an aim of the Secretariat.

These general trends and the means that the Agency has been traditionally using provide a potential for international co-operation on the subject of the present seminar: enabling medical professionals to assume the role of advisers and communicators with the public on ionizing radiation.

WORLD HEALTH ORGANIZATION RADIATION MEDICINE PROGRAMME
IN THIRD WORLD COUNTRIES

Gerald P. Hanson, Ph.D.
Vladimir Volodin, M.D.
World Health Organization, Radiation Medicine Unit,
Geneva,
Switzerland

Introduction

In modern medical practice the diagnostic imaging techniques, primarily diagnostic radiology and ultrasound, and radiotherapy are indispensable tools for correct diagnosis and monitoring of traumas, many infections and noncommunicable diseases, in obstetrics, and in cancer control programmes. In fact, there is hardly a hospital of any size that is built without provision or at least a plan or hope to install an X-ray unit.

During the past several decades, it has also become evident that, based principally on data obtained from industrialized countries, the greatest contribution of radiation dose to the population from man-made sources of radiation is from the use of diagnostic X-rays, and is estimated to amount to more 90% of the man-made radiation exposure in most countries (UNSCEAR, 1988). Therefore, while utilizing diagnostic X-ray examinations for the unquestioned benefits that are obtained, it is imperative to make a strenuous effort to reduce radiation doses and to eliminate waste.

In the light of this situation, the provision to health authorities and medical professionals, of scientifically valid information regarding biological effects and rational use of ionizing radiation for medical purposes is an important factor in improving the quality of medical care and increasing the confidence of the general public in the medical use of ionizing radiation.

The World Health Organization programmes in diagnostic imaging in Third World countries have been developed over a period of approximately four decades in consideration of the realities facing the health authorities which range from the challenge of providing basic imaging services (X-ray and ultrasound) to the dilemma of choosing the optimum mixture of imaging methods under the severe constraints of insufficient resources and infrastructure.

In the Third World, the situation concerning radiodiagnostic services varies from country to country and, often, reliable data is lacking. However, the following can be stated as approximately true concerning radiodiagnostic services in many parts of the developing world (4,13):

(a)   About 80% to 90% of the X-ray machines and the corresponding radiologists and radiographers are located in few large cities.

(b)   In most rural and marginal-urban areas people lack access to diagnostic imaging services.

(c)   Of the X-ray equipment that is installed, at any one time, about 30% to 60% is not in working order.

(d)   Diagnostic radiological services in most large city hospitals are saturated, and patient waiting times for X-ray examinations are long.

(e)   Many simple procedures are performed in university-level hospitals.

(f)   Radiological diagnostic procedures are often conducted without due regard for their proper indication, expected diagnostic yield, and adequate performance, including limitation of dose to the patient to optimal levels.

(g)   In most countries, medical students have little or no experience with radiological services before beginning their professional careers.

(h) Quality is variable: very good to excellent in some large hospitals, but poor in many other hospitals

(i) Cost is increasing, yet studies have not been conducted to relate it to the control of diseases or the recuperation of health.

The WHO Radiation Medicine programme deals with several of the health aspects of radiation and is composed of:

(1) Diagnostic imaging, including the use of X-rays, nuclear medicine, ultrasound and magnetic resonance.

(2) Radiotherapy.

(3) Protection against radiation used in medical diagnosis and therapy.

To assist its Member States in developing a rational policy concerning imaging services, WHO provides guidance through publications, its network of Collaborating Centres, and its expert advisers. Examples of key WHO publications are (15, 16, 17, 19, 20, 21):

(a) A Rational Approach to Radiodiagnostic Investigations, 1983.

(b) Rational Use of Diagnostic Imaging in Paediatrics, 1987.

(c) Future Use of New Imaging Technologies in Developing Countries, 1985.

(d) Effective Choices for Diagnostic Imaging in Clinical Practice, 1990.

(e) Quality Assurance in Diagnostic Radiology, 1982.

(f) Radiation Protection in Hospitals and General Practice, published in five volumes 1974-1980, currently being revised.

The method of the WHO Radiation Medicine programme for collaborating with the Member States consists of concentrating, first, on the essential (basic) radiology services. Thus, in the overall context of extending coverage to undeserved populations, WHO has collaborated in the development of a Basic Radiological System (BRS), which is rugged, easily installed and operated, and capable of performing well under adverse conditions of power supply, climate and hard usage.

Secondly, attention is being given to intermediate level or general purpose radiology for referral hospitals beyond the level of basic radiology. On request, guidance is provided for the selection of appropriate equipment, training of staff, implementation of quality assurance programmes, and for radiological protection.

As specific requests from governments are received, technical cooperation is provided for specialized radiology services in large urban or university hospitals, covering such areas as special radiological procedures, computer assisted radiology, nuclear medicine, ultrasound, and magnetic resonance imaging studies. Concurrently, activities are carried out where WHO's catalytic role can support technical cooperation among developing countries in such areas as surveys of the radiological situation, training requirements and standards, quality assurance standards, and effectiveness studies.

The WHO-Basic Radiological System (BRS)

Because approximately 2/3 of the world's population lacks diagnostic imaging services, WHO concentrated on development of the Basic Radiological System (WHO-BRS) during the period 1975-1985. The WHO-BRS consists of three training manuals, periodic supervision, and a deceptively simple X-ray unit which is rugged and incorporates designed-in features for the production of high quality radiographs and little maintenance (5, 11,12,18).

The broad spectrum of requirements for an essential radiological system was considered, and specification for a simple, high-quality X-ray machine were prepared (18).

In 1980 a testing laboratory for prototype BRS X-ray machines was established at the Lund University Clinics (St. Lars Roentgen) under the direction of Dr Thure Holm. This laboratory, which is part of the WHO Collaborating Centre for Continuing and General Radiological Education established at the Lund University Department of Radiology, serves as a focal point for the development of the WHO-BRS.

According to procedures established by WHO, X-ray machines produced by various manufacturers are required to undergo thorough testing with respect to the WHO-BRS specifications before being accepted for field trials organized in collaboration with WHO.

Beginning in 1982, clinical field trials of the BRS were organized in various regions of WHO (Africa, Americas, Asia, Europe and the Middle East).

To date, as a result of the various filed trials, the following has been established:

1. There are very few examinations which might be needed for patient care in a local hospital which cannot be produced by the BRS operator using the WHO Radiographic Technique Manual. Contrast studies of the alimentary tract are excluded.

2. The quality of the radiographs is very good, even when judged by the standards of the most advanced institutions.

3. An abbreviated training period is sufficient to teach radiographic projections, use of the equipment and the Manual, however, more time is required for the proper instruction of darkroom techniques.

4.   With the exception of some early problems involving nickel-cadmium batteries, no significant faults have been discovered with the WHO-BRS type machines.

5.   Supervision and continuing on-the-job instruction by experienced radiologists and radiographers are an essential part of the system and must be incorporated in any programme utilizing the WHO-BRS.

    In a recent assessment made by the Department of Health and Social Security of the United Kingdom National Health Service, a WHO-BRS type X-ray machine was compared with the installed conventional X-ray equipment in an 800-bed hospital. Over a wide range of examinations, the images produced by the BRS were judged to be excellent in 20 per cent of the cases versus only 6 per cent for the convention X-ray equipment (3).

    Other evaluations, such as the joint evaluation of the WHO Basic Radiological System by the SIMAVI Foundation, WHO, and the equipment manufacturer have shown that the system performs very well in the environment for which it was produced. This on-site evaluation was conducted in eight of 13 countries in Africa for which SIMAVI had provided BRS units because it was decided that the only way to obtain reliable information about the performance of the BRS was to visit the local hospitals where it was being used (1).

    At the Moscow Research Institute of Roentgenology and Radiology of the Ministry of Health of the Russian Federation (formerly USSR), a field trial of the WHO-BRS was conducted in the first quarter of 1990. It was concluded that: "The WHO-BRS unit is modern technology and corresponds to all the requirements of clinical diagnostic radiology, and ensures high quality radiographs.

Quality and standards

    Concerning quality, which many pursue, although often without a clear idea of the goal, WHO, in collaboration with the International Society of Radiology is now preparing the WHO-ISR Standard Radiographs for reference use in small hospitals and radiology practices throughout the world.

Through the efforts of WHO and the International Commission on Radiological Education (ICRE) of the International Society of Radiology (ISR) various regional radiological societies, and WHO Collaborating Centres throughout the world were asked to collaborate by submitting what they considered to be high quality examples of radiographs of 10 common projections.

Patient dose with the WHO-BRS

As stated in ICRP Publication 34, Protection of the Patient in Diagnostic Radiology, "The aim of the radiation protection of the patient has gradually shifted from a concern about population exposures and hereditary effects, to the ambition of limiting the risk to the individual patient. The aim is to ensure that the doses are not only low enough to justify the particular diagnostic examinations, but are kept even lower when this is reasonably achievable.", (ICRP, 1982). Consequently, during the past decade, authorities responsible for radiation protection have become increasingly involved with measuring and evaluating the dose received by patients during X-ray examinations.

Surveys using essentially the same techniques have been conducted in England (Shrimpton, et al., 1986), France and North Eastern Italy, and the results have been compared (14,9,10,2). Among the data reported was the mean entrance surface dose which was obtained by placing thermoluminescent dosimeters on the skin according to a method developed by the National Radiological Protection Board (NRPB) of the United Kingdom.

Patient doses for examinations with the WHO-BRS X-ray machine at the Lund University Clinics, St. Lars Hospital were also made, using the above-mentioned NRPB method. Since the same dosimetric technique was used, the mean values of entrance surface doses for examinations of the

326

abdomen, chest, lumbar spine and lumbosacral junction are directly comparable.

For the majority of the examinations the entrance surface dose is several times lower with the WHO-BRS than the mean values observed in England, France and North Eastern Italy. The technical reasons for this are mainly due to the optimum film-screen combination, longer focus-film distance (except for the chest), and the radiation quality (6).

Having observed the remarkably lower entrance surface doses to the skin for the WHO-BRS, the corresponding effect on radiation risk was questioned. Since the radiological risk factor suggested by the ICRP would be constant, and the number of radiographs per examinations may vary from one location to another, the key indicator for comparison purposes was determined to be the organ dose per radiograph.

The mean organ doses per radiograph for the breast, ovaries, red marrow, testes and uterus were calculated using the method developed by Jones and Wall, 1985 (8). For the examinations performed in England, France and North Eastern Italy, the technique factors (kV, HVL) published in the literature were used.

The results of the organ dose calculations show that for most examinations the dose per radiograph made with the WHO-BRS is about 1/3 to 1/2 of the corresponding mean values for England, France and North Eastern Italy. This is especially important for the radiographic projections which require a relatively high radiation exposure and which at the same time contribute significantly to the dose to sensitive organs, for example examinations of the abdomen, lumbar spine and lumbosacral junction.

Diagnostic ultrasound

At present, ultrasound units have become smaller, less expensive and easier to use, and diagnostic ultrasound has become increasingly popular at different levels of the health care system. This diagnostic technique has replaced a large number of X-ray and nuclear medicine procedures such as obstetric radiology, liver scanning and cholecystography. In many developing countries, diagnostic sonography may find an important application in a number of parasitic diseases such as amoebiasis, schistosomiasis, tumours and other lesions located in the abdomen.

However, due to the current economic situation which has kept health expenditure to almost zero growth, many developing countries only allocate to public health 3-4%, or even less, from their regular budgets. It is clear that in such a situation the promotion of every diagnostic or therapeutic technology at the national level has not only medical but economic and political aspects. Imaging technologies are especially concerned as they are the most expensive diagnostic techniques at the present time.

Considering the above-mentioned factors, and within the context of financial constraints, the following activities are currently being initiated by the WHO Radiation Medicine programme in the field of diagnostic ultrasound:

- promotion of the use and manufacturing of basic ultrasound equipment according to WHO specifications for the basic level of health care;

- development and implementation of quality assurance programmes with a view to improving the quality of diagnosis;

- development of requirements for training programmes for medical and technical personnel involved in the use of diagnostic ultrasound at different levels of the health care system;

- preparation of a Manual of Diagnostic Ultrasound and other teaching materials;

- programme activities to do with the planning of ultrasound diagnostic services at various levels of national health care systems in developing countries.

Taking into account the potential usefulness of this diagnostic technique for solving many health problems, and its applicability in aiding primary health care, a 1984 meeting of the WHO Scientific Group on the "Future Use of New Imaging Technologies in Developing Countries" proposed minimum specifications for the general-purpose ultrasound scanner. The specifications are based on the principles that this instrument should be inexpensive, portable, solidly constructed and with simple controls. It now appears that equipment meeting these WHO specifications is commercially available.

There are recommended training programmes approved by many professional bodies in various countries. However, we have to be realistic and take into account the situation where ultrasound units are being used by physicians with inadequate training. Recognizing this, a WHO group of experts in collaboration with the World Federation of Ultrasound in Medicine and Biology, is preparing a basic manual of diagnostic ultrasound. This book is not intended to be a textbook on ultrasound, nor will it in any way replace proper training. It is an attempt to help both primary care patients and their physicians so that both may benefit from this very important and useful technique.

Radiation protection

Regarding radiation protection, in collaboration with various international organizations, WHO is preparing revised editions of both the Basic Safety Standards for Radiation Protection, and the five-volume Manual on Radiation Protection in Hospitals and General Practice.

Basic safety standards

In 1990, an Interagency Committee on Radiation Safety was established for the direct exchange of information among international organizations concerned with radiation safety. At present, one of the primary objectives of the Committee is the revision of the Basic Safety Standards for

Radiation Protection in the light of new recommendations of the International Commission on Radiological Protection (ICRP Publication No 60). The latest edition of the Basic Safety Standards (BSS) for Radiation Protection was jointly sponsored by IAEA, ILO, NEA-OECD and WHO, and published as IAEA Safety Series No 9 in 1982. A new draft of the revised BSS has been prepared and is now being circulated for comments (7).

It is expected that the revised BSS should meet the following criteria which were established during the preparation of the draft:

- to keep users primarily in mind;

- to include "fundamentals and standards" (basic objectives, concepts and principles to ensure safety) and cover all applications and situations;

- to make "standards" as close to "model regulations" as possible keeping in mind to:

(a) assist those who do not have regulations/regulatory framework in whole or in part;

(b) attempt to harmonize radiation protection standards of those who already have regulations.

Manual on Radiation Protection in Hospitals and General Practice

The original Manual on Radiation Protection in Hospitals and General Practice was published by WHO on behalf of the joint sponsors (ILO, IAEA, WHO) during the period 1974-1980 in five volumes (1 - Basic Protection Requirements; 2 - Unsealed Sources; 3 - X-ray Diagnostic; 4 - Radiation Protection in Dentistry; 5 - Personnel Monitoring Services).

New more stringent protection recommendations by the International Commission on Radiological Protection (ICRP) as well as advances in radiological technology have led to the conclusion that the Manual must be revised. Five organizations have agreed to co-sponsor the new edition (CEC, IAEA, ILO, PAHO, WHO). It is anticipated that the revised edition will be in use the next 10 to 15 years.

Because of the importance for medical services, and the fundamental character of this publication, medical and radiation protection specialists from various parts of the world are involved in this project as contributors or reviewers, with publication expected in 1993.

Conclusion

Where WHO's catalytic role can stimulate cooperation between countries, and in crucial areas where international cooperation in use of ionizing radiation in medicine is needed, activities may be carried out in such areas as: 1) preparation and dissemination of authoritative information on rational use of radiation in medicine; 2) cooperative quality assurance studies; 3) workshops on specific topics in radiation medicine or protection; 4) seminars on topics that have international implications.

REFERENCES

1. Agenant, D.M.A., The SIMAVI BRS Project: A Successful WHO Approach. SIMAVI, Haarlem, 1991.

2. Contento, G., Malisan, M.R., Padovani, R., Maccia, C., Wall, B.F., Shrimpton, C., 1988. A comparison of diagnostic radiology practice and patient exposure in Britain, France and Italy, British Journal of Radiology, 61, 143-152.

3. Department of Health and Social Security (United Kingdom). Clinical Evaluation of Siemens Vertix B Stand and Polyphos 30 R Generator. NHS Procurement Directorate Report STD/87/1, DHSS NHT, London, 1987.

4. Gomez Crespo, G., Hanson, G., Palmer, P.E.S. Planning data for essential radiology services in rural and marginal urban areas. Book of Papers. Fourth International Symposium on the Planning of Radiological Departments, San Juan, Puerto Rico, 29 April - 2 May 1984.

5. Holm, T., Palmer, P.E.S., Lehtinen, E. Manual of Radiographic Technique. WHO Basic Radiological System. World Health Organization, Geneva, 1986.

6. Holm, T., Hanson, G.P., Sandström, S., 1989. High image quality and low patient dose with WHO-BRS equipment. In: Optimization of Image Quality and Patient Exposure in Diagnostic Radiology, BIR Report 20, (British Institute of Radiology, London).

7. Ilari, O., Gonzalez, A., Boutrif, E., Hanson, G. The Translation of the New ICRP Recommendations into Practice: A Challenge for International Cooperation. Presented at IV Congress of the Spanish Radiological Protection Association, Salamanca, 26-29 November 1991.

8. Jones, D.G., Wall, B.F., 1985. Organ doses from medical X-ray examinations calculated using Monte Carlo techniques, NRPB-R186 (NRPB, Didcot).

9. Maccia, C., Benedittini, M., Lefaure, C., 1988. Doses to patients from diagnostic radiology in France, Health Physics, 60, 397-408.

10. Padovani, R., Contento, G., Fabretto, M., Malisan, M.R., Barbina, V., Gozzi, G., 1987. Patient doses and risks from diagnostic radiology in North East Italy. British Journal of Radiology, 60, 155-165.

11. Palmer, P.E.S. Manual of Darkroom Technique. WHO Basic Radiological System. World Health Organization, Geneva 1985.

12. Palmer, P.E.S., Cockshott, W.P., Hegedüs, V., Samuel, E. Manual of Radiographic Interpretation for General Practitioners. WHO Basic Radiological System. World Health Organization, Geneva, 1985.

13. Racoveanu, N.T. The situation of diagnostic radiology in the developing world, RAD 80.1 (offset document) Geneva, WHO, 1980.

14. Shrimpton, P.G., Wall, B.F. Jones, D.G., Fisher, E.S., Hillier, M.C., Kendall, G.M., 1986. A national survey of doses to patients undergoing a selection of routine X-ray examinations in English hospitals, NRPB; NRPB-R200, (NRPB, Didcot).

15. World Health Organization. Radiation Protection in Hospitals and General Practice. Volume 1, Basic Protection Requirements, 1974; Volume 2, Unsealed Sources, 1975; Volume 3, X-ray Diagnosis, 1975; Volume 4, Radiation Protection in Dentistry, 1977; Volume 5, Personnel Monitoring Services, 1980. (WHO, Geneva).

16. WHO, 1982. Quality Assurance in Diagnostic Radiology. (WHO, Geneva).

17. WHO, 1983. A Rational Approach to Radiodiagnostic Investigations, Technical Report Series 689. (WHO, Geneva).

18. World Health Organization. Technical Specifications for the X-Ray Apparatus to be Used in a Basic Radiological System (updated version of January 1985), RAD/85.1, WHO, Geneva, 1985.

19. WHO, 1985. Future Use of New Imaging Technologies in Developing Countries, Technical Report Series 723. (WHO, Geneva).

20. WHO, 1987. Rational Use of Diagnostic Imaging in Paediatrics, Technical Report Series 757. (WHO, Geneva).

21. WHO, 1990. Effective Choices for Diagnostic Imaging in Clinical Practice, Technical Report Series 795. (WHO, Geneva).

Exemples de Coopération Internationale pour l'Information du Corps Médical dans le Domaine des Rayonnements Ionisants

H.P. JAMMET
Vice-Président de la CIPR
Président du Centre International de Radiopathologie
Centre Collaborateur de l'OMS

Cette table ronde a pour objet le rôle de la coopération internationale. Personnellement je suis ici à double titre :

-   en tant que Vice-Président de la Commission Internationale de Protection Radiologique qui établit les doctrines en la matière, et
-   en tant que Président du Centre International de Radiopathologie qui est un exemple concret de coopération internationale.

Il convient de se rappeler que la Commission Internationale de Protection Radiologique a été créée en 1928 au cours d'un congrès de radiologie médicale dans le but d'informer le corps médical sur les mesures de protection à prendre contre les rayonnements ionisants. En effet, à cette époque, c'est au sein du corps médical que l'on trouvait le plus grand nombre de victimes des rayonnements. Depuis, cette commission continue d'être liée à la Société Internationale de Radiologie. Elle a également d'excellentes relations avec l'Association Internationale de Protection Radiologique (IRPA). Elle est reconnue comme l'organisme compétent à la fois par des organisations multinationales telles que la Commission des Communautés Européennes (CCE) et l'Organisation de Coopération et de Développement Economique (OCDE) et par les grandes organisations des Nations-Unies telles que l'Organisation Mondiale de la Santé (OMS), l'Organisation Internationale du Travail (OIT), l'Organisation pour l'Alimentation et l'Agriculture (FAO) et l'Agence Internationale de l'Energie Atomique (AIEA). Dans tous les pays où il existe une règlementation de protection radiologique, elle est basée sur les recommandations de la Commission Internationale de Protection Radiologique.

Le Comité Scientifique des Nations-Unies pour les Effets des Radiations Atomiques (UNSCEAR) établit officiellement le bilan des irradiations réclles de l'humanité dans ses rapports périodiques à l'Assemblée Générale des Nations-Unies. On constate que l'exposition naturelle est la plus importante. On constate également que pour les expositions dues aux activitiés humaines, l'exposition due à la radiologie médicale arrive largement en tête, l'exposition due au nucléaire étant en comparaison tout à fait secondaire.

Ceci explique que la Commission Internationale de Protection Radiologique a toujours apporté un intérêt particulier à l'information du corps médical dans le domaine des utilisations diagnostiques et thérapeutiques des rayonnements ionisants. Sur les quatre comités permanents qui la composent, le Commission Internationale de Protection Radiologique dispose du Comité 3, exclusivement consacré à la protection dans le domaine des utilisations médicales. Un grand nombre de publications spécialisées complètent dans ce domaine les recommandations de la Commission Internationale de Protection Radiologique. Elles portent aussi bien sur le radio-diagnostic que sur la radiothérapie ainsi que sur la médecine nucléaire et l'emploi des produits radio-pharmaceutiques. Ces publications peuvent au minimum être considérées comme des informations pour le corps médical et devraient dans toute la mesure du possible, servir de base aux réglementations nationales. En effet, il ne faut pas oublier que dans le monde entier, l'immense majorité des travailleurs exposés aux rayonnements ionisants appartient aux professions intervenant dans l'utilisation médicale des rayonnements. De la même façon, dans le monde entier, l'exposition artificielle du public est presque entièrement due à l'irradiation des patients au cours de l'utilisation médicale des rayonnements. Toutes ces considérations expliquent pourquoi la Commission Internationale de Protection Radiologique a décidé dans l'avenir de faire un effort accru pour une information objective et concrète du corps médical en ce qui concerne l'utilisation des rayonnements ionisants en médecine.

Ceci ne veut pas dire que la Commission Internationale de Protection Radiologique se désintéresse des autres secteurs d'activité humaine utilisant les rayonnements ionisants. C'est le Comité 4 sur l'application des recommandations qui en est responsable, et qui, après un grand nombre de publications passées, prépare actuellement des documents relatifs notamment aux expositions naturelles, aux expositions potentielles et aux expositions accidentelles.

Il n'est pas inutile de mentionner que les tirages des recommandations générales ou spécialisées de la Commission Internationale de Protection Radiologique sont très faibles (quelques milliers d'exemplaires). Il est regrettable que le corps médical se prive d'une information particulièrement intéressante en la négligeant et parfois en la méprisant. Une telle attitude mérite d'être portée à la connaissance de tous ceux qui s'intéressent à l'information du corps médical dans le domaine des rayonnements ionisants pour qu'ils tentent de modifier une situation difficilement compréhensible quand on veut prendre en compte de façon efficace la protection des travailleurs et la protection du public.

*
* *

En tant que Président du Centre International de Radiopathologie, je peux apporter une contribution intéressante dans le domaine des actions concrètes à effectuer. En effet, la radiopathologie est la discipline médicale qui s'occupe du diagnostic, du pronostic et du traitement des victimes des rayonnements. Ceci, qu'il s'agisse d'effets à court terme ou à long terme, d'effets somatiques ou génétiques, d'effets à corrélation déterministe (aplasies, brûlures, intoxications radioactives) ou à corrélation stochastique (induction d'affections cancéreuses ou de maladies héréditaires). C'est dire l'intérêt que la radiopathologie présente pour l'information du corps médical, car celui-ci est considéré comme compétent pour parler des effets nocifs des rayonnements ionisants. On est malheureusement obligé de constater que son ignorance est en général telle qu'il émet, propage et amplifie des contre-vérités scientifiques et médicales. Les exemples sont nombreux : on considère comme dangereuses les irradiations au-dessous des seuils pour les effets déterministes à court ou à long terme ; on se livre à des multiplications primaires et abusives concernant en particulier l'induction de cancers dont les scientifiques compétents connaissent la complexité ; et certains épidémiologistes appartenant au corps médical, dans un but de mise en valeur personnelle, se livrent à des acrobaties périlleuses au point de rendre parfaitement inacceptables sur le plan scientifique, les conclusions de leurs enquêtes. Il serait bon que le corps médical soit capable de rectifier de telles abérrations au lieu, dans beaucoup de cas, de les approuver et de les propager.

Le Centre International de Radiopathologie regroupant les unités compétentes de l'Institut Curie, du Commissariat à l'Energie Atomique et du

Service Central de Protection contre les Rayonnements Ionisants du Ministère de la Santé est parfaitement grée pour apporter sa contribution à une coopération internationale dans ce domaine. Il a en effet trois missions en radiopathologie, l'une concernant la recherche, la seconde l'éducation et la troisième l'intervention médicale en cas d'accident radiologique ou nucléaire. Il convient de noter qu'il est reconnu sur le plan européen par la DG XI chargée de l'environnement, de la sécurité nucléaire et de la protection civile et la DG XII chargée de la recherche et de l'éducation en radioprotection. Dans le domaine de la radiopathologie, ce centre est officiellement agréé par l'Organisation Mondiale de la Santé comme Centre Collaborateur pour 4 des 6 offices régionaux regroupant cent cinquante pays. L'Organisation Internationale du Travail le considère comme l'organisme compétent sur le plan international. L'Agence Internationale de l'Energie Atomique qui assure en cas d'accident radiologique ou nucléaire la coordination pratique au sein des Nations-Unies compte sur lui pour l'aider à résoudre les problèmes posés dans le cadre des conventions de notification et d'assistance.

Pour ce qui concerne cette table ronde, c'est son rôle dans le domaine de l'éducation qui doit être souligné. Sur le plan européen, le Centre International de Radiopathologie contribue à l'information des responsales médicaux en cas d'accident radiologique ou nucléaire. Sous l'égide de la DG XI et de la DG XII, des cours ont déjà été organisés pour les pays de la communauté et d'autres sont programmés pour les années à venir, avec éventuellement des participants extérieurs à la CEE. Sur le plan international, l'Agence Internationale de l'Energie Atomique a confié au Centre International de Radiopathologie l'organisation du premier cours international de radiopathologie destiné à l'information du corps médical. L'année prochaine le Centre International de Radiopathologie animera un cours organisé par l'Agence Internationale de l'Energie Atomique dans une grande ville des bords du Danube, à l'attention de participants médicaux appartenant aux pays de l'Est Européen et du Proche-Orient. L'Agence Internationale de l'Energie Atomique a toujours tenu à ce que l'Organisation Mondiale de la Santé participe à ses cours confiés au Centre International de Radiopathologie, Centre collaborateur de l'Organisation Mondiale de la Santé.

Le programme du Centre International de Radiopathologie va normale- ment s'accroître dans ce domaine car il convient de contribuer à l'information du corps médial vu sous ses différentes composantes. En effet, l'Organisation Mondiale de la Santé s'intéresse plus particulièrement aux radiologistes, l'Organisation Internationale du Travail aux médecins du travail et l'Agence Internationale de l'Energie Nucléaire aux spécialistes de l'intervention médicale.

En tant que Président du Centre International de radiopatholgie, je tiens à remercier ses partenaires notamment le Commissariat à l'Energie Atomique et tout particulièrement l'Institut National des Sciences et Techniques Nucléaires (INSTN) de Saclay où ses enseignements sont effectués.

Session VI

CONCLUSIONS
BY THE CHAIRMAN OF THE SEMINAR

Séance VI

CONCLUSIONS
PAR LE LE PRESIDENT DU SEMINAIRE

CONCLUSIONS GENERALES

Maurice Tubiana

Au terme de ce symposium et après deux jours et demi de riches et intéressants débats, un accord général semble s'être fait sur quelques points que je voudrais tenter de résumer :

1) <u>Le médecin est un excellent vecteur d'information</u> car il inspire confiance au public et est à l'origine, directement ou indirectement, de la quasi-totalité des irradiations d'origine humaine.

La question a été posée de savoir s'il était possible, voire éthique de lui demander de participer à cette information car il n'est pas formé pour la prévention et peut ne pas se sentir concerné. En réalité dans le cadre de l'action Européenne contre le cancer la quasi-totalité des associations médicales ont demandé à être impliquées dans la prévention des cancers et à se voir reconnaitre une compétence en ce domaine. Il existe donc une bonne volonté latente dont on devrait bénéficier.

2) Environ 80 % des médecins estiment leurs <u>connaissances insuffisantes</u> et souhaitent compléter leur formation. Ils sont en cela semblables au public. En fait les études montrent qu'ils appréhendent néanmoins le problème des risques des rayonnements ionisants beaucoup mieux que les membres d'autres professions de santé (vétérinaires, infirmiers, pharmaciens) sans doute parce que subsistent quelques souvenirs de leurs études médicales.

3) En ce domaine, la <u>communication</u> entre les médecins et le public n'est pas satisfaisante. Du côté du médecin il y a sans doute deux raisons à cela. Le médecin a l'habitude de parler de maladie, de méthodes diagnostiques ou thérapeutiques ; mais il sait mal parler de risques. On l'a bien vu à propos du tabac pour lequel il s'est écoulé plus de 30 ans entre la découverte de ses effets nocifs et celui où les médecins se sont pleinement engagés dans les campagnes de prévention contre le tabagisme. Initialement, ils n'étaient pas convaincus de la réalité du risque ; ultérieurement ils eurent peur d'apparaître comme des rabats-joie, rôle auquel ils n'étaient pas habitués.

Le public de son côté reçoit mal l'information car pour être capable d'écouter et de comprendre, il faudrait qu'il ait reçu une formation préalable, même sommaire. Plusieurs orateurs ont insisté sur l'utilité que pourrait avoir un enseignement scolaire, non pas limité au domaine des rayonnements ionisants mais sur celui, beaucoup plus général, du risque.

L'essentiel est de faire comprendre qu'un risque ne se pose pas en terme qualitatif (un agent est toxique ou inoffensif sûr ou dangereux) mais quantitatif. Qu'il s'agisse des moyens de transport (avion, automobile, motocyclette), des sports (ski, alpinisme, équitation, natation) le risque n'est jamais nul mais il varie dans de très grandes proportions selon les conditions. Il peut être soit extrêmement faible soit très grand, en fonction des précautions prises, de l'expérience... Pour la quasi-totalité des agents potentiellement nocifs de notre environnement, il existe une relation dose-grandeur du risque : par exemple entre la vitesse d'une automobile et le risque d'accident, entre la quantité d'alcool bue quotidiennement et la probabilité de malade induite par l'alcool.
Il est d'ailleurs intéressant de remarquer que jusqu'au XIXème siècle l'approche des facteurs de risque n'était pas qualitative mais quantitative. Depuis Mithridate, on savait que la prise régulière de petites quantités d'un poison pouvait protéger contre des tentatives d'empoisonnement avec ce poison. La pharmacopée ancienne était basée, de Paracelse à Claude Bernard sur le postulat "Tout est poison, rien n'est poison, tout est question de dose" et le principe même de la vaccination, de Jenner à Pasteur, confortait ce sentiment. Cependant, dès l'antiquité existait aussi une autre réaction : la peur de l'inconnu, la peur de l'innovation. On a vu en France celle-ci s'exprimer au moment de l'introduction de la pomme de terre, puis des chemins de fer ou du tout à l'égout. Dans ces cas le rejet est qualitatif et même une seule pomme de terre paraissait nuisible à nos ancêtres, avant Parmentier. Ce dernier sentiment a aujourd'hui tendance à l'emporter dans le domaine des risques technologiques et il faut que l'enseignement fasse revenir les esprits à la notion quantitative, seul moyen d'éviter aussi bien la sous-estimation que la surestimation des risques.
Reste un paradoxe, qu'a bien souligné G. Huyskens, concernant les rayonnements ionisants. De tous les agents potentiellement nocifs de notre environnement c'est pour eux, avec le tabac, que l'on connaît le mieux les risques et les mécanismes d'action. De plus, c'est sans conteste dans ce domaine que les mesures prophylactiques sont les plus prudentes (le Professeur Donath, de Genève, a indiqué que si l'on voulait atteindre un niveau de sécurité comparable pour la circulation automobile il faudrait limiter la vitesse sur les autoroutes entre 5 et 10 km/h). On retrouve la même disproportion entre les réglementations existant pour les radiations et pour de nombreux produits chimiques. Malgré

cela, les rayonnements constituent le risque le plus redouté et les plus surestimé, comme le montre par exemple l'enquête effectuée dans les douze pays de la communauté Européenne. Devant cette peur, jusqu'à ce jour, la réaction des spécialistes de la radioprotection a été d'augmenter la prudence de la règlementation. Mais cette prudence croissante a par elle-même d'une part, alimenté l'inquiétude et d'autre part, entraîné des précautions excessives, de plus en plus coûteuses, alors que, comme l'a souligné C.J. Huyskens, ces mêmes sommes consacrées à d'autres domaines auraient été beaucoup plus utiles. De plus, le coût même de ces précautions suscite l'angoisse dans le personnel comme dans le public, car l'on se dit que si l'on dépense tant d'argent c'est que le risque réel doit être plus considérable que celui que l'on veut bien reconnaître. Par réaction cette angoisse provoque un alourdissement de la réglementation *. Ce cercle vicieux se poursuit depuis plusieurs décennies. Il est temps pour tous ceux concernés par la radioprotection de s'interroger et de réfléchir à ce que l'on pourrait faire pour ramener peu à peu plus d'objectivité dans la perception des risques. L'éducation à l'école devrait certainement être un élément essentiel de cette nouvelle stratégie.

De même, l'éducation est indispensable pour le corps médical. Il faudrait introduire dans tous les pays un enseignement sur les rayonnements ionisants pendant les études médicales. Ceci est d'autant plus logique que les médecins sont les ordonnateurs de plus de 95 % des irradiations d'origine humaine : examens radiologiques et isotopiques, radiothérapie, etc... De plus dans les pays industrialisés 50 % à 80 % des travailleurs exposés aux rayonnements travaillent dans les hopitaux. Les médecins n'ont pas à se sentir coupables de ces irradiations mais cette situation leur confère une responsabilité qui doit avoir comme corollaire une formation.

On a longuement discuté du contenu de cet enseignement. Il est actuellement extrêmement variable d'un pays à l'autre et dans un même pays d'une université à l'autre. Il semble admis qu'au cours des études prémédicales ou au début des études médicales on enseigne les bases physiques (y compris les unités) en simplifiant au maximum et les bases biologiques. Les aspects plus pratiques et plus cliniques telles que les données épidémiologiques, les normes de radioprotection, les doses délivrées au cours des examens radiologiques devraient être enseignées beaucoup plus tardivement. Il est essentiel de considérer conjointement les rayonnements d'origine naturelle, avec ceux d'origine médicale ou industrielle. L'organisme ne distingue pas ces trois sources dont les effets sont les mêmes. Les différencier dans l'enseignement, ou

---

* Un orateur a signalé un phénomène analogue dans le domaine des relations publiques d'EDF : plus les centrales sont généreuses avec les villages avoisinnants plus l'on dit qu'elles ont beaucoup à se faire pardonner.

l'information, est une erreur grave qui a contribué au mythe du bon atome (le médical) s'opposant au mauvais atome (l'industriel) ainsi qu'à cette attitude absurde et si répandue qui consiste à accorder plus d'importance à une dose de 0,001 mSv d'origine industrielle qu'à celle de 0,5 mSv d'origine médicale.

Cet enseignement aurait par ailleurs l'intérêt d'aborder avec les étudiants des questions qui sont utiles dans d'autres domaines telles : les relations dose-effet, l'extrapolation vers les faibles doses, en montrant comment, selon la forme de la courbe dose effet utilisée et le choix d'hypothèses, optimistes ou pessimistes, le risque aux faibles doses peut varier considérablement : entre zéro et une valeur supérieure limite. Loin de masquer les incertitudes il faut au contraire clairement définir leurs limites et montrer par exemple l'écart qui sépare une estimation prudente, effectuée dans le but de la radioprotection, d'une évaluation réaliste. Un exemple illustrera cet écart : un problème clinique fréquent en radioprotection est celui d'une femme irradiée pendant les premières semaines de la grossesse, généralement à l'occasion d'un examen radiologique, à un moment où la grossesse était méconnue ou cachée. La question se pose alors d'une interruption volontaire de grossesse. Personnellement c'est une question que l'on m'a posée plusieurs centaines de fois pendant ma carrière. L'expérience médicale collective a été colligée par plusieurs groupes et ceux-ci ont abouti à des conclusions identiques : au-dessous de 100 mSv délivrés au foetus, le risque est si minime, s'il existe, que la question ne se discute pas, la grossesse doit continuer ; au-dessus de 200 mSv il est prudent d'interrompre la grossesse ; entre les deux il faut discuter avec le couple, conseiller la poursuite de la grossesse mais éventuellement, en fonction des souhaits et des craintes de la femme, accepter une interruption. Personnellement j'ai toujours conseillé la poursuite de la grossesse au-dessous de 200 mSv et n'ai jamais eu à le regretter. En regard, que prescrit le réglement de radioprotection ? Jusqu'à 1991 la dose au foetus à des femmes irradiées professionnellement ne devait pas dépasser 10 mSv, aujourd'hui le nouveau règlement propose de ramener cette dose à 1 mSv. L'écard d'un facteur 200 entre l'usage médical déjà très prudent et les normes de radioprotection, illustre l'existence d'une façon normale et légitime, d'un écart, entre une évaluation réaliste du risque et une évaluation pessimiste faite pour la réglementation.

Un autre exemple montrera le pessimisme de certaines évaluations. Un document de 1978 du Ministère de la Santé américain prévoyait pour les années 90 environ 100 000 cancers par an dus à l'amiante en raison des expositions qui étaient survenues avant 1978. En 1981 on ramenait ce nombre entre 5 et 10 000. Aujourd'hui il apparaît que le nombre réel est inférieur à 2000. Pour faire comprendre la distinction entre risque évalué pour les besoins d'une réglementation et risque réel on peut également prendre des exemples concrets, familiers, par exemple celui du soleil. Chacun sait que les rayons ultraviolets du soleil sont à l'origine de la quasi totalité des cancers de la peau, en particulier des mélanomes, cancers redoutables puisque environ la moitié d'entre eux évoluent vers la mort malgré le traitement. Inversement chacun sait qu'un exposition modérée au soleil est excellente pour l'équilibre psychique et physique de l'organisme. Si l'on calculait par extrapolation la quantité de soleil tolérable comme on calcule les normes de radioprotection, chacun de nous n'aurait droit qu'à quelques heures d'exposition au soleil par an, résultat qui serait inutilement angoissant alors que quelques précautions simples suffisent à réduire considérablement le risque d'exposition au soleil sans altérer la qualité de la vie. Les étudiants en médecine acceptent facilement ce raisonnement mais il faut reconnaître qu'il est beaucoup plus difficile à expliquer au public.

La <u>formation continue</u> constitue un autre volet indispensable mais plus difficile de la formation médicale. Dans le domaine des rayonnements, qui se situe hors des préoccupations quotidiennes, toute connaissance risque d'être rapidement oubliée. Il est donc nécessaire de la renouveler périodiquement. Le médecin généraliste est surchargé de travail et de préoccupations, il est difficile à joindre et à motiver. Il faut en un temps bref arriver à faire passer un message complexe car il fait appel à des notions probabilistes.

Les situations et les mentalités étant très diverses, il faut utiliser des voies multiples : brochures, articles dans les journaux médicaux, conférences de sensibilisation, séances de formation continue d'un ou deux jours par petits groupes. Quel que soit le vecteur utilisé il faut que la source soit crédible. Universitaires et spécialistes hospitaliers représentent les interlocuteurs naturels des médecins. Encore faut-il qu'ils acceptent le dialogue en se mettant de plain pied avec leurs interlocuteurs. Il ne faut pas oublier que la publicité pharmaceutique omniprésente à laquelle les médecins sont soumis les rend à priori sceptiques, c'est sans doute ce qui explique que la crédibilité des organismes officiels et des industriels est moindre que celle des universitaires à des spécialistes. Elle n'est néanmoins pas négligeable. Les visites d'installation, les relations personnalisées entre les médecins des installations nucléaires et leurs confrères, constituent des mesures qui peuvent être extrêmement utiles, en particulier à l'échelle locale.

Le problème des <u>spécialistes</u> est plus simple. Le besoin est évident, la motivation importante. Le problème est celui du niveau de connaissances que l'on vise. Il paraît légitime de demander des connaissances assez poussées en radiobiologie-radioprotection, non seulement pour les radiologistes-radiothérapeutes, mais aussi pour tous les médecins qui utilisent des techniques radiologiques (gastroentérologues, cardiologues, etc..) Un enseignement optionnel approfondi est indispensable pour les médecins du travail qui surveillent des travailleurs exposés aux rayonnements.

Restent, enfin, les spécialistes de la radioprotection. Il ne faut pas occulter un problème que l'on a senti à plusieurs reprises affleurer au cours des discussions, celui du risque d'une opposition entre les praticiens des rayonnements ionisants qui les utilisent tous les jours dans leur activité médicale quotidienne et les spécialistes de la radioprotection dont les connaissances sur les effets des rayonnements sur l'homme est plus théorique puisqu'au cours de leur carrière il n'ont eu l'occasion d'examiner qu'un tout petit nombre de sujets irradiés et parfois aucun. En tant que radiothérapeute j'ai eu la responsabilité du traitement d'environ 10 000 malades (300 par an pendant 35 ans) et de prescrire des examens radiologiques ou isotopiques pour au moins dix fois plus de sujets. J'ai donc été à l'origine d'une irradiation de plus de 600 000 Sv. De plus, on a effectué dans mon service plus de 300 irradiations totales de l'organisme à la dose de 10 Sv, préalable à une greffe de moelle. J'ai la conviction , ce faisant, d'avoir rendu service à un grand nombre de malades. De plus, nous nous sommes astreints à surveiller régulièrement la totalité des malades irradiés et un énorme effort a été fait dans mon service pour colliger les cas de cancers secondaires. Aussi j'avoue être quelquefois surpris quand j'écoute un spécialiste de la radioprotection décrire les incidents et accidents de rayonnement d'une façon qui apparaît purement théorique et où toute irradiation est diabolisée. Inversement je conçois que l'ignorance des bases fondamentales de la radioprotection chez certains radiologistes puissent irriter les radioprotectionnistes. Il me semble, en conclusion, que des liens sont indispensables entre ces deux formations. Il faudrait que les cliniciens acquièrent une formation théorique solide. Il serait utile que les spécialistes de la radioprotection reçoivent une formation pratique dans les hôpitaux et examinent des sujets irradiés ayant reçu des doses allant de 1 mSv à 60 Sv et suivent avec les cliniciens le devenir de ces sujets. Cette connaissance croisée faciliterait le dialogue, elle éviterait des incompréhensions et pourrait contribuer à donner à la radioprotection des objectis plus réalistes.

Une autre question a beaucoup été discutée, celle de l'information en situation d'urgence. Le souvenir de Tchernobyl reste présent et chacun voudrait en tirer des règles opératoires. Tout d'abord il a été reconnu par tous que cette information ne peut être valablement reçue que par les médecins ayant préalablement bénéficié d'un minimum de formation et disposant déjà d'une documentation. Le fait d'avoir des documents à portée de la main contribue à rassurer le médecin et l'aidera à être un bon relais d'information. Encore faut-il que ceux-ci proviennent d'une source considérée comme fiable. Ces documents seront d'autant mieux acceptés qu'ils seront rédigés par des personnalités connues pour leur compétence et leur objectivité. L'expérience très positive de la brochure de Grenoble le montre bien. En cas d'urgence il faut réunir un tel groupe. Un groupe international aurait encore plus de poids ; mais en situation d'urgence il sera difficile à constituer. L'important est d'éviter les incohérences. Il est normal de dire : "je ne sais pas", mais des indications contradictoires sont déstabilisantes. Des exemples ont été donnés de telles incohérences. Par exemple, après Tchernobyl, les experts en Finlande fixaient la limite de concentration admissible de Césium dans la viande de renne à 3000 Bq/kg et ceux de Suède à 1000 Bq/kg. Ou encore un expert Anglais disait à la télévision : "la quantité de radioactivité présente dans le lait ne présente aucun danger mais il ne faut pas en donner à boire à vos jeunes enfants." La communication, surtout en cas d'urgence, ne s'improvise pas, elle doit être préparée. Il faut agir et non réagir.

Quelles recommandations concrètes, peut-on tirer de ces débats ? Trois font l'objet d'un large consensus.

1) Introduire dans le cursus des études médicales un enseignement de radiobiologie-radioprotection.
Il apparaît souhaitable de lier cet enseignement d'une part à la radiologie, d'autre part à un enseignement plus vaste ayant pour objet la médecine préventive et l'influence de l'environnement sur la santé humaine. Ceci permettrait de mettre en perspective les divers facteurs de risque auxquels l'homme est exposé ainsi que les notions plus générales d'enquête épidémiologique, de relation dose-effet et de normes de protection.

2) Un tel enseignement ne devrait pas être réservé aux étudiants en médecine, il devrait sous des modalités diverses être également délivré aux membres des autres professions de santé (pharmaciens, vétérinaires, infirmiers...) et sous une autre forme à l'ensemble des élèves dans les écoles.

Il serait souhaitable qu'un groupe de travail de l'OCDE puisse faire des propositions concrètes dans ces domaines.

3) Il convient d'encourager la recherche dans de nombreux domaines :

a- L'effet cancérogène des faibles doses puisque c'est lui qui constitue la principale source d'anxiété. Avec les moyens de l'épidémiologie modernes (méta-analyses, registres du cancer) il devient possible de mesurer le risque, du moins de déterminer sa limite supérieure et de vérifier ainsi dans le domaine des faibles doses la validité des estimations actuelles. Plusieurs groupes peuvent être étudiés : travailleurs exposés aux rayonnements ionisants comme dans l'enquête du Centre International de Recherche sur le Cancer, malades irradiés à des doses diverses après traitement ou examen par isotope radioactif ou radiologique, population vivant dans des régions à radioactivité naturelle faible ou élevée (radon).

b- <u>Recherche pédagogique</u> pour adapter l'enseignement au désidérata des étudiants.

c- Recherche sur la <u>perception du risque</u> pour permettre à l'information de franchir la barrière de l'irrationnel et comprendre comment on peut corriger les perceptions erronées qu'il s'agisse de sous-estimation du risque (tabac, soleil, route, avalanche, etc..) soit de surestimation, par exemple dans le cas de certains produits chimiques, telle la dioxine, ou des radiations.

Comme on l'a dit à maintes reprises au cours de ces trois journées une distorsion dans l'estimation des risques peut aboutir, dans nos sociétés démocratiques, soit à des imprudences soit à des conduites irrationnelles et à des gaspillages financiers qui sont d'autant plus regrettables que les sommes disponibles pour rendre l'environnement plus sûr, ne sont pas illimitées. Une juste estimation des risques est donc pour nos sociétés modernes un élément essentiel de l'éducation. Les médecins sont bien placés pour contribuer à cette prise de conscience collective.

GENERAL CONCLUSIONS

Maurice Tubiana
Chairman of the Seminar

As this symposium draws to a close after two and a half days of fruitful and rewarding debate, we would seem to have reached a general consensus on a number of points which I shall endeavour to summarise here:

1. **Doctors are an excellent channel for passing on information to the public**: they are both trusted by the public and responsible, either directly or indirectly, for almost all man-induced exposures to radiation.

The question was raised as to whether it was possible, or even ethical, to ask doctors to take on this role of informing the public, since they have not been specifically trained in preventative action and thus may not feel concerned by the problem. In fact, almost all the medical associations involved in the European anti-cancer campaign asked to be given a role in the prevention of cancer and to have their skills in this area recognised. There is clearly an ample fund of goodwill available on which we should be able to draw.

2. Approximately 80 per cent of doctors feel that they **do not know enough about the subject** and would like to learn more about it. In this respect they feel the same way as the general public. Studies have shown, however, that doctors have a far better understanding of the dangers of ionizing radiation than other medical and allied professions (veterinary surgeons, nurses, pharmacists), probably because they still remember some of the courses they took as students.

3. **Communication** between doctors and the general public is poor in this domain. For doctors, there are probably two reasons for this. Doctors

are used to talking about illness and about methods of diagnosing and treating illness; they are not accustomed to discussing health risks. Smoking is a perfect case in point; over 30 years went by after the the dangers of smoking were first discovered before doctors agreed to throw their full weight behind anti-smoking campaigns. Initially, doctors refused to believe that the dangers were real; afterwards, they did not wish to appear to be playing the role of killjoys.

The general public does not understand the information offered because no message can be taken in and digested unless some initial instruction, no matter how basic, in the concepts involved, has been given beforehand. Many commentators emphasised the desirability of providing some kind of basic instruction at school level, and not just in ionizing radiation but also in the far more general concept of risk. The main point that needs to be put across is that risk should not be perceived as a qualitative concept (i.e. whether an agent is toxic or harmless, safe or dangerous), but as a quantitative one. Whether we look at transport (planes, cars, motorcycles) or sport (skiing, mountaineering, horse-riding, swimming), there is always an element of danger, but the degree of risk varies considerably according to individual circumstances. It may be either very low or very high, depending upon the precautions taken, the experience of the person concerned, etc. The risks associated with almost all the potentially dangerous agents in our environment increase linearly according to the size and scale of the activity: the speed of a vehicle and the risk of an accident, for example; or the daily intake of alcohol and the probability of developing an alcohol-related disease.

It is interesting to note that, until the nineteenth century, the approach adopted towards risk factors was a quantitative rather than a qualitative one. From the time of Mithridates it has been known that regular ingestion of small amounts of poison protects the body against any attempted poisoning by means of that poison. The pharmacopoeia of the Ancients, from Paracelsus to Claude Bernard, was based on the postulate that "everything and nothing is poisonous, it all depends on the dose", and the very principle of vaccination, from Jenner to Pasteur, seemed to bear this out. However, other reactions too have existed since Antiquity: fear of the unknown and fear of anything new. We have seen this in France with the reaction of the public to the potato, then railways and mains sewerage systems. In these cases the rejection was a qualitative one, and even a single potato (until Parmentier came onto the scene) was considered dangerous by our forebears. This latter sentiment tends to prevail today with regard to technological hazards and our educational system must endeavour to instill a quantitative approach once again in the minds of students, as this is the only way in which to avoid either overestimating or underestimating risks.

As G. Huyskens so clearly pointed out, however, ionizing radiation represents a somewhat paradoxical case. Of all the potentially lethal agents in our environment, radiation and smoking are probably the two which people are most knowledgeable about in terms of the potential risks and the type of damage caused. Also, the most stringent safety measures are undoubtedly those applicable to radiation (Professor Donath from Geneva has estimated that in order to achieve a comparable level of safety on the roads, motorway speeds would have to be restricted to 5-10 km/h). Similarly regulations applicable to radiation are much stricter than those applying to many chemical products. Despite all this, however, radiation is the hazard that is the most feared and most frequently overestimated, as borne out, for example, by the survey carried out in the twelve EC Member States. In response to these fears, the reaction of radiation protection specialists hitherto has been to increase the stringency of regulations. This increasingly cautious approach, however, has itself fuelled fears, resulting in excessively stringent, and increasingly expensive, precautions; as C.J. Huyskens commented, the money spent on such measures could have been far more usefully employed in other areas. Moreover, the very fact that so much money is spent on protection makes both practitioners and the general public nervous, since they cannot help thinking that, with so much money being spent on protection, the danger must be even greater than the authorities are willing to own up to. To allay such fears, the authorities are obliged to introduce stricter regulations*, creating a vicious circle which no-one has been able to break for decades. It is now high time that all those involved in radiation protection gave serious thought to finding a way in which to ease some objectivity back into the perception of risk. **Education at school** should certainly play a key part in this new strategy.

---

* One speaker referred to a similar situation with regard to public relations at EdF: the greater the largesse shown by power station operators to neighbouring villages, the more the villagers believed they had to make up for.

Education is also a necessity for the medical profession. Medical courses in all countries should include instruction on ionizing radiation, especially since doctors are responsible for administering over 95 per cent of all man-induced radiation: X-ray and isotopic examination, radiation therapy, etc. In addition to which, in industrialised countries, 50-80 per cent of the workers exposed to radiation in the course of their work are employed by hospitals. While the medical profession has no cause to feel guilty about such exposures, it needs to assume its responsibilities and must therefore be trained accordingly.

The form that any such training should take has been discussed at length. At present, it varies considerably from one country to another, and even from one university to another. There would seem to be a general consensus that a minimum amount of basic nuclear physics (including units of measurement) and nuclear biology should be taught either at pre-medical level or in the early stages of medical courses. More practical and clinical details such as epidemiological data, radiation protection standards, doses delivered during X-ray examination, should be taught at a far later stage in medical courses. It is essential that natural radiation be studied at the same time as the use of radioactive isotopes in medicine or industry. The human body makes no distinction between these three sources, whose effects are exactly the same. Differentiating between them in the classroom or in information campaigns is a serious mistake which has helped to foster the myth of the good atom (as used by doctors) and the bad atom (used by industry), as well as propagating the absurd and widespread view attaching greater importance to a dose of 0.001 mSv in industry than to a 0.5 mSv dose in a hospital.

Such instruction would also introduce students to concepts that are of use in other fields such as the dose-response relationship and its extrapolation towards the lower end of the scale, showing how, depending on the shape of the dose/response curve, and the choice of either optimistic of pessimistic assumptions, the risks associated with low doses can vary substantially from zero to an upper threshold limit. Far from glossing over the uncertainties, it is essential to provide a clear definition of their limits and to illustrate, for example, the difference between a cautious estimate made for the purposes of radiation protection and a realistic assessment. One example, a clinical problem frequently encountered in radiation protection, will illustrate this point: a woman who receives a dose of radiation during the initial weeks of pregnancy, usually as a result of an X-ray examination before she knew, or was willing to admit, that she was pregnant. The dilemma this raises is whether or not she should have an abortion. I have been asked this question hundreds of times by female patients in the course of my career.

The corpus of medical experience has been collected by several groups of doctors who have all reached the same conclusions: below 100 mSv delivered to the foetus, the risk, where there is one, is so small that it can safely be disregarded, and the pregnancy must therefore be allowed to proceed; above 200 mSv, it would be wise to terminate the pregnancy; between the two levels, the doctor should discuss the matter with the couple, advise them to proceed with the pregnancy, but depending upon the wishes and fears of the mother agree to a termination if that is what they want. Personally, I have always advised continuing with the pregnancy at levels below 200 mSv and have never had cause for regret. But just what is the level specified in radiation protection regulations? Until 1991, the maximum permissible dose to a pregnant women in the course of medical irradiation was 10 mSv; the level now proposed under the new regulations is 1 mSv. The difference of 200 per cent between the already highly cautious level prescribed by doctors and the level specified in radiation protection standards illustrates the normal and perfectly legitimate distinction between a realistic assessment of the risk and a pessimistic assessment made for regulatory purposes.

Another example illustrates the pessimism of some assessments. A document published in 1978 by the US Ministry of Health predicted that there would be 100 000 cancers a year in the 1990s caused by exposure to asbestos prior to 1978. In 1981 this figure was reduced to 5 000-10 000. The actual figure would now seem to be fewer than 2 000. To understand the distinction between the assessment made of a risk for regulatory purposes and the risk that actually exists we can also take the example of a rather more familiar object from the real world -- the sun. Everyone knows that ultraviolet radiation from the sun is responsible for virtually all forms of skin cancer and in particular melanomas, an especially virulent form of cancer that, despite treatment, is fatal in 50 per cent of cases. On the other hand, we all know that moderate exposure to sunlight is essential to our mental and physical well-being. If we were to extrapolate acceptable levels of sunlight in the same way that levels were calculated in radiation protection standards, we would only be allowed several years of sunlight a year, a needlessly worrying restriction given that a few simple precautions are enough to significantly reduce the dangers of exposure to the sun without adversely affecting our quality of life. Medical students are far more open to this line of reasoning, although it is admittedly far more difficult to explain to the public.

Refresher courses are another essential, although less straightforward, part of medical education. Any instruction on radiation, which is a topic far removed from everyday medical concerns, is likely to be swiftly forgotten. It therefore needs to be repeated at periodic intervals. General practioners are overworked and have a surfeit of worries, they are hard to get hold of and hard to motivate. Instructors have little time in which to put across a complex message, requiring familiarity with the concept of probability.

Since individual circumstances and receptiveness to ideas vary considerably, a wide range of channels is required: brochures, papers in medical journals, conferences to raise awareness, one- or two-day refresher courses for small groups. Whatever the format adopted, the teaching staff must command the respect of their audience. For doctors, the obvious choice is therefore either university lecturers or hospital specialists. The main challenge is to get them to agree to discuss such matters on an equal footing with their instructors. We should not forget that the constant barrage of sales material to which doctors are subjected by the pharmaceuticals industry tends to make them sceptical of outside sources of information, which is doubtless why both official and industrial organisations have less credibility than university lecturers and specialists. Nonetheless, such bodies do have a significant role to play. Visits to industrial facilities and personal contact between doctors working in nuclear facilities and their colleagues in other sectors can be extremely rewarding, particularly at local level.

The problem with **specialists** is far simpler. There is clearly a need for instruction, and motivation is also an important factor. The problem is how high a level of knowledge should be aimed for. It would reasonable to demand a relatively advanced level of knowledge in the area of radiobiology and radiation protection, not only for

Another topic that generated much discussion was the dissemination of information in an emergency. Chernobyl was still fresh in people's minds and everyone present wanted to use it as a basis for drawing up new procedures. All those present acknowledged that the information given could only be properly understood by doctors who had received at least some basic training and who already had documentation at their disposal. Having documentation to hand reassures the doctor and helps him to pass on information effectively. Mind you, any such documents must be supplied from a reputable source and will be more effective if written by respected figures who are known for both their skills and their objectivity. The success of the brochure published by the Grenoble group amply illustrates this point. In the event of an emergency, we would need to set up such a group. An international group would carry even more weight, but would be hard to organise in an emergency. The main thing is to avoid inconsistency. It is perfectly acceptable to say: "I don't know"; but conflicting advice is simply counter-productive. Several examples were given of such inconsistencies. For example, in the aftermath of Chernobyl, Finnish experts set the maximum persmissible concentration of Caesium in reindeer meat at 3 000 Bq/kg, compared with the level of 1 000 Bq/kg set by their Swedish counterparts; while, in another example, a British expert interviewed on television stated that: "the radiation levels in milk present no danger, but avoid giving milk to young children". Public information, particularly in an emergency, cannot be improvised, it needs to be prepared beforehand. It must be proactive rather than reactive.

What **practical lessons** may be drawn from these discussions? There are three on which there is a general consensus:

1. Some course of instruction on radiobiology-radiation protection should be included in the syllabus for medical courses.

Any such course should be part of both the radiology syllabus and a broader course embracing preventative medicine and the impact of the environment on human health. This would allow students to gain an overall picture of the various risk factors to which man is exposed as well as an understanding of the more general concepts of epidemiological surveys, the dose-response relationship and protection standards.

2. Such instruction should not be reserved for medical students, but should also be dispensed in various forms to members of the other health professions (pharmacists, veterinary surgeons, nurses, etc.) and in another form to all **undergraduate students.**

It would be helpful is an **OECD Working Party** were to make some practical proposals in these areas.

3. **Research** should be encouraged in numerous areas such as:

(a)   **The carcinogenic effect of low doses of radiation**, since this is the main source of concern. With the resources of modern epidemiology now available (meta-analyses, cancer registers), it is possible to measure risks or at least to determine its upper thresholds and therefore to verify the validity of current estimates in the low-dose domain. Several population groups could be studied: workers exposed to ionizing radiation, as in the survey by the International Agency for Research on Cancer; patients irradiated with various doses after treatment or examination by radioactive or radiological isotope; inhabitants of regions with low or high levels of background radiation (radon).

(b)   **Pedagogical research** to tailor courses to students' requirements.

(c)   Research into **how risks are perceived** to find out how irrational fears can be overcome and fallacious thinking corrected in cases where risks have either been underestimated (smoking, exposure to sunlight, road transport, avalanches, etc.) or overestimated (as in the case of certain chemical substances, such as dioxin, or radiation).

As has been repeatedly stated over the past three days, any distortion in the assessment of risks in a democratic society can lead either to unwise actions or to irrational behaviour and financial waste which is doubly unfortunate in that the sums of money available for making the environment safer are not unlimited. An accurate and fair assessment of risks is therefore an essential component of the educational system in modern society. The medical profession is in an ideal position to help society gain an understanding of the concept of risk.

radiologist-radiotherapists but also for all doctors who use radiological techniques (gastroenterologists, cardiologists, etc.). Optional advanced courses are essential for doctors specialised in occupational medicine monitoring workers exposed to radiation.

We come lastly to **specialists in radiation protection.** We must not gloss over a problem which has surfaced on several occasions in the course of our discussions, that of the danger of a conflict between practitioners who use ionizing radiation every day as part of their normal medical activity and specialists in radiation protection whose understanding of the effects of radiation on the human body is of a more theoretical nature given that in the course of their career they have only had to examine a tiny number of irradiated patients and in some cases none at all. As a radiation therapist, I have treated some 10 000 patients (300 a year for 35 years) and have prescribed radiological or isotopic examinations for at least ten times as many more. I have therefore been responsible for administering over 600 000 Sv of radiation. In addition to which, my department has carried out over 300 full-body irradiations at a dose of 10 Sv prior to bone-marrow transplants. I am fully convinced that in doing so I have helped a great many patients. Moreover, we have committed ourselves to carrying out regular follow-up checks on all irradiated patients and a tremendous effort has been made within my department to collect data on cases of secondary cancers. I must therefore confess to being surprised at times when a I hear a specialist in radiation protection describe incidents and accidents involving exposure to radiation in a purely theoretical manner in which radiation is portrayed as the invention of the devil. On the other hand, I can fully understand how a lack of basic knowledge about radiation protection on the part of some radiologists might irritate specialists in radiation protection. It seems to me, in conclusion, that it is essential to forge links between these two disciplines. Clinical practitioners must acquire a good basic understanding of the theory. And it would be helpful if specialists in radiation protection were to be given practical training in hospitals involving the examination of irradiated patients who have received doses ranging from 1 mSv to 60 Sv, and to monitor their progress alongside clinical practitioners. This mingling of theory and practice would improve the dialogue between the two camps, avoid their talking at cross-purposes and might help to define more realistic objectives in the area of radiation protection.

List of participants   Liste des participants

BELGIUM - BELGIQUE

BALIEU, M., Ministère de la Santé Publique et de l'Environnement, Cité Administrative de l'Etat, Quartier Vésale, B-1010 Bruxelles

SMEESTERS, P., Médecin-Chef de Service, SPRI-Ministère de la Santé Publique et de l'Environnement, Quartier Vesale, BP 5, B-1010 Bruxelles

WAMBERSIE, A., Professeur, Unité de Radiothérapie Cliniques Universitaires de St Luc, Avenue Hippocrate 10, B-1200 Bruxelles

CANADA - CANADA

RICHMAN, J., Medical Director, AECL, 2251 Speakman Drive, Mississauga, Ont. L5K 1B2

FINLAND - FINLANDE

KOSKELA, K., Ministry of Social Affaires and Health, Box 267, 00171 Helsinki

RYTÖMAA, T., Finnish Centre for Radiation and Nuclear Safety, P.O. Box 268, SF-00101 Helsinki 10

SAULI, I., Ministry of Social Affairs and Health, Snellmanninkatu 4-6, SF- 00170 Helsinki

FRANCE - FRANCE

ARTUS, J.-C., Professeur, Chef du Service de Médecine Nucléaire, Centre Val d'Aurelle, Parc Euromédical, Rue Croix Verte, 34094 Montpellier Cedex 5

AUDE, G., Chef du Bureau des Relations Publiques & de la Communication, Centre d'Etudes Nucléaires de Grenoble, BP 85X, 38041 Grenoble Cedex

BERTIN, M., Docteur, Vice-Président, Comité de Radioprotection, Electricité de France, 3 rue de Messine, 75384 Paris Cedex 08

BLOCH, Docteur, Médecine du Travail, Centre d'Etudes Nucléaires de Grenoble, BP 85X, 38041 Grenoble Cedex

BOK, B., Professeur, Chef du service de médecine nucléaire et biophysique, Coordonnateur national de l'enseignement de médecine nucléaire, Hôpital Beaujon, 100 bld du Général Leclerc, 92110 Clichy Cedex

CHALANDRE, E D F, BP 35 - Centre de Tri, 38040 Grenoble

CHELET, Y., Directeur, I.N.S.T.N., Commisariat à l'Energie Atomique/CE-Saclay, 91191 Gif-sur-Yvette Cedex

COULERU, Docteur, Médecine du Travail, Centre d'Etudes Nucléaires de Grenoble, BP 85X, 38041 Grenoble Cedex

D'HEILLY, B., CNPE de Creys Malville, BP 63, 38510 Morestel

DE CHOUDENS, H., Adjoint au Directeur, Chef USSP, Centre d'Etudes Nucléaires de Grenoble BP 85 X, 38041 Grenoble Cedex

DESCOURS, S., Adjointe au Chef des U.S.S.P., Centre d'Etudes Nucléaires de Grenoble, BP 85 X, 38041 Grenoble Cedex

DURR, M., Chargé de Mission auprès du Directeur, Production & Transports, E D F, Bureau 4/827, 3 rue de Messine, 75384 Paris Cedex 08

EVRA, G., Direction de l'Equipement, Electricité de France, 22/30 avenue de Wagram, 75008 Paris

GALLE, P., Professeur de Biophysique, Faculté de Médecine, 8 rue du Général Sarrail, 94010 Créteil

GALLIN MARTEL, C., Chargé de Mission auprès du Médecin Chef, Service Général de Médecine du travail, EDF/GDF, Centrale de Creys Maville, BP 63, 38510 Morestel

GATIGNOL, C., Député de la Manche, Président de la Commission Locale de Flamanville, 2 rue des Résistants, 50700 Valognes

GONTHIER, C., S.I.C.N., Route de Valence, 38113 Veurey Voroize

GRÜNWALD, D., Président, Conseil de l'Ordre des Médecins de l'Isère, Immeuble le Century A, 1 A bld de la Chantourne, 38700 La Tronche

KOCHMAN, S., Professeur, Doyen de la Faculté de Médecine, Université de Reims, 45 rue Cognacq-Jay, 510952 Reims Cedex

Mme KOLODIE, Service Radiothérapie, CHRUG, BP 217X, 38043 Grenoble Cedex

LACROIX, M., CNPE de Creys Maville, BP 63, 38510 Morestel

LACRONIQUE, J.F., Professeur, Comité Français d'Education pour la Santé, 2 rue Auguste Comte, 92170 Vanves

MARCELLI, A., Docteur, Conseiller National de l'Ordre des Médecins, 60 bld de Latour-Maubourg, 75340 Paris Cedex 07

MAXIMILIEN, R., Adjoint au Chef du Département de Pathologie et de Toxicologie Expérimentale, CEA, B.P. 6, 92265 Fontenay-aux-Roses

PITOIS, C., "Le Généraliste", 11 bld Sébastopol, 7501 Paris

ROUSSEAU, F., Chargée de la Communication envers le Corps Médical, Direction de la Communication, CEA, 33 rue de la Fédération, 75015 Paris

ROUSSEL, C., Adjoint au Directeur, ICAR, Centre d'Etudes Nucléaires de Grenoble, BP 85 X, 38041 Grenoble Cedex

ROY, N., Présidente AIPRM (Association pour la Prévention des Risques Majeurs) 9 rue Lesdiguières, 38000 Grenoble

TISNE, M., Maître de Conférences, Praticien Hôspitalier, Université René Descartes, 40 avenue Duquesne, 75007 Paris

TUBIANA, M., Professeur, Directeur Honoraire, Institut Gustave Roussy, Président du Conseil Supérieur sur la Sûreté et l'Information Nucléaires auprès du Ministère de l'Industrie, Président de la Société Internationale de Radiologie, 53bis quai des Grands Augustins, 75006 Paris

VINCENT, J., Chef des Informations Médicales, Impact Médecin Hebdo, 20 bld du Parc, 92521 Neuilly Cedex

VROUSOS, C., Professeur, Chef du Service de Radiothérapie, Unité de Concertation et de Recherche pour le Traitement des Affections Cancéreuses, CHRUG, BP 217 X, 38043 Grenoble Cedex

GERMANY - ALLEMAGNE

HEINEMANN, G., Docktor, Betriebsarzt der Preussen Elektra AG, 2160 Stade

LÖSTER, W., Head, Group on Higher Educ., GSF, Ingolstädter Landstr. 1, D-8042 Neuherberg

SCHÜTZ, J., Strahlentherapie-Radioonkol, Westf. Wilhelms-Universität, Albert Schweitzer
Str. 44, D-4400 Munster

IRLAND - IRLANDE

HONE, C., Radiological Protection Institute of Ireland, 3 Clonskeagh Square, Clonskeagh
Road , Dublin 14

ITALY - ITALIE

DE LUCA, G., Direction de la Sécurité et de la Protection Radiologique ENEA/DISP
Via Vitaliano Brancati 48, I-00144 Roma

SUSANNA, A., Director, Radioprotection & Environnement Départemental, ENEA/DISP
I-00144 Roma

SWEDEN - SUEDE

SOKOLOWSKI, E., Professor, Dept. Scientific Analysis & Public Affairs, Kärnkraft-säkerhet
och Utbildning AB, Box 1039, S-61129 Nyköping

BRISMAR, B., Head of Department, Huddinge Hospital, Stockholm

SWITZERLAND - SUISSE

DONATH, A., Professeur, Médecin-Chef de la Division de Médecine Nucléaire, Hôpital
Cantonnal Universitaire de Genève, 24 rue Michelli-du-Crest, CH-1211 Genève 4

FREY, P. E., Stellvertretender Kantonsarzt Gesundheitsdirektion Kanton Bern,
Rathausgasse 1, CH-3011 Bern

LOCHER, J., Professor, Doktor, Chefarzt/Leiter der Nuklearmedizin des Kantonsspitals
Aarau, CH-5001 Aarau

MICHAUD, B., Chef Div. Radioprotection, Office Fédéral de la Santé Publique, Bollwerk 27,
CH-3001 Bern

THORENS, B., Médecin du Travail, Caisse Nationale d'Assurances, 19 avenue de la Gare,
CH-1001 Lausanne

UNITED-KINGDOM - ROYAUME-UNI

BERRY, R.J., Director, Westlakes Research Institute, Ingwell Hall, Westlakes Science & Techn.,
Park Moor Row, Cumbria, CA24 3JZ

BULMAN, A., Head Doctor, Environmental Radiation Section, Department of Health, Hannibal House, Room No. 911A, Elephant and Castel, London SE1 6TE

ROSS, W., 62 Archery Rise, Durham City DH1 4LA

UNITED STATES - ETATS-UNIS

BERGER, M.E., Associate Director, REAC/TS, Oak Ridge Institute for Science and Education Medical Sciences Division, P.O. Box 117, Oak Ridge, Tenn. 37831-0117

GEBUS, G., R. Director, Office of Occupat. Medecine, Office of Health, Department of Energy, Washington, DC 20585

INTERNATIONALES ORGANISATIONS
ORGANISATIONS INTERNATIONALES

HUYSKENS, C.J., Executive Officer, International Radiation Protection Association, P.O. Box 662, NL-5600 AR Eindhoven

JAMMET, H., Vice-Président de la Commission Internationale de Proctection Radiologique, Président du Centre International de Radiopathologie, 114 quai Blériot, 75016 Paris

ORTIZ-LOPEZ, P., Division of Nuclear Safety, International Atomic Energy Agency, P.O. Box 100, A-1400 Vienna

TEUNEN, T. DG XI-A-1, Radioprotection, Commission des Communautés Européennes, Centre Wagner, Plateau du Kirchberg, L-2920 Luxembourg

VOLODIN, V., Medical Officer, Radiation Medicine, World Healt Organization, CH-1211 Geneva 27

AGENCE DE L'OCDE POUR L'ENERGIE NUCLEAIRE
OECD NUCLEAR ENERGY AGENCY

de LA FERTÉ, J., Head, External Relations and Public Affairs, OECD Nuclear Energy Agency

de GALZAIN, F., Information Officer, OECD Nuclear Energy Agency

KOUSNETZOFF, C., Responsible for NEA publications, OECD Nuclear Energy Agency

ALSO AVAILABLE

Nuclear Energy: Communicating with the Public (1991)
(66 90 08 1) ISBN 92-64-13456-5 FF95 £11.00 US$20.00 DM37

Nuclear Power Economic and Technology: An Overview
(1992)
(66 92 15 1) ISBN 92-64-13798-X FF130 £23.00 US$36.00 DM52

Public Information on Nuclear Energy (1991)
(66 91 04 3) ISBN 92-64-03341-6 FF150 £18.00 US$32.00 DM58

ÉGALEMENT DISPONIBLES

Énergie nucléaire : Communiquer avec le public (1991)
(66 90 08 2) ISBN 92-64-23456-X FF95 £11.00 US$20.00 DM37

Énergie nucléaire : Le point sur les aspects économiques et technologiques (1992)
(66 92 15 2) ISBN 92-64-23798-4 FF130 £23.00 US$36.00 DM52

L'Information du public sur l'énergie nucléaire (1991)
(66 91 04 3) ISBN 92-64-03341-6 FF150 £18.00 US$32.00 DM58

Prices charged at the OECD Bookshop.

THE OECD CATALOGUE OF PUBLICATIONS and supplements will be sent free of charge on request addressed either to OECD Publications Service, or to the OECD Distributor in your country.

Prix de vente au public dans la librairie du siège de l'OCDE.

LE CATALOGUE DES PUBLICATIONS de l'OCDE et ses suppléments seront envoyés gratuitement sur demande adressée soit à l'OCDE, Service des Publications, soit au distributeur des publications de l'OCDE de votre pays.

MAIN SALES OUTLETS OF OECD PUBLICATIONS
PRINCIPAUX POINTS DE VENTE DES PUBLICATIONS DE L'OCDE

ARGENTINA – ARGENTINE
Carlos Hirsch S.R.L.
Galería Güemes, Florida 165, 4° Piso
1333 Buenos Aires   Tel. (1) 331.1787 y 331.2391
Telefax: (1) 331.1787

AUSTRALIA – AUSTRALIE
D.A. Information Services
648 Whitehorse Road, P.O.B 163
Mitcham, Victoria 3132   Tel. (03) 873.4411
Telefax: (03) 873.5679

AUSTRIA – AUTRICHE
Gerold & Co.
Graben 31
Wien I   Tel. (0222) 533.50.14

BELGIUM – BELGIQUE
Jean De Lannoy
Avenue du Roi 202
B-1060 Bruxelles   Tel. (02) 538.51.69/538.08.41
Telefax: (02) 538.08.41

CANADA
Renouf Publishing Company Ltd.
1294 Algoma Road
Ottawa, ON K1B 3W8   Tel. (613) 741.4333
Telefax: (613) 741.5439
Stores:
61 Sparks Street
Ottawa, ON K1P 5R1   Tel. (613) 238.8985
211 Yonge Street
Toronto, ON M5B 1M4   Tel. (416) 363.3171

Les Éditions La Liberté Inc.
3020 Chemin Sainte-Foy
Sainte-Foy, PQ G1X 3V6   Tel. (418) 658.3763
Telefax: (418) 658.3763

Federal Publications
165 University Avenue
Toronto, ON M5H 3B8   Tel. (416) 581.1552
Telefax: (416) 581.1743

Les Publications Fédérales
1185 Avenue de l'Université
Montréal, PQ H3B 3A7   Tel. (514) 954.1633
Telefax : (514) 954.1633

CHINA – CHINE
China National Publications Import
Export Corporation (CNPIEC)
16 Gongti E. Road, Chaoyang District
P.O. Box 88 or 50
Beijing 100704 PR   Tel. (01) 506.6688
Telefax: (01) 506.3101

DENMARK – DANEMARK
Munksgaard Export and Subscription Service
35, Nørre Søgade, P.O. Box 2148
DK-1016 København K   Tel. (33) 12.85.70
Telefax: (33) 12.93.87

FINLAND – FINLANDE
Akateeminen Kirjakauppa
Keskuskatu 1, P.O. Box 128
00100 Helsinki   Tel. (358 0) 12141
Telefax: (358 0) 121.4441

FRANCE
OECD/OCDE
Mail Orders/Commandes par correspondance:
2, rue André-Pascal
75775 Paris Cedex 16   Tel. (33-1) 45.24.82.00
Telefax: (33-1) 45.24.81.76   or (33-1) 45.24.85.00
Telex: 640048 OCDE

OECD Bookshop/Librairie de l'OCDE :
33, rue Octave Feuillet
75016 Paris   Tel. (33-1) 45.24.81.67
(33-1) 45.24.81.81

Documentation Française
29, quai Voltaire
75007 Paris   Tel. 40.15.70.00
Gibert Jeune (Droit-Économie)
6, place Saint-Michel
75006 Paris   Tel. 43.25.91.19
Librairie du Commerce International
10, avenue d'Iéna
75016 Paris   Tel. 40.73.34.60
Librairie Dunod
Université Paris-Dauphine
Place du Maréchal de Lattre de Tassigny
75016 Paris   Tel. 47.27.18.56
Librairie Lavoisier
11, rue Lavoisier
75008 Paris   Tel. 42.65.39.95
Librairie L.G.D.J. - Montchrestien
20, rue Soufflot
75005 Paris   Tel. 46.33.89.85
Librairie des Sciences Politiques
30, rue Saint-Guillaume
75007 Paris   Tel. 45.48.36.02
P.U.F.
49, boulevard Saint-Michel
75005 Paris   Tel. 43.25.83.40
Librairie de l'Université
12a, rue Nazareth
13100 Aix-en-Provence   Tel. (16) 42.26.18.08
Documentation Française
165, rue Garibaldi
69003 Lyon   Tel. (16) 78.63.32.23
Librairie Decitre
29, place Bellecour
69002 Lyon   Tel. (16) 72.40.54.54

GERMANY – ALLEMAGNE
OECD Publications and Information Centre
August Bebel-Allee 6
D-W 5300 Bonn 2   Tel. (0228) 959.120
Telefax: (0228) 959.12.17

GREECE – GRÈCE
Librairie Kauffmann
Mavrokordatou 9
106 78 Athens   Tel. 322.21.60
Telefax: 363.39.67

HONG-KONG
Swindon Book Co. Ltd.
13–15 Lock Road
Kowloon, Hong Kong   Tel. 366.80.31
Telefax: 739.49.75

HUNGARY – HONGRIE
Euro Info Service
kázmér u.45
1121 Budapest   Tel. (1) 182.00.44
Telefax : (1) 182.00.44

ICELAND – ISLANDE
Mál Mog Menning
Laugavegi 18, Pósthólf 392
121 Reykjavik   Tel. 162.35.23

INDIA – INDE
Oxford Book and Stationery Co.
Scindia House
New Delhi 110001   Tel.(11) 331.5896/5308
Telefax: (11) 332.5993
17 Park Street
Calcutta 700016   Tel. 240832

INDONESIA – INDONÉSIE
Pdii-Lipi
P.O. Box 269/JKSMG/88
Jakarta 12790   Tel. 583467
Telex: 62 875

IRELAND – IRLANDE
TDC Publishers – Library Suppliers
12 North Frederick Street
Dublin 1   Tel. 74.48.35/74.96.77
Telefax: 74.84.16

ISRAEL
Electronic Publications only
Publications électroniques seulement
Sophist Systems Ltd.
71 Allenby Street
Tel-Aviv 65134   Tel. 3-29.00.21
Telefax: 3-29.92.39

ITALY – ITALIE
Libreria Commissionaria Sansoni
Via Duca di Calabria 1/1
50125 Firenze   Tel. (055) 64.54.15
Telefax: (055) 64.12.57
Via Bartolini 29
20155 Milano   Tel. (02) 36.50.83
Editrice e Libreria Herder
Piazza Montecitorio 120
00186 Roma   Tel. 679.46.28
Telefax: 678.47.51
Libreria Hoepli
Via Hoepli 5
20121 Milano   Tel. (02) 86.54.46
Telefax: (02) 805.28.86
Libreria Scientifica
Dott. Lucio de Biasio 'Aeiou'
Via Coronelli, 6
20146 Milano   Tel. (02) 48.95.45.52
Telefax: (02) 48.95.45.48

JAPAN – JAPON
OECD Publications and Information Centre
Landic Akasaka Building
2-3-4 Akasaka, Minato-ku
Tokyo 107   Tel. (81.3) 3586.2016
Telefax: (81.3) 3584.7929

KOREA – CORÉE
Kyobo Book Centre Co. Ltd.
P.O. Box 1658, Kwang Hwa Moon
Seoul   Tel. 730.78.91
Telefax: 735.00.30

MALAYSIA – MALAISIE
Co-operative Bookshop Ltd.
University of Malaya
P.O. Box 1127, Jalan Pantai Baru
59700 Kuala Lumpur
Malaysia   Tel. 756.5000/756.5425
Telefax: 757.3661

MEXICO – MEXIQUE
Revistas y Periodicos Internacionales S.A. de C.V.
Florencia 57 - 1004
Mexico, D.F. 06600   Tel. 207.81.00
Telefax : 208.39.79

NETHERLANDS – PAYS-BAS
SDU Uitgeverij
Christoffel Plantijnstraat 2
Postbus 20014
2500 EA's-Gravenhage   Tel. (070 3) 78.99.11
Voor bestellingen: Tel. (070 3) 78.98.80
Telefax: (070 3) 47.63.51

**NEW ZEALAND
NOUVELLE-ZÉLANDE**
Legislation Services
P.O. Box 12418
Thorndon, Wellington   Tel. (04) 496.5652
Telefax: (04) 496.5698

NORWAY - NORVÈGE
Narvesen Info Center - NIC
Bertrand Narvesens vei 2
P.O. Box 6125 Etterstad
0602 Oslo 6   Tel. (02) 57.33.00
                               Telefax: (02) 68.19.01

PAKISTAN
Mirza Book Agency
65 Shahrah Quaid-E-Azam
Lahore 54000   Tel. (42) 353.601
                               Telefax: (42) 231.730

PHILIPPINE - PHILIPPINES
International Book Center
5th Floor, Filipinas Life Bldg.
Ayala Avenue
Metro Manila   Tel. 81.96.76
                               Telex 23312 RHP PH

PORTUGAL
Livraria Portugal
Rua do Carmo 70-74
Apart. 2681
1117 Lisboa Codex   Tel.: (01) 347.49.82/3/4/5
                               Telefax: (01) 347.02.64

SINGAPORE - SINGAPOUR
Information Publications Pte. Ltd.
41, Kallang Pudding, No. 04-03
Singapore 1334   Tel. 741.5166
                               Telefax: 742.9356

SPAIN - ESPAGNE
Mundi-Prensa Libros S.A.
Castelló 37, Apartado 1223
Madrid 28001   Tel. (91) 431.33.99
                               Telefax: (91) 575.39.98

Libreria Internacional AEDOS
Consejo de Ciento 391
08009 - Barcelona   Tel. (93) 488.34.92
                               Telefax: (93) 487.76.59

Llibreria de la Generalitat
Palau Moja
Rambla dels Estudis, 118
08002 - Barcelona
              (Subscripcions) Tel. (93) 318.80.12
               (Publicacions) Tel. (93) 302.67.23
                               Telefax: (93) 412.18.54

SRI LANKA
Centre for Policy Research
c/o Colombo Agencies Ltd.
No. 300-304, Galle Road
Colombo 3   Tel. (1) 574240, 573551-2
                      Telefax: (1) 575394, 510711

SWEDEN - SUÈDE
Fritzes Fackboksföretaget
Box 16356
Regeringsgatan 12
103 27 Stockholm   Tel. (08) 690.90.90
                              Telefax: (08) 20.50.21

Subscription Agency-Agence d'abonnements
Wennergren-Williams AB
P.O. Box 1305
171 25 Solna   Tél. (08) 705.97.50
                              Téléfax : (08) 27.00.71

SWITZERLAND - SUISSE
Maditec S.A. (Books and Periodicals - Livres
et périodiques)
Chemin des Palettes 4
Case postale 2066
1020 Renens 1   Tel. (021) 635.08.65
                              Telefax: (021) 635.07.80

Librairie Payot S.A.
4, place Pépinet
1003 Lausanne   Tel. (021) 341.33.48
                              Telefax: (021) 341.33.45

Librairie Unilivres
6, rue de Candolle
1205 Genève   Tel. (022) 320.26.23
                              Telefax: (022) 329.73.18

Subscription Agency - Agence d'abonnement
Dynapresse Marketing S.A.
38 avenue Vibert
1227 Carouge   Tel.: (022) 308.07.89
                              Telefax : (022) 308.07.99

See also - Voir aussi :
OECD Publications and Information Centre
August-Bebel-Allee 6
D-W 5300 Bonn 2 (Germany) Tel. (0228) 959.120
                          Telefax: (0228) 959.12.17

TAIWAN - FORMOSE
Good Faith Worldwide Int'l. Co. Ltd.
9th Floor, No. 118, Sec. 2
Chung Hsiao E. Road
Taipei   Tel. (02) 391.7396/391.7397
                              Telefax: (02) 394.9176

THAILAND - THAÏLANDE
Suksit Siam Co. Ltd.
113, 115 Fuang Nakhon Rd.
Opp. Wat Rajbopith
Bangkok 10200   Tel. (662) 251.1630
                              Telefax: (662) 236.7783

TURKEY - TURQUIE
Kültür Yayinlari Is-Türk Ltd. Sti.
Atatürk Bulvari No. 191/Kat 13
Kavaklidere/Ankara   Tel. 428.11.40 Ext. 2458
Dolmabahce Cad. No. 29
Besiktas/Istanbul   Tel. 260.71.88
                              Telex: 43482B

UNITED KINGDOM - ROYAUME-UNI
HMSO
Gen. enquiries   Tel. (071) 873 0011
Postal orders only:
P.O. Box 276, London SW8 5DT
Personal Callers HMSO Bookshop
49 High Holborn, London WC1V 6HB
                              Telefax: (071) 873 8200
Branches at: Belfast, Birmingham, Bristol, Edin-
burgh, Manchester

UNITED STATES - ÉTATS-UNIS
OECD Publications and Information Centre
2001 L Street N.W., Suite 700
Washington, D.C. 20036-4910 Tel. (202) 785.6323
                            Telefax: (202) 785.0350

VENEZUELA
Libreria del Este
Avda F. Miranda 52, Aptdo. 60337
Edificio Galipán
Caracas 106   Tel. 951.1705/951.2307/951.1297
                       Telegram: Libreste Caracas

Subscription to OECD periodicals may also be
placed through main subscription agencies.

Les abonnements aux publications périodiques de
l'OCDE peuvent être souscrits auprès des
principales agences d'abonnement.

Orders and inquiries from countries where Distribu-
tors have not yet been appointed should be sent to:
OECD Publications Service, 2 rue André-Pascal,
75775 Paris Cedex 16, France.

Les commandes provenant de pays où l'OCDE n'a
pas encore désigné de distributeur devraient être
adressées à : OCDE, Service des Publications,
2, rue André-Pascal, 75775 Paris Cedex 16, France.

02-1993

OECD PUBLICATIONS, 2 rue André-Pascal, 75775 PARIS CEDEX 16
PRINTED IN FRANCE
(66 93 04 3) ISBN 92-64-03718-7 - No. 46479 1993